PHP 应用开发基础
（理实一体化教程）

主　编　张书波　龙　熠　周经龙　李宗伟

副主编　邓　林　罗　强　曹小平　龙　平

　　　　王　华　吴　彤

西南交通大学出版社

·成都·

图书在版编目（ＣＩＰ）数据

PHP 应用开发基础：理实一体化教程 / 张书波等主编. —成都：西南交通人学出版社，2023.7
ISBN 978-7-5643-9383-0

Ⅰ．①P… Ⅱ．①张… Ⅲ．①PHP 语言 – 程序设计 – 高等职业教育 – 教材 Ⅳ．①TP312.8

中国国家版本馆 CIP 数据核字（2023）第 126512 号

PHP Yingyong Kaifa Jichu（Lishi Yitihua Jiaocheng）

PHP 应用开发基础（理实一体化教程）

主　编／张书波　　龙　熠　　周经龙　　李宗伟	责任编辑／黄庆斌
	特邀编辑／刘姗姗
	封面设计／墨创文化

西南交通大学出版社出版发行
（四川省成都市金牛区二环路北一段 111 号西南交通大学创新大厦 21 楼　　610031）
发行部电话：028-87600564　　028-87600533
网址：http://www.xnjdcbs.com
印刷：郫县犀浦印刷厂

成品尺寸　　185 mm×260 mm
印张　　20.25　　字数　　507 千
版次　　2023 年 7 月第 1 版　　印次　　2023 年 7 月第 1 次

书号　　ISBN 978-7-5643-9383-0
定价　　49.80 元

课件咨询电话：028-81435775

前 言

    PHP 是一种服务器端脚本语言，特别适合于 Web 开发。它可以嵌入到 HTML 中，以便在浏览器中显示动态内容。PHP 的语法类似于 C 语言，但也吸收了 Java、Perl 等语言的特性，因此非常灵活。

    PHP 主要运用于动态网站开发，如电子商务、商城、门户网站、博客和论坛等都可以使用 PHP 程序来实现。PHP 还可以运用混合式开发 App 的方式，将开发领域扩展到移动端开发，如微信小程序、公众号和 ISO 等，因此发展前景非常广阔。

    本书共有 12 个项目，从开发环境的搭建、PHP 语法基础、函数、流程控制、数组及应用、表单、Web 交互、正则表达式、文件管理、富文本编辑器应用、PHP 操作 MySQL 数据库完成学生信息管理综合项目开发，再到提升篇运用 PHP 框架完成一个新闻管理系统的设计开发等方面进行讲解，按照 64 学时进行设计。另外，本书配套有在线精品课程视频资源，由参与本书编写的老师主持或参与建设，从而能更好地使学生在学习过程中借助公开课程视频完成课前预习、课后复习或自学。

    本书具有如下特点：

    ① 本书在编写过程中注重思政元素的融入，引入学生对专业的热爱、培养学生团队协作能力、细心耐心能力、领导与管理能力，坚定自己的专业发展方向，深入理解科技强国，为实现中华民族伟大复兴而努力学习。

    ② 本书主要针对有一定 Web 前端（HTML5+CSS3+JavaScript）基础知识的学习人群，讲解如何将这些知识与 PHP 程序相结合，进行动态网站的开发。

    ③ 参与本书编写的作者都具有多年教学经验和实际项目开发经验，他们把平时教学过程中总结的经验和开发中遇到的问题进行整理，并结合高校 PHP 教学重难点情况，在以实践内容为主的前提下，通过研讨后形成了本书的编写思路，并反复讨论进行了本书的编写，能方便相关教学和开发人员参考需要。

    ④ 本书前 10 个项目按照"知识讲解+动手实践+阶段案例+课后练习"的方式来进行每个项目的知识点讲解并进行案例演示、阶段案例再到学生练习，从而达到学生对基础理论知识掌握的同时能提升动手解决问题的能力。

    ⑤ 本书编写围绕综合项目来进行知识点设计。第 11 章结合数据库和前面项目讲解的知识点完成了一个学生信息管理系统原生的设计开发，让学生可以在完成基本理论学习的同时可以提升整个项目开发的设计分析能力。第 12 章作为提升篇，运用 PHP 框架，从分析、安装、设计再到最后完成了一个综合项目新闻管理系统，供学有余力的同学提升综合项目开发能力。

    本书的编写工作由重庆科创职业学院张书波统筹规划，制定大纲，并独立完成项目五、项目六和项目十一的编写和整本书的编稿和校稿；重庆科创职业学院龙熠完成了项目一、项目二的编写；重庆科创职业学院周经龙完成了项目三、项目四的编写；重庆科创职业学院李宗伟完成了项目九、项目十二的编写；重庆科创职业学院罗强完成了项目八的编写和视频的录制；重庆科创职业学院曹小平完成项目十的编写；四川职业技术学院邓林和企业老师吴彤共同完成了项目七的编写；重庆科创职业学院龙平和重庆科创职业学院王华参与了本书大纲讨论和指导；本书的所有作者都参与了大纲的制定、项目的研讨工作。全体成员在一年多的编写过程中付出了很多心血，在此一并表示衷心的感谢。

尽管作者团队在编写过程中力求完美，但疏漏与不足之处仍在所难免，欢迎各界专家和读者给予宝贵的意见，如发现有任何问题或不足之处可以通过电子邮件联系。如果在使用本书中需要一些资源也可以通过邮箱与我联系。问题建议或资源获取请发送邮件：402912137@qq.com。

编　者

2023 年 6 月

视频资源索引

章节	序次	二维码名称	资源类型	页码
项目一	1	导学	视频	1
	2	PHP 运行环境的搭建	视频	12
	3	PHP 开发工具的安装与配置	视频	28
	4	第一个 PHP 程序	视频	30
项目二	5	PHP 变量与常量	视频	39
	6	PHP 数据类型	视频	46
	7	PHP 表达式与运算符	视频	53
项目三	8	PHP 流程控制-条件分支	视频	63
	9	PHP 流程控制-循环控制语句	视频	70
项目四	10	常用 PHP 字符串处理函数	视频	88
	11	PHP 常用日期时间函数	视频	94
	12	PHP 常用数学函数	视频	97
	13	包含函数、目录与文件函数	视频	99
	14	用户自定义函数	视频	103
项目五	15	数组的定义与访问	视频	115
	16	常用 PHP 数组函数	视频	124
	17	PHP 数组案例编程	视频	134
项目六	18	采集用户数据	视频	147
	19	网站参数配置案例	视频	173
项目七	20	PHP 正则表达式入门	视频	175
	21	PHP 正则表达式的应用案例	视频	189
项目八	22	单文件上传	视频	195
	23	多文件上传	视频	197

项目九	24	Cookie	视频	204
	25	Session	视频	207
项目十	26	富文本编辑器 Ueditor 基本使用	视频	224
	27	Ueditor 功能定制	视频	226
项目十一	28	MySQL 及 Navicat 常用操作	视频	235
	29	MySQL 表与视图的管理	视频	238
	30	MySQL 数据库常用管理	视频	241
	31	PHP 程序实现 MySQL 数据库查询操作	视频	249
	32	PHP 程序实现对 MySQL 数据库的写操作	视频	264
	33	课程总结	视频	284

目　录

项目一　PHP 概述与服务器搭建 ⋯⋯⋯⋯⋯⋯⋯⋯⋯⋯⋯⋯⋯⋯⋯⋯⋯⋯⋯⋯⋯ 1
　模块一　PHP 概况 ⋯⋯⋯⋯⋯⋯⋯⋯⋯⋯⋯⋯⋯⋯⋯⋯⋯⋯⋯⋯⋯⋯⋯⋯⋯⋯ 1
　模块二　PHP 程序工作流程 ⋯⋯⋯⋯⋯⋯⋯⋯⋯⋯⋯⋯⋯⋯⋯⋯⋯⋯⋯⋯⋯⋯ 6
　模块三　PHP 服务器的搭建 ⋯⋯⋯⋯⋯⋯⋯⋯⋯⋯⋯⋯⋯⋯⋯⋯⋯⋯⋯⋯⋯ 12
　模块四　常用的开发工具介绍 ⋯⋯⋯⋯⋯⋯⋯⋯⋯⋯⋯⋯⋯⋯⋯⋯⋯⋯⋯⋯ 28
　模块五　第一个 PHP 程序 ⋯⋯⋯⋯⋯⋯⋯⋯⋯⋯⋯⋯⋯⋯⋯⋯⋯⋯⋯⋯⋯⋯ 30
项目二　PHP 编程基础 ⋯⋯⋯⋯⋯⋯⋯⋯⋯⋯⋯⋯⋯⋯⋯⋯⋯⋯⋯⋯⋯⋯⋯⋯⋯ 34
　模块一　PHP 标记 ⋯⋯⋯⋯⋯⋯⋯⋯⋯⋯⋯⋯⋯⋯⋯⋯⋯⋯⋯⋯⋯⋯⋯⋯⋯⋯ 34
　模块二　PHP 编码规范 ⋯⋯⋯⋯⋯⋯⋯⋯⋯⋯⋯⋯⋯⋯⋯⋯⋯⋯⋯⋯⋯⋯⋯⋯ 35
　模块三　代码注释的运用 ⋯⋯⋯⋯⋯⋯⋯⋯⋯⋯⋯⋯⋯⋯⋯⋯⋯⋯⋯⋯⋯⋯⋯ 38
　模块四　PHP 常量 ⋯⋯⋯⋯⋯⋯⋯⋯⋯⋯⋯⋯⋯⋯⋯⋯⋯⋯⋯⋯⋯⋯⋯⋯⋯⋯ 39
　模块五　PHP 变量 ⋯⋯⋯⋯⋯⋯⋯⋯⋯⋯⋯⋯⋯⋯⋯⋯⋯⋯⋯⋯⋯⋯⋯⋯⋯⋯ 42
　模块六　PHP 数据类型 ⋯⋯⋯⋯⋯⋯⋯⋯⋯⋯⋯⋯⋯⋯⋯⋯⋯⋯⋯⋯⋯⋯⋯⋯ 46
　模块七　PHP 运算符与优先级 ⋯⋯⋯⋯⋯⋯⋯⋯⋯⋯⋯⋯⋯⋯⋯⋯⋯⋯⋯⋯ 53
项目三　PHP 流程控制语句 ⋯⋯⋯⋯⋯⋯⋯⋯⋯⋯⋯⋯⋯⋯⋯⋯⋯⋯⋯⋯⋯⋯ 62
　模块一　条件判断语句 ⋯⋯⋯⋯⋯⋯⋯⋯⋯⋯⋯⋯⋯⋯⋯⋯⋯⋯⋯⋯⋯⋯⋯⋯ 63
　模块二　循环控制语句 ⋯⋯⋯⋯⋯⋯⋯⋯⋯⋯⋯⋯⋯⋯⋯⋯⋯⋯⋯⋯⋯⋯⋯⋯ 70
　模块三　跳转语句 ⋯⋯⋯⋯⋯⋯⋯⋯⋯⋯⋯⋯⋯⋯⋯⋯⋯⋯⋯⋯⋯⋯⋯⋯⋯⋯ 74
　模块四　综合案例 ⋯⋯⋯⋯⋯⋯⋯⋯⋯⋯⋯⋯⋯⋯⋯⋯⋯⋯⋯⋯⋯⋯⋯⋯⋯⋯ 75
项目四　PHP 函数 ⋯⋯⋯⋯⋯⋯⋯⋯⋯⋯⋯⋯⋯⋯⋯⋯⋯⋯⋯⋯⋯⋯⋯⋯⋯⋯⋯ 85
　模块一　类型判断及变量函数 ⋯⋯⋯⋯⋯⋯⋯⋯⋯⋯⋯⋯⋯⋯⋯⋯⋯⋯⋯⋯ 86
　模块二　常用字符串函数 ⋯⋯⋯⋯⋯⋯⋯⋯⋯⋯⋯⋯⋯⋯⋯⋯⋯⋯⋯⋯⋯⋯⋯ 88
　模块三　PHP 常用日期时间函数 ⋯⋯⋯⋯⋯⋯⋯⋯⋯⋯⋯⋯⋯⋯⋯⋯⋯⋯⋯ 94
　模块四　PHP 常用数学函数 ⋯⋯⋯⋯⋯⋯⋯⋯⋯⋯⋯⋯⋯⋯⋯⋯⋯⋯⋯⋯⋯ 97
　模块五　PHP 包含文件函数、常用目录函数、文件操作函数 ⋯⋯⋯⋯⋯⋯ 99
　模块六　PHP 自定义函数 ⋯⋯⋯⋯⋯⋯⋯⋯⋯⋯⋯⋯⋯⋯⋯⋯⋯⋯⋯⋯⋯⋯ 103
　模块七　综合案例 ⋯⋯⋯⋯⋯⋯⋯⋯⋯⋯⋯⋯⋯⋯⋯⋯⋯⋯⋯⋯⋯⋯⋯⋯⋯ 110
项目五　PHP 数组与 JSON ⋯⋯⋯⋯⋯⋯⋯⋯⋯⋯⋯⋯⋯⋯⋯⋯⋯⋯⋯⋯⋯⋯ 115
　模块一　数组的创建 ⋯⋯⋯⋯⋯⋯⋯⋯⋯⋯⋯⋯⋯⋯⋯⋯⋯⋯⋯⋯⋯⋯⋯⋯ 115
　模块二　数组的遍历和输出 ⋯⋯⋯⋯⋯⋯⋯⋯⋯⋯⋯⋯⋯⋯⋯⋯⋯⋯⋯⋯⋯ 122
　模块三　数组的常用函数 ⋯⋯⋯⋯⋯⋯⋯⋯⋯⋯⋯⋯⋯⋯⋯⋯⋯⋯⋯⋯⋯⋯ 124

模块四　PHP 与 JSON 实现数据转换 ································ 135

项目六　PHP 采集表单数据 ·· 147
　　模块一　浏览器端数据提交方式 ································ 147
　　模块二　相对路径与绝对路径 ···································· 156
　　模块三　运用 FORM 表单实现浏览器端数据采集 ········ 157
　　模块四　使用$_GET 和$_POST 采集表单数据 ············ 167
　　模块五　Web 服务器端其他采集表单数据方法 ············ 171
　　模块六　表单运用综合实训案例 ································ 173

项目七　PHP 正则表达式 ·· 175
　　模块一　什么是正则表达式 ······································ 175
　　模块二　正则表达式快速入门及运用 ························ 176
　　模块三　正则表达式语法 ·· 179
　　模块四　PORE 兼容正则表达式函数 ·························· 185

项目八　PHP 文件上传 ·· 194
　　模块一　PHP 文件上传方法 ······································ 194
　　模块二　解决 PHP 文件上传问题 ······························ 196
　　模块三　PHP 多文件上传实现 ···································· 197
　　模块四　文件上传综合案例 ······································ 198

项目九　PHP 会话控制 ·· 203
　　模块一　Cookie 技术 ·· 204
　　模块二　Session 管理 ·· 207
　　模块三　Session 高级应用 ·· 212
　　模块四　综合案例：判断用户的登录及操作权限 ········ 220

项目十　UEditor 富文本编辑器 ·· 224
　　模块一　富文本编辑器 UEditor 基本使用 ·················· 224
　　模块二　项目集成实现数据保存 ································ 227

项目十一　PHP 操作 MySQL 数据库 ·································· 231
　　模块一　MySQL 数据库操作 ···································· 231
　　模块二　MySQL 数据库的基本操作 ·························· 234
　　模块三　MySQL 数据表设计创建 ······························ 238
　　模块四　MySQL 数据库的备份与还原 ······················ 241
　　模块五　PHP 操作 MySQL——MySQLi 扩展的综合案例 ···· 244

项目十二　综合项目——新闻管理系统设计实现 ···················· 285
　　模块一　系统设计 ·· 285
　　模块二　系统实现 ·· 287

参考文献 ··· 316

项目一　PHP 概述与服务器搭建

【学习目标】

（1）熟悉 PHP 语言的特点；
（2）熟悉 PHP 开发环境的搭建；
（3）掌握 Web 服务器的配置。

【思政导入】

在 PHP 概述与服务器搭建中，首先，可以讨论服务器的安全性和稳定性，引导学生思考如何保护用户的隐私和数据安全，如何预防黑客攻击等。其次，可以从更广阔的角度思考技术的应用和发展，培养学生的社会责任感和人文关怀意识。这种教育方式有助于培养学生的综合素质，使他们成为有社会责任感和人文关怀的技术人才。

【能解决的问题】

（1）能掌握 PHP 语言的特点及运用范围；
（2）能完成 PHP 开发环境的搭建；
（3）能完成 Web 服务器的配置；
（4）能运用专业的开发工具完成 PHP 语言编程。

导学

模块一　PHP 概况

PHP（Hypertext Preprocessor）即"超文本预处理器"是一种开源的通用计算机脚本语言，尤其适用于网络开发并可嵌入 HTML 中使用。PHP 的语法借鉴吸收了 C、Java 和 Perl 等流行计算机语言的特点，易于学习。PHP 的主要目标是允许网络开发人员快速编写动态页面，同时也被用于其他很多领域。

PHP 是全球网站使用最多的脚本语言之一，全球前 100 万的网站中，有超过 70%的网站是使用 PHP 开发的，表 1-1 中列举了国内外大型网站使用的开发语言。

表 1-1　国内外大型网站使用的开发语言

网站	语言	网站	语言
新浪	PHP/JAVA	猫扑	PHP/JAVA
雅虎	PHP	赶集网	PHP
网易	PHP/JAVA	百度	PHP/JAVA/C/C++
谷歌	PHP/Python/JAVA	Facebook	PHP/JAVA/C++
腾讯	PHP/JAVA	阿里巴巴	PHP/JAVA
搜狐	PHP/JAVA	淘宝网	PHP/JAVA

从表 1-1 中可以看出，这些知名大型网站都使用 PHP 作为其开发的脚本语言之一，可见 PHP 的应用非常广泛。那么，PHP 是从何而来的呢？

PHP 最初为 Personal Home Page 的缩写，表示个人主页，于 1994 年由 Rasmus Lerdorf 创建。程序最初用来显示 Rasmus Lerdorf 的个人履历以及统计网页流量。后来又用 C 语言重新编写，并可以访问数据库。它将这些程序和一些表单解释器（Form Interpreter）整合起来，称为 PHP/FI。

从最初的 PHP/FI 到现在的 PHP5、PHP7，经过了多次重新编写和改进，发展十分迅猛，它的全称变更为 PHP: Hypertext Preprocessor（超文本预处理器），与 Linux、Apache 和 MySQL 一起共同组成了一个强大的 Web 应用程序平台，简称 LAMP。随着开源潮流的蓬勃发展，开发源代码的 LAMP 已经与 JavaEE 和.NET 形成三足鼎立之势，并且使用 LAMP 开发的项目在软件方面的投资成本较低，受到整个 IT 界的关注。

任务一 PHP 有什么优势

PHP 学习门槛较低，易于学习，使用广泛，主要适用于 Web 开发领域。PHP 的文件后缀名为 php。PHP 具有四大特性和八大优势：

PHP 语言的四大特性：

（1）PHP 独特的语法混合了 C、Java、Perl 以及 PHP 自创的新语法。

（2）PHP 可以比 CGI 或者 Perl 更快速地执行动态网页——动态页面方面，与其他的编程语言相比，PHP 是将程序嵌入到 HTML 文档中去执行，执行效率比完全生成 HTML 标记的 CGI 要高许多；PHP 具有非常强大的功能，所有的 CGI 的功能 PHP 都能实现。

（3）PHP 支持几乎所有流行的数据库以及操作系统。

（4）最重要的是 PHP 可以用 C、C++进行程序的扩展。

PHP 语言的八大优势：

（1）开放源代码。所有的 PHP 源代码事实上都可以得到。

（2）免费性。PHP 和其他技术相比，PHP 本身免费且是开源代码。

（3）快捷性。程序开发快、运行快，学习技术快。因为 PHP 可以被嵌入到 HTML，相对于其他语言，其编辑简单，实用性强，更适合初学者。

（4）跨平台性强。由于 PHP 是运行在服务器端的脚本，可以运行在 UNIX、LINUX、WINDOWS、Mac OS 下。

（5）效率高。PHP 消耗相当少的系统资源。

（6）图像处理。可用 PHP 动态创建图像，PHP 图像处理默认使用 GD2 进行，也可以配置为使用 image magick 进行图像处理。

（7）面向对象。在 PHP4、PHP5 中，面向对象方面都有了很大改进，PHP 完全可以用来开发大型商业程序。

（8）专业专注。PHP 作为脚本语言，同时也为类 C 语言。

任务二 PHP 可以应用到哪些领域

PHP 程序员认为 PHP 能做任何事，其实它主要的应用是与数据库交互来开发 Web 应用。

而在数据库中，Mysql 是目前公认和 PHP 兼容好的，也是用得多的组合。简单说来，PHP 就是实现前端网页与后台数据库之间操作、调用、信息交互的功能。

PHP 脚本主要用于以下三个领域：

（1）服务端脚本。

这是 PHP 的传统，也是主要的目标领域。开展这项工作需要具备三点：PHP 解析器（CGI 或者服务器模块）、Web 服务器和 web 浏览器。需要在运行 Web 服务器时，安装并配置 PHP，然后，可以用 Web 浏览器来访问 PHP 程序的输出，即浏览服务端的 PHP 页面。如果只是进行 PHP 编程实验，所有这些都可以运行在个人计算机（PC）。

（2）命令行脚本。

可以编写一段 PHP 脚本，并且不需要任何服务器或者浏览器来运行它。这种方式，只需要 PHP 解析器来执行。这种用法对于依赖 cron（Unix 或者 Linux 环境）或者 TaskScheduler（Windows 环境）的日常运行的脚本来说是理想的选择。这些脚本也可以用来处理简单的文本。

（3）编写桌面应用程序。

对于有着图形界面的桌面应用程序来说，PHP 或许不是一种好的语言，但是如果用户非常精通 PHP，并且希望在客户端应用程序中使用 PHP 的一些特性，可以利用 PHP-GTK 来编写这些程序。用这种方法，还可以编写跨平台的应用程序。PHP-GTK 是 PHP 的一个扩展，在通常发布的 PHP 包中并不包含它。

随着 PHP 语言面向对象功能的实现，到了 PHP 5 版本后出现了框架技术，当框架技术出现后，基于 PHP 的产品逐渐多了起来。PHP 应用领域如图 1-1 所示。

图 1-1　PHP 应用领域

3

任务三 PHP 新特性有哪些

在之前的 PHP 版本中，必须使用静态值来定义常量、声明属性以及指定函数参数默认值。现在用户可以使用包括数值、字符串字面量以及其他常量在内的数值表达式来定义常量、声明属性以及设置函数参数默认值。

一、标量参数类型声明

PHP 以前只支持类名、接口、数组及 Callable，现在支持字符串（string）、整型（int）、浮点数（float）及布尔型（bool）参数声明，两种风格：强制转换模式（默认）与严格模式。标量参数类型声明如图 1-2 所示。

```php
<?php
// Coercive mode
function sumOfInts(int ...$ints)
{
    return array_sum($ints);
}

var_dump(sumOfInts(2, '3', 4.1));
```

图 1-2 标量参数类型声明

二、返回类型声明

返回类型声明如图 1-3 所示。

```php
<?php
function arraysSum(array ...$arrays): array
{
    return array_map(function(array $array): int {
        return array_sum($array);
    }, $arrays);
}

print_r(arraysSum([1,2,3], [4,5,6], [7,8,9]));
```

图 1-3 返回类型声明

三、??运算符

?? 用于替代需要 isset 的场合，这是一种语法结构，如图 1-4 所示。

四、<=> 比较运算符

比较运算符就是看两个表达式值的大小，有三种关系：= 返回 0、< 返回-1、> 返回 1。比较运算符如图 1-5 所示。

```php
<?php
// Fetches the value of $_GET['user'] and returns 'nobody'
// if it does not exist.
$username = $_GET['user'] ?? 'nobody';
// This is equivalent to:
$username = isset($_GET['user']) ? $_GET['user'] : 'nobody';

// Coalescing can be chained: this will return the first
// defined value out of $_GET['user'], $_POST['user'], and
// 'nobody'.
$username = $_GET['user'] ?? $_POST['user'] ?? 'nobody';
```

图 1-4 ??运算符

```php
<?php
// Integers
echo 1 <=> 1; // 0
echo 1 <=> 2; // -1
echo 2 <=> 1; // 1

// Floats
echo 1.5 <=> 1.5; // 0
echo 1.5 <=> 2.5; // -1
echo 2.5 <=> 1.5; // 1

// Strings
echo "a" <=> "a"; // 0
echo "a" <=> "b"; // -1
echo "b" <=> "a"; // 1
```

图 1-5 比较运算符

五、define 支持定义数组类型的值

PHP 5.6 已经支持 CONST 语法定义数组类的常量。PHP7 中支持 define 语法，如图 1-6 所示。

```php
<?php
define('ANIMALS', [
    'dog',
    'cat',
    'bird'
]);

echo ANIMALS[1]; // outputs "cat"
```

图 1-6 定义组数据类型值

六、匿名类

匿名类用法如图 1-7 所示。

```php
<?php
interface Logger {
    public function log(string $msg);
}

class Application {
    private $logger;

    public function getLogger(): Logger {
        return $this->logger;
    }

    public function setLogger(Logger $logger) {
        $this->logger = $logger;
    }
}

$app = new Application;
$app->setLogger(new class implements Logger {
    public function log(string $msg) {
        echo $msg;
    }
});

var_dump($app->getLogger());
```

图 1-7　匿名类

模块二　PHP 程序工作流程

任务一　WEB 浏览器介绍

网页浏览器（Browser），是显示网站服务器或文件系统内的文件并让用户与这些文件交互的一种应用软件。它用来显示在万维网或局域网等内的文字、图像及其他信息。

目前使用广泛的网页浏览器主要有微软的 Internet Explorer（IE）、360 公司的 360 浏览器、腾讯公司的 QQ 浏览器、苹果公司的 Safari（苹果浏览器）、Mozilla 的 Firefox（火狐浏览器 FF）等。

PHP 是非常适合 Web 开发的一种编程语言。在学习 PHP 之前，首先了解一下什么是 Web 技术。Web 的本意是蜘蛛网，在计算机领域中称为网页，它是一个由很多互相链接的超文本文件组成的系统。在这个系统中，每个有用的文件都称为"资源"，并且由一个"通用资源标识符"（URI）进行定位，这些资源通过超文本传输协议（Hyper Text Transfer Protocol，HTTP）传送给用户，用户单击链接即可获得资源。

除此之外，在 Web 开发中还会涉及一些非常基本而又相对重要的知识，如软件架构、UTL、HTTP 等。下面分别对其进行讲解。

一、B/S 和 C/S 架构

在进行软件开发时，会有两种基本架构，即 C/S 架构和 B/S 架构，如图 1-8 所示。C/S 结构，即 Client/Server（客户机/服务器）结构，是大家熟知的软件系统体系结构，通过将任务合理分配到 Client 端和 Server 端，降低了系统的通信开销，可以充分利用两端硬件环境的优势。B/S 结构，即 Browser/Server（浏览器/服务器）结构，是随着 Internet 技术的兴起，对 C/S 结构的一种变化或者改进的结构。在这种结构下，用户界面完全通过 WWW 浏览器实现。

图 1-8   B/S 和 C/S 架构

PHP 运行于服务器端，既可以在 C/S 架构中为客户端软件提供服务器接口，又可以作为 B/S 构架来搭建动态网站。

二、网页、网站和主页的概念

网页是网站的基本信息单位，是 WWW 的基本文档，它由文字、图片、动画、声音等多种媒体信息以及链接组成。网页是用 HTML 编写的，可在 WWW 上传输，能被浏览器识别显示的文本文件。其扩展名是.htm 和.html。

网站是由众多不同内容的网页构成的，网页的内容可体现网站的全部功能。

通常把进入网站首先看到的网页称为首页或主页（homepage）。

三、URL 的概念

统一资源定位符（Uniform Resource Locator，URL）也被称为网页地址，是因特网上标准的资源的地址，是用于完整地描述 Internet 上网页和其他资源的地址的一种标识方法。

Internet 上的每一个网页都具有一个唯一的名称标识，通常称之为 URL 地址，这种地址可以是本地磁盘，也可以是局域网上的某一台计算机，更多的是 Internet 上的站点。简单地说，URL 就是 Web 地址，俗称"网址"。

URL 的一般形式是：

<通信协议>://<主机名>:<端口>/<路径>/<文件名>

例如：http://www.tsinghua.edu.cn/publish/th/index.html

四、HTTP 协议

HTTP 协议（HyperText Transfer Protocol，超文本传输协议）是用于从 WWW 服务器传输

7

超文本到本地浏览器的传送协议。浏览器与 Web 服务器之间的数据交互需遵守的一些规范，HTTP 就是其中的一种规范，它由 W3C 组织推出，专门用于定义浏览器与 Web 服务器之间数据交换格式。HTTP 在 Web 开发中大量应用。

任务二　HTML 回顾

一、初识 HTML

HTML（HyperText Markup Language，超文本标记语言），是一种专门用于创建 Web 超文本文档的编程语言，它能告诉 Web 浏览程序如何显示 Web 文档（即网页）的信息，如何链接各种信息。

标记语言采取一种基于源代码解释的访问方式，代码中由许多元素组成，而前台浏览器通过解释这些元素显示各种样式的文档。换句话说，浏览器就是把纯文本的后台源文件以赋有样式定义的超文本文件方式显示出来。但它并不是一种程序语言，像 C 语言为编译语言，需要经过编译才能运行。而 HTML 是一种结构语言，不需要额外的软件进行编译，可以直接使用任何文本编辑器进行编写开发，只要有相应的浏览器程序就可以执行。

二、基本概念

1. 标签

在 HTML 中用于描述功能的符号称为"标签"，用尖括号"< >"括起来，需要记住的是，标签有双标签和单标签之分。

2. 属性

属性为 HTML 标签提供更多的相关信息，用于对标签的内容进行更详细的控制。

属性和标签一样，并没有大小写区分，一个开始标签后面可以加上多个属性，各属性之间没有先后顺序。而添加的属性都有一个属性值，值的选取必须是合法的，并且参数值最好加上引号。格式是：<标记名　属性="属性值"…>

3. 注释

HTML 语言和其他程序语言一样，也有注释语句，可以放在任何地方，不会显示到浏览器中，仅供编写人员阅读方便，格式是：<!-- 注释语句 -- >。

三、HTML 的语法结构

HTML 文件必须以<html>开头，并以</html>标记结束，这表明该文件为 HTML 超文本文档。一个完整的 HTML 文档分为文档头和文档体两部分。文档头部信息包含在<head>与</head>之间，在<head>和</head>之间可以包含有关此网页的标题、导入样式表等信息。文档体包含在<body>和</body>标记之间，是网页的主体部分。<html>和</html>标记将头和文档体包含在其内。例如，创建一个简单但较完整的文件名为 2 1.html 的 HTML 文件，文件内容如下：

行号	代码
1	\<html\>
2	\<head\>
3	\<title\>网页标题\</title\>
4	\</head\>
5	\<body\>
6	\<p\>让我们共同学习 php！\</p\>
7	\</body\>
8	\</html\>

（1）\<html\>标签：用来识别文档类型，表示这对标签之间的内容是 HTML 文档。

（2）\<head\>标签：位于文件的起始部分，它包含一些文件的相关信息，如作者，搜索关键字等。其中最常用的标签是标题标签，它的格式是\<title\>网页标题\</title\>,\<title\>……\</title\>标签一定要放在\<head\>……\</head\>标签内。

（3）\<body\>标签：用来指定文档的主体内容，内容可以是文本、图像、动画、链接、音频视频等，这些内容都要放在这对标签之间。

四、HTML 的语法规则

（1）HTML 文件必须以纯文本形式存放，扩展名为 ".html" 或 ".htm"，若是 Unix 操作系统，扩展名必须是 ".html"。

（2）HTML 文件中所有标记要用尖括号 "\<\>" 括起来。

（3）HTML 标签和属性都不区分大小写。

（4）大多数 HTML 标签可以嵌套，但不能交叉。

（5）HTML 文档一行可以书写多个标签，一个标签也可以分多行书写，不用任何续行符号，标点符号全部在英文状态下书写。

（6）HTML 源文件中的换行、回车符和多个连续空格在浏览时都是无效的。

（7）网页中所有显示内容都应该受限于一个或多个标签，不能有游离于标签之外的文字或图像等，以免产生错误。

五、创建网页文件

创建网页文件可以使用以下两种方法。

（1）使用文本文档编写。

首先在文件夹中创建文本文件，其次写入相关代码并保存，再次将文件的扩展名改为.html。

（2）使用 Dreamware。

第一步：启动 Dreamware（软件可在相关网站下载，建议使用 CS3 以上版本）。

第二步：单击"文件"/"新建"命令，新建后弹出对话框，其中页面类型选择为"HTML"，布局选择"无"，文档类型选择"无"，单击"创建"按钮，如图 1-9 所示。

第三步：修改代码并保存。

使用浏览器查看 2_1.html，页面效果如图 1-10 所示（扩展名为.html 的静态网页可以双击打开默认浏览器浏览），也可以在 Dreamware 中使用对应的浏览器进行浏览，如图 1-10 所示。

图 1-9　Dreamware 新建文档

图 1-10　页面浏览效果

任务三　PHP 预处理器介绍

PHP 预处理器的功能是解释 PHP 代码，它主要是将 PHP 程序代码解释为文本信息，而且这些文本信息中也可以包含 HTML 代码。

用 PHP 做出的动态页面与其他的编程语言相比，PHP 是将程序嵌入到 HTML（标准通用标记语言下的一个应用）文档中去执行，执行效率比完全生成 HTML 标记的 CGI 要高许多；PHP 还可以执行编译后代码，编译可以实现加密和优化代码运行，使代码运行更快。

在学习之前了解 PHP 及其功能：

（1）在服务器端运行，Web 网站的大部分数据都是存储在服务器端的，PHP 就是用来处理这些存储在服务器端的数据的。

（2）可以在多个平台运行，比如 Linux、Windows、Unix…

（3）它是一种脚本语言，通过编写脚本来指挥服务器工作。

（4）不支持 IE9 版本以下的浏览器。

任务四　Web 服务器介绍

Web 服务器也称为 WWW（World Wide Web）服务器，它的功能是解析 HTTP。当 Web 浏览器向 web 服务器发送一个 HTTP 请求时，PHP 预处理器会对该请求对应的程序进行解释并执行，然后 web 服务器会向浏览器返回一个 HTTP 响应，该响应通常是一个 HTML 页面，以便让用户可以浏览。

目前可用的 Web 服务器有很多,常见的有开源的 Apache 服务器、微软的 IIS 服务器、Tomcat 服务器等。本书使用的是 Apache 服务器,由于 Apache 服务器具有高效、稳定、安全、免费等特点,已经成为目前最为流行的 Web 服务器。

任务五　数据库服务器介绍

数据库服务器是用于提供数据查询和数据管理服务的软件,这些服务主要有数据查询、数据管理(数据的添加、修改、删除)、查询优化、事务管理、数据安全等服务。数据库服务器有多种,常见的有 Mysql、Oracle、SQL Server、DB2、Sybase、Access 等。本书使用的是 Mysql 数据库,由于 Mysql 具有功能性强、使用简捷、管理方便、运行速度快、版本升级快、安全性高等优点,而且 Mysql 数据库完全免费,因此许多中小型网站都选择 MySQL 作为数据库服务器。

用户在使用不同的操作系统时,可以选择的数据库服务器也各自有所不同。

任务六　PHP 程序工作流程

第一步:在运行 PHP 程序的时候,用户编写的 PHP 代码会传递给服务器中的 PHP 包,而这个 PHP 包的作用是对代码进行解析;第二步:服务器会根据 PHP 代码的请求读取数据库,这个操作可能是从数据库中查询数据,也可能是对数据进行其他操作;第三步:服务器把 PHP 代码解析成普通的 HTML 代码;第四步:把解析后的 HTML 代码发送给浏览器;第五步:用户通过访问浏览器就可以浏览到网站的内容。PHP 的工作流程如图 1-11 所示。

图 1-11　PHP 的工作流程

模块三　PHP 服务器的搭建

任务一　IIS 与 PHP 的安装与测试

IIS 与 PHP 的安装与测试步骤：下载 PHP 的文件包；配置 PHP；测试。

一、下载 PHP

（1）在云服务器中下载 PHP.zip 安装包。根据读者自己的需求下载对应的 PHP 版本，其中有 vc9（Visual Studio 2008 编译）、vc11（Visual Studio 2012 编译）、vc14（Visual Studio 2015 编译）。选择类似如下的安装包，如图 1-12 所示。

PHP 运行环境的搭建

图 1-12　PHP 版本选择

（2）PHP 5.3 以上版本的安装依赖于 Visual C++ Redistributable Update。请根据下载的 PHP 安装包名，参考如图 1-13 所示的对应关系下载并安装 VC Update 安装程序。

PHP安装包名	Visual C++ Redistributable安装包下载地址
php-x.x.x-nts-Win32-VC14-x86.zip	https://www.microsoft.com/zh-cn/download/details.aspx?id=48145
php-x.x.x-nts-Win32-VC11-x86.zip	https://www.microsoft.com/zh-cn/download/details.aspx?id=30679
php-x.x.x-nts-Win32-VC9-x86.zip	https://www.microsoft.com/zh-cn/download/details.aspx?id=5582

图 1-13　安装 VC Update 程序对应关系

若下载的 PHP 安装包为 php-7.0.6-nts-Win32-VC14-x86.zip，则按上图第一行对应关系下载 VS 2015 版本的安装包，下载并安装如下两个.exe 格式文件，如图 1-14 所示。

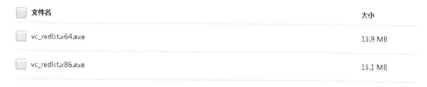

选择您要下载的程序

文件名	大小
vc_redist.x64.exe	13.9 MB
vc_redist.x86.exe	13.1 MB

图 1-14　选择下载程序

二、安装配置

（1）将 PHP.zip 安装包解压（本例解压至 C:\PHP），复制 php.ini-production 并改名为 php.ini，如图 1-15 所示。

图 1-15　修改 php.ini

（2）单击【服务器管理器】/【IIS】，在本地 IIS 上右键单击选择 IIS 管理器，如图 1-16 所示。

图 1-16　选择 IIS 管理器

（3）单击左侧主机名(IP)来到主页，双击【处理程序映射】，如图 1-17 所示。

图 1-17　打开处理程序映射

（4）单击右侧【添加模块映射】按钮，在弹出框中填写如下信息并单击【确定】按钮保存，如图 1-18 所示。

图 1-18　添加模块映射

（5）若可执行文件选择不了 php-cgi.exe，请将文件后缀变为.exe，如图 1-19 所示。

图 1-19　选择 php-cgi.exe 文件

（6）单击左侧主机名(IP)回到主页，双击【默认文档】，如图 1-20 所示。

图 1-20　打开默认文档

（7）单击右侧【添加】按钮，添加名称为 index.php 的默认文档，如图 1-21 所示。

图 1-21　添加默认文档

（8）单击左侧主机名(IP)回到主页，双击【FastCGI 设置】，如图 1-22 所示。

图 1-22　FastCGI 设置

（9）单击右侧【编辑】按钮，在【监视对文件所做的更改】中选择 php.ini 路径，如图 1-23 所示。

（a）

（b）

图 1-23　选择 php.ini 路径

（10）在 C:\inetpub\wwwroot 目录下创建一个 PHP 文件 index.php，写入如图 1-24 所示内容。

```
1  <?php
2    phpinfo();
3  ?>
```

图 1-24　PHP 文件

三、测　试

在云服务器打开浏览器访问 http://localhost/index.php，查看环境配置是否成功。如果页面显示如图 1-25 所示，说明配置成功。

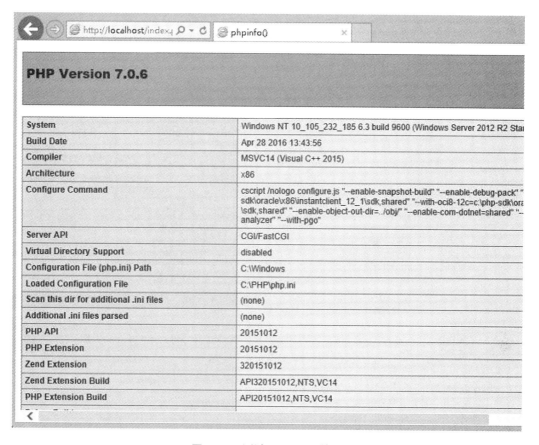

图 1-25　测试 PHP 配置情况

任务二　Apache 的安装与测试

在使用 PHP 语言开发程序之前，首先要在系统中搭建开发环境。在通常情况下，开发人员使用的都是 Windows 平台，在 Windows 平台上搭建 PHP 环境需要安装 Apache 服务器和 PHP 软件。安装方式有集成安装和自定义安装两种，采用集成安装的方式非常简单，但不利于学习，所以本节内容以自定义安装为例来讲解如何搭建 PHP 开发环境。

Apache HTTP Server（简称 Apache）是 Apache 软件基金会发布的一款 Web 服务器软件，由于其开源、跨平台和安全性的特点被广泛运用。目前 Apache 有 2.2 和 2.4 两个版本。本书以 Apache2.4 为例来讲解 Apache 软件的安装步骤。

1. 获取 Apache

在 Apache 官方网站上提供了软件源代码的下载，但是没有提供编译后的软件下载。可以从 Apache 公布的其他网站中获取编译后的软件。以 Apache Lounge 网站为例，该网站提供了 VC11、VC14 等版本的软件下载，如图 1-26 所示。

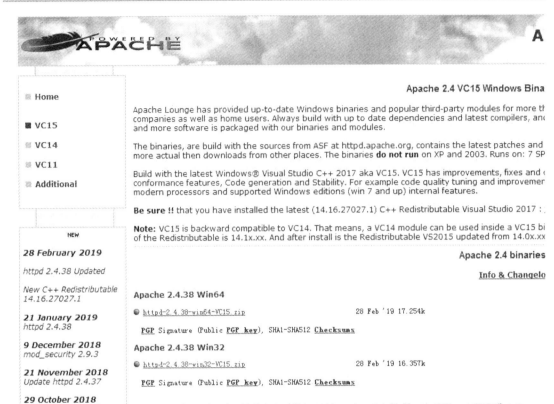

图 1-26　从 Apache Lounge 获取软件

在网站中找到 httpd-2.4.38-win64-VC15.zip 版本进行下载即可。由于版本仍然在更新，通常读者选择 2.4X 的更新版本并不会影响学习。VC14 是指该软件使用 Microsoft Visual C++2015 运行编译，在安装 Apache 前需要先在 Windows 系统中安装此运行库。目前最新版本的 Apache 已经不支持 XP 系统，XP 用户可以选择 VC9 编译旧版本 Apache 使用。

2．解压文件

首先创建 "C:\web\apache2.4" 作为获取 Apache 的安装目录。然后打开 "httpd-2.4.38-win64-VC15.zip" 压缩包，将里面的 "Apache2.4" 目录中的文件解压到安装目录下，如图 1-27 所示。

图 1-27　Apache 安装目录

在图中，conf 和 htdocs 是需要重点关注的两个目录。当 Apache 服务器启动后，通过浏览器访问本机时，就会看到 htdocs 目录中的网页文档。conf 目录是 Apache 服务器的配置目录，保存了主配置文件 httpd.conf 和 extra 目录下的若干个辅配文件。默认情况下，辅配置文件是不开启的。

3. 配置 Apache

首先配置安装路径：将 Apache 解压后，需要配置安装路径才可以使用。使用 Notepad++ 编辑器打开 Apache 的配置文件 "conf\httpd.conf"，执行文本替换，将原来的 "c:/ Apache24" 全部替换为 "c:/ web/Apache24"，如图 1-28 所示。

其次配置服务器域名：在安装步骤中，服务器域名的配置并不是必需的，但若没有配置域名，在安装 Apache 服务时会出现提醒。下面介绍如何进行服务器域名的配置。

搜索 "ServerName"，找到下面一行配置。

\# servername www.example.com:80

上述代码 开头的 "#" 表示该行是注释文本，应删去 "#" 使其生效，如下所示。

servername www.example.com:80

4. 安装 Apache

Apache 的安装是指将 Apache 安装为 Windows 系统的服务项，可以通过 Apache 的服务程序 "bin\httpd.exe" 来进行安装，具体安装步骤如下：

（1）执行【开始】/【所有程序】/【附件】，找到【命令提示符】并单击鼠标右键，在弹出的快捷菜单中选择【以管理员身份运行】方式，启动命令行窗口。

（2）在命令模式中切换到 Apache 安装目录下的 bin 目录。

cd c:\web\apache2.4\bin

（3）输入以下命令开始安装。

Httpd.exe –k install

上述步骤执行后，安装成功的效果如图 1-29 所示。

图 1-28 修改配置文件

图 1-29 通过命令行安装 Apache 服务

由图 1-29 可以看得出，Apache 安装服务名称为"Apache2.4"，该名称在系统服务中不能重复，否则会安装失败。另外，如需卸载 Apache 服务，可以使用"httpd.exe –k uninstall"命令进行卸载。

5. 启动 Apache 服务

Apache 安装成功后，就可以作为 Windows 的服务项进行启动或关闭了。有两种方式可以管理 Apache 服务。

方式一：通过命令行启动 Apache 服务。

在以管理员身份运行命令行中，执行如下命令可进行管理。

net start Apache2.4　　　#启动"Apache2.4"服务
net stop Apache2.4　　　#停止"Apache2.4"服务

方式二：通过 Apache Service Monitor 启动 Apache 服务。

Apache 提供了服务监视工具"Apache Service Monitor"，用于管理 Apache 服务，程序位于"bin\ApacheMonitor.exe"。打开程序后，在 Windows 系统任务栏右下角会出现 Apache 的小图标管理工具，在图标上单击鼠标左键可以弹出控制菜单。单击"Start"即可启动 Apache 服务，当小图标由红色变成绿色时，表示启动成功。

6. 访问测试

通过浏览器访问本机站点"http：//localhost"，显示的"It works!"是 Apache 默认站点下的首页，即"htdocs\index.html"这个网页的显示结果。大家也可以将其他网页放到"htdocs"目录下，然后通过"http://localhost/网页文件名"进行访问。

任务三　Windows 下 MySQL 的安装与运行

MySQL 是一款优秀的关系型数据库系统（数学模型基于关系代数），以其优秀的性能和开放源代码的许可而广泛流行。MySQL 采用 C/S 架构，其服务端逻辑结构如图 1-30 所示。当用户安装好了 MySQL 的服务端并启动后，就可以通过各种类型的客户端进行连接，从而进行数据的管理工作。

图 1-30　数据的管理工作流程

一、下载安装包

打开 mysql 官网下载页面，选择相应的版本和平台，如图 1-31 所示。

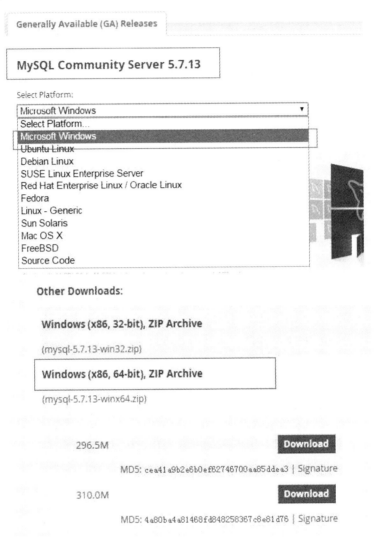

图 1-31 mysql 下载版本和平台选择

由图可知，选择的是 5.7.13 版本 64 位的压缩包，文件约 310 M。点击"Download"进入真正的下载页面。下载解压到相应的目录，这里统一放在 C:\wamp-all 解压后根据自己喜好将文件夹改为 mysql-5.7.13，所有的 mysql 解压文件都在目录 "C:\wamp-all\mysql-5.7.13" 下。

二、Mysql 配置

打开刚刚解压的文件夹 C:\wamp-all\mysql-5.7.13，发现里面有 my-default.ini 配置文件，这是默认的配置文件，复制一个并改名为 my.ini。

编辑 my.ini 配置以下基本信息：

[mysql] # 设置 mysql

客户端默认字符集 default-character-set=utf8 [mysqld] #

设置 3306 端口 port = 3306 #

设置 mysql 的安装目录 basedir=C:\wamp-all\mysql-5.7.13 #

设置 mysql 数据库的数据的存放目录 datadir=C:\wamp-all\sqldata #

允许最大连接数 max_connections=20 #

服务端使用的字符集默认为 8 比特编码的 latin1 字符集 character-set-server=utf8 #

创建新表时将使用默认存储引擎 default-storage-engine=INNODB

任务四 集成化的开发环境

phpStudy 是一个 PHP 调试环境的程序集成包。该程序包集成最新的 Apache+PHP+MySQL+phpMyAdmin+ZendOptimizer，实现一次性安装，无须配置即可使用，是非常方便、好用的 PHP 调试环境。该程序包不仅包括 PHP 调试环境，还包括了开发工具、开发手册等。

下载 phpstudy 的安装包，本书选用 phpstudy2018 进行介绍，解压 phpStudy 之后得到文件，如图 1-32 所示。

图 1-32 phpStudy 安装文件

在运行图中，选择 PhpStudy2018.exe 文件，安装 phpStudy。在安装过程中，通常需要重新选择一个安装位置，如图 1-33 所示，单击右侧的文件夹按钮，更换安装路径，此处选择的安装路径为 D：\phpStudy。

图 1-33 phpStudy 的安装路径

安装完成后，自动弹出 phpStudy 主界面，如图 1-34 所示。在主界面的右上角部分有 3 个按钮，分别实现程序的启动、停止和重启。另外，把鼠标放在按钮上单击右键，可以单独启动、停止或者重启 Apache 和 MySQL。

图 1-34　phpStudy 主界面

MySQL 管理器配置：单击如图 1-35 所示的 "MySQL 管理器"，弹出如图 1-36 所示的快捷菜单。

图 1-35　MySQL 管理器操作命令

图 1-36　MySQL 打开登录信息

MySQL-Front 是一个数据库管理工具，单击 MySQL-Front 选项，进入如图 1-37 所示的数据库操作界面，在该界面中可以完成数据库的创建与删除、表的创建与删除、浏览数据、查数据、删除数据等操作。

图 1-37　MySQL 管理器操作界面

选择图 1-35 右下角快捷菜单中的"站点域名管理"之后，进入"站点域名设置"界面，可以管理站点网站，新增网站或修改网站目录、端口等，如图 1-38 所示。

图 1-38　phpStudy 站点域名设置界面

在图 1-38 中，"网站目录"文本框中的内容为"D:\phpstudy\WWW"，说明安装文件夹下的 WWW 文件夹默认为主目录，即在默认情况下，需要将创建的 PHP 文件都保存在该文件夹或者其子文件夹下才能运行。

若要更改网站目录，单击其右侧的按钮，弹出如图 1-39 所示的界面，选择新的文件夹即可。

单击图 1-35 phpStudy 主界面右下角的"其他选项菜单"按钮，弹出如图 1-40 所示的菜单命令。

图 1-39 phpStudy 网站目录选择界面

图 1-40 phpStudy 其他选项菜单

更改网站目录，还可以通过修改 Apache 配置文件的方式完成，在 Apache\httpd.conf 文件中查找 "DocumentRoot"，将其后面指定的 "phpStudy\WWW" 更换为需要的文件夹即可。

模块四　常用的开发工具介绍

任务一　代码编辑器介绍

一、Dreamweaver CS6 介绍

Dreamweaver CS6 是世界顶级软件厂商 adobe 推出的一套拥有可视

PHP 开发工具的安装与配置

化编辑界面，用于制作并编辑网站和移动应用程序的网页设计软件。由于它支持代码、拆分、

设计、实时视图等多种方式来创作、编写和修改网页（通常是标准通用标记语言下的一个应用 HTML），初级人员可以无需编写任何代码就能快速创建 Web 页面。

二、Sublime Text3 介绍

Sublime Text 3 中文版是一款跨平台代码编辑器（Code Editor）软件。Sublime Text 3 既可以编写代码，还可以编辑文本，是程序员必不可少的工具。相比之前的版本，Sublime Text 3 有了很大改进，支持代码补全、代码折叠，自定义皮肤等功能，同时支持多种语言和多种操作系统。

三、Visual Studio Code 介绍

Visual Studio Code 简称 VS Code。用户可以使用 VS Code 进行开发，VS Code 开源免费，通过安装开发语言相关的插件，可以让其实现相应的语法识别和代码提示。目前拓展商店已经提供了大多数编程语言的插件，可以随便下载，常用的 Script 有 JScript、EScript，以及包括 PHP、Python 等其他语言。

任务二　Chrome 调试工具介绍

Chrome 浏览器不仅可以调试页面、JS、请求、资源、cookie，还可以模拟手机进行调试等等，为开发者提供了很多方便。Chrome 浏览器作为程序员的标配，在页面加载性能和调试方面有着优秀的表现，下面详细介绍 Chrome 开发者工具面板的功能。

Chrome 浏览器工具面板主要包含：Elements 面板、Console 面板、Sources 面板、Network 面板、Performance 面板、Memory 面板、Application 面板、Security 面板、Audits 面板等（点击键盘"F12"即可调取开发者工具面板）。

一、Elements 面板

该面板的功能：可以查找网页源代码 HTML 中的节点，实时编辑标签属性，用鼠标选中 DOM 会在页面中显示标签名和 margin、padding、width、height 等属性。也可以修改页面中的样式属性，且能在浏览器里实时得到反馈，使得调试前端代码非常方便。

二、Console 面板

该面板的功能：可以记录开发过程中的日志信息，也可以作为与 JS 进行交互的命令行 Shell（执行 JS 代码），也可以进行数学运算。

三、Sources 面板

该面板的功能：可以设置断点调试，如果当前代码经过压缩，可以点击下方的花括号"{}"来增强可读性。

四、Network 面板

该面板的功能：可以看到页面向服务器请求了哪些资源、资源的大小，加载资源花费的

时间，以及哪些资源加载失败。此外，还可以查看 HTTP 的请求头，返回内容等（请求、响应、入参、出参）。

五、Performance 面板（原名 Timeline）

该面板的功能：记录与分析应用程序运行过程中所产生的活动，更多的是用在性能优化方面。

六、Memory 面板

该面板的功能：用于堆栈快照、JavaScript 函数内存分配、隔离内存泄漏。

七、Application 面板

该面板的功能：记录网站加载的所有资源信息，包括存储数据（Local Storage、Session Storage、IndexedDB、Web SQL、Cookies）、缓存数据、字体、图片、脚本、样式表等。

八、Security 面板

该面板的功能：可以调试网页安全和认证等问题，确保用户网站实现 HTTPS（判断网页安全性），点击 View Certificate 可以查看证书信息。

HTTPS 和 HTTP 的区别主要为以下四点：

（1）HTTPS 协议需要到 CA 申请证书，一般免费证书很少，需要交费。

（2）HTTP 是超文本传输协议，信息是明文传输，HTTPS 则是具有安全性的 SSL 加密传输协议。

（3）HTTP 和 HTTPS 使用的是完全不同的连接方式，用的端口也不一样，前者是 80，后者是 443。

（4）HTTP 的连接很简单，是无状态的；而 HTTPS 协议是由 SSL + HTTP 协议构建的可进行加密传输、身份认证的网络协议，比 HTTP 协议安全。

模块五　第一个 PHP 程序

任务一　第一个 PHP 程序

第一个 PHP 程序

在 Web 服务器根目录（DOCUMENT_ROOT）下建立一个文件名为 hello.php，然后完成如图 1-41 所示的显示内容。

Example #1 第一个 PHP 脚本：hello.php

在浏览器的地址栏里输入 Web 服务器的 URL 访问这个文件，在结尾加上"/hello.php"。如果是本地开发，那么这个 URL 一般是 http://localhost/hello.php 或者 http://127.0.0.1/hello.php，当然这取决于 Web 服务器的设置。如果所有的设置都正确，那么这个文件将被 PHP 解析，浏览器中将会输出如图 1-42 所示的结果。

```
<html>
 <head>
  <title>PHP 测试</title>
 </head>
 <body>
 <?php echo '<p>Hello World</p>'; ?>
 </body>
</html>
```

图 1-41　hello.php 显示内容

```
<html>
 <head>
  <title>PHP 测试</title>
 </head>
 <body>
 <p>Hello World</p>
 </body>
</html>
```

图 1-42　PHP 解析后显示结果

列举以上例子的目的是显示 PHP 特殊标识符的格式。在该例子中，用 <?php 来表示 PHP 标识符的起始，然后放入 PHP 语句并通过加上一个终止标识符 ?> 来退出 PHP 模式。用户可以根据自己的需要在 HTML 文件中像这样开启或关闭 PHP 模式。

任务二　如何在网页中嵌入 PHP 程序

在网页中嵌入 PHP 代码，对于一个有经验的 PHP Web 开发者，这是一件非常容易的事情。但是对于刚开始接触 PHP 编程语言的新手这就是一个问题。因此这里介绍如何在常规的 HTML 代码中嵌入 PHP 代码。

在常规的 HTML 中嵌入 PHP 代码的步骤如下：

首先创建一个 hello 脚本，命名为 hello.php。如图 1-43 所示。

```
1  <html>
2  <head>
3  <title>PHP Test</title>
4  </head>
5  <body>
6  <?php echo '<p>Hello World</p>'; ?>
7  </body>
8  </html>
```

图 1-43　在 HTML 中嵌入 PHP 代码

上面的 HTML 代码中，在 PHP 代码中打印 Hello。在 HTML 中编写 PHP 代码需要使用 <?php ?> tags。集成 PHP 和 HTML 是非常简单的事情。

31

用户也可以在 HTML 中编写更复杂的 PHP 代码，需要使用 <?php tag and end with ?> tag。
更高级的代码示例，如图 1-44 所示。

```
1  <html>
2  <head>PHP HTML Integration</head>
3  <body>
4  <ul> <?php for($i=1;$i<=5;$i++){ ?> <li>Item No <?php echo $i; ?></li> <?php } ?> </ul>
5  </body>
6  </html>
```

输出结果：

```
1  Item No 1
2  Item No 2
3  Item No 3
4  Item No 4
5  Item No 5
```

图 1-44　输出结果

本章小结

本章主要介绍 PHP 概述、开发环境的两种搭建过程及使用方法：一种是分别安装或配置 Apache、PHP 和 MySQL 等多种软件来搭建环境，这种方法更专业，但是因为要安装或配置的软件比较多而略显烦琐；另一种是集成化的开发环境 phpStudy 的安装和应用，这种配置方法简单易用，比较适合初学者使用。通过本章的学习，读者能够对 PHP 语言有一个概念上的认识，对于 PHP 程序的编写可以通过后面章节的学习逐渐掌握。

项目练习

一、选择题（有一个或多个答案）

1. PHP 主要的特点是（　　）。

　　A. 简单易学　　　　B. 开源免费　　　　C. 跨平台　　　　D. 不需要写代码

2. 互联网上（　　）以上的服务器端采用的都是 PHP。

　　A. 60%　　　　　　B. 70%　　　　　　C. 80%　　　　　　D. 90%

3. PHP 运行环境有哪些？（　　）

　　A. IIS + PHP　　　　　　　　　　B. Apache + PHP

　　C. Nginx + PHP　　　　　　　　　D. 不需要服务环境直接运行

4. PHP 环境搭建需要准备哪些？（　　）

　　A. 网站根目录站点　　　　　　　B. PHP 环境软件安装

　　C. 图片　　　　　　　　　　　　D. 数据库

5. PHP 开发工具的安装与配置有哪些？（　　）

　　A. Sublime Text3　　　　　　　　B. Visual Studio Code

　　C. PS　　　　　　　　　　　　　D. Dreamweaver CS6

6. Sublime Text 分成两样的快捷键是（　　）。

　　A. Ctrl + Shift + X　　　　　　　B. Alt + Shift + 2

C. Alt + Shift +3   D. Ctrl + Shift + D

7. PHP 开始的基本语法是（   ）。

    A. <?php   B. <php   C. php   D. php?>

8. PHP 输出 hello word!的基本语法是（   ）。

    A. <?php hello word!

    B. <? php echo hello word!

    C. <? echo hello word!

    D. printf "hello word!"

二、填空题

1. PHP 是一种流行的通用脚本语言，特别适合_____开发。

2. PHP 英文全称_____，中文名_____。

3. PHP 国产集成开发环境有哪些_____。

4. phpStudy 软件安装一般放在_____目录中。

5. PHP 语法中多行注释语句是_____。

6. PHP 语法中结束语句是_____。

项目二　PHP 编程基础

【学习目标】

（1）掌握 PHP 标记、编码规范与注释的应用；

（2）掌握 PHP 常量、变量与数据类型；

（3）掌握 PHP 运算符及运算符的使用规则。

【思政导入】

PHP 以其方便快捷的风格、丰富的函数功能和开源迅速在 Web 系统开发中占据了重要地位，成为世界上最流行的 Web 应用编程语言之一。在 PHP 编程中，可以培养学生的社会责任感、法律意识、安全意识和人文关怀，使他们成为具有全面素质的编程人才。强调设计师的社会责任，让学生认识到技术的应用对社会和个人的影响，鼓励他们积极参与社会问题的解决，关注公益事业。

【能解决的问题】

（1）能掌握 PHP 标记、编码规范与注释的应用；

（2）能掌握 PHP 常量、变量与数据类型；

（3）能掌握 PHP 运算符及运算符的使用规则。

模块一　PHP 标记

因为 PHP 是嵌入式脚本语言，所以它在实际开发中经常会与 HTML 内容混编在一起。为了区分其他内容与 PHP 代码，需要使用标记对 PHP 代码进行标识。PHP 共有 4 种标记风格，下面逐一介绍。

一、标准标记

```
<?php
echo "这是标准引用方法" ; ?>
```

从上面的代码可以看到，这种方式是用"<?php"开始，用"?>"结束的，中间的代码就是 PHP 语言，推荐使用这种方式，因为它是不会被服务器禁用的，在 XML、XHTML 中都可以正常使用。

二、脚本标记风格

```
<script language="php">
echo "这是脚本风格的标记";
</script>
```

脚本标记风格是以"<script ….. ">"开头，以"</script>"结尾。

三、简短标记风格

```
<?
echo "这是简短风格的标记";
?>
```

如果想使用这种标记风格开发 PHP 程序，则必须保证 PHP 配置文件"php.ini"中的"short_open_tag"选项值设置为"on"。

四、ASP 标记风格

```
<%
echo "这是 ASP 风格的标记";
%>
```

如果想使用这种标记风格开发 PHP 程序，则必须保证 PHP 配置文件"php.ini"中的"asp_tags"设置为"on"。

模块二　PHP 编码规范

编码规范是融合了开发人员长时间从事开发积累出来的经验，形成一种良好统一的编码风格。这种风格在团队合作开发或是二次开发升级中，能对程序维护起到事半功倍的效果。虽然它只是一个总结性的说明和介绍，并不是强制要求的，但从长远发展和考虑来，遵守编码规范十分必要。

任务一　书写规范

一、缩　进

使用制表符（<Tab>键）缩进，其缩进单位为 4 个空格左右。如果开发工具的种类多样，则需要在开发工具中统一设置。

二、大括号{}

有两种大括号放置规则可以使用：
（1）将大括号放到关键字的下方、同列。
```
if ($expr)
```

```
{
    …
}
```

（2）首括号与关键词同行，尾括号与关键字同列。

```
if ($expr){
    …
}
```

两种方式并无太大差别，但大多数人都习惯选择第一种方式。

三、关键字、小括号、函数、运算符

不要把小括号和关键字紧贴在一起，要用空格隔开它们。如：

```
if ($expr){     //if 和 "("之间有一个空格
    …
}
```

小括号和函数要紧贴在一起，以便区分关键字和函数。如：

```
round($num)        //round 和"("之间没有空格
```

运算符与两边的变量或表达式要有一个空格（字符连接运算符"."除外）。如：

```
while ($boo == true){        //$boo 和"=="，true 和"=="之间都有一个空格
    …
}
```

当代码段较大时，上、下应当加入空白行，两个代码块之间只使用一个空行，禁止使用多行。

尽量不要在 return 返回语句中使用小括号。如：

```
Return    0;                        //除非必要，不需要使用小括号
```

任务二　命名规范

就一般约定而言，类、函数和变量的名字应该是让代码阅读者能够容易地知道这些代码的作用，应该避免使用模棱两可的命名。

一、类命名

使用大写字母作为词的分隔，其他的字母均使用小写。
名字的首字母使用大写。
不要使用下划线('_')。
如：Name、SuperMan、BigClassObject。

二、类属性命名

属性命名应该以字符"m"为前缀。
前缀"m"后采用与类命名一致的规则。

"m" 总是在名字的开头起修饰作用，就像以 "r" 开头表示引用一样。
如：mValue、mLongString 等。

三、变量命名

所有字母都使用小写。

使用'_'作为每个词的分界。

如：$msg_error、$chk_pwd 等。

四、引用变量

引用变量要带有 "r" 前缀。如：

```
class Example{
        $mExam    = "";
        function SetExam(&$rExam){         …
}
        function &rGetExam(){         …
}
}
```

五、全局变量

全局变量应该带前缀 "g"。如：global = $gTest、global = $g。

六、常量/全局常量

常量/全局常量，应该全部使用大写字母，单词之间用'_'来分隔。如：

```
define('DEFAULT_NUM_AVE',50);
define('DEFAULT_NUM_SUM',600);
```

七、静态变量

静态变量应该带前缀 "s"。如：

```
static $sStatus = 1;
```

八、函数命名

所有的名称都使用小写字母，多个单词使用 "_" 来分割。如：

```
function this_good_idear(){
//函数体内容 …
}
```

以上的各种命名规则，可以组合一起来使用。如：

```
class OtherExample{
        $msValue = "";                //该参数既是类属性，又是静态变量
}
```

模块三　代码注释的运用

正确灵活地运用代码注释和说明功能，是程序开发中不可缺少的一个重要元素。注释运用得当不仅可以提高程序的可读性，还有利于程序的后期维护工作和升级完善工作。注释是不会影响到程序的执行效率的，因为在执行时注释部分的内容是不会被解释器执行的。

任务一　PHP 注释使用

PHP 的注释有 3 种风格，下面分别进行介绍。

一、C 风格的多行注释（/*…*/）

```php
<?php
    /*
    echo "这是第一行注释信息";
    echo "这是第二行注释信息";
    */
    echo "使用 C 风格的注释";
?>
```

运行结果为：使用 C 风格的注释

上面代码虽然使用 echo 输出语句分别输出了"这是第一行注释信息""这是第二行注释信息"和"使用 C 风格的注释"，但是因为使用了注释符号"/*…*/"将前面两个输出语句注释掉了，所以没有被程序执行。

二、C++风格的单行注释（//）

```php
<?php
echo "使用 C++风格的注释";
//echo "这就是 C++风格的注释";
?>
```

运行结果为：使用 C++风格的注释

上面代码使用 echo 输出语句分别输出了"使用 C++风格的注释"和"这就是 C++风格的注释"，但是因为使用注释符号（//）将第 2 个输出语句注释掉了，所以不会被程序执行。

注意： 在使用单行注释时，注释内容中不要出现"?>"标志，因为解释器会认为这是 PHP 脚本，而去执行"?>"后面的代码。例如：

```php
<?php
echo"这样会出错的！！！！！ "    //不会看到?>会看到
?>
```

运行结果为：这样会出错的！！！！！ 会看到?>

任务二   注释的有效运用

注释的运用是程序书写规范很重要的一个环节。注释主要是对代码的解释和说明，用来解释脚本的用途、版权说明、版本号、生成日期、作者、内容等，有助于对程序的阅读理解。合理使用注释有以下几项原则：

（1）注释语言必须准确、易懂、简洁。

（2）注释在编译代码时会被忽略，不会被编译到最后的可执行文件中，所以注释不会增加可执行文件的大小。

（3）注释可以书写在代码中的任意位置，但是一般写在代码的开头或者结束位置。

（4）修改程序代码时，一定要同时修改相关注释，以保持代码和注释的同步。

（5）在实际的代码规范中，要求注释占程序代码的比例达到 20%左右，即 100 行程序中包含 20 行左右的注释。

（6）在程序块的结束行右方加注释标记，以表明某程序块的结束。

（7）避免在注释中使用缩写，特别是非常用缩写。

（8）注释与所描述内容进行同样的缩排，可使程序排版整齐，并方便读者阅读与理解。

注意： 避免在一行代码或表达式的中间插入注释，否则容易使代码的可理解性变差。

模块四   PHP 常量

常量主要是用于存储不经常改变的数据内容。常量的值被定义后，在程序整个执行期间内，这个值都是有效的，并且不可再次对该常量进行赋值修改。

PHP 变量与常量

任务一   常量的声明与使用

一、使用 define()函数声明常量

在 PHP 中使用 define()函数来定义常量，函数的语法如下：

define(string constant_name,mixed value,case_sensitive=true)

define 函数的参数说明如表 2-1 所示。

表 2-1   define 函数的参数说明

参数	说明
constant_name	必选参数，常量名称，即标志符
value	必选参数，常量的值
case_sensitive	可选参数，指定是否对大小写敏感，设定为 True，表示不敏感

二、使用 constant()函数获取常量的值

获取指定常量的值和直接使用常量名输出的效果一样。但函数可以动态地输出不同的常量，在使用上更灵活、方便。constant()函数的语法如下：

mixed constant(string const_name)

参数 const_name 为要获取常量的名称。如果成功则返回常量的值，失败则提示错误信息常量没有被定义。

三、使用 defined()函数判断常量是否已经被定义

defined()函数的语法如下：

bool defined(string constant_name);

参数 constant_name 为要获取常量的名称，成功则返回 True，否则返回 False。

【例 2-1】使用 define()函数来定义名为 NAME 和 MASTER 的常量，使用 constant()函数来获取该常量的值，最后再使用 defined()函数来判断该常量是否已经被定义，代码如下：

```php
<meta charset="utf-8">

<?php
    /*使用 define 函数来定义名为 NAME 的常量，并为其赋值，然后分别输出常量 NAME
和 Name，因为没有设置 case_sensitive 参数为 false，所以表示大小写敏感，因此执行程序时，
解释器会认为没有定义该常量而输出提示，并将 NAME 作为普通字符串输出 */
    define("NAME", "XXXX 学院");//定义了一个学校名称的常量
    echo (NAME)."<br>";//输出定义的常量
    echo (Name)."<br>";//输出定义的常量

/*使用 define 函数来定义名为 MASTER 的常量，并为其赋值，并设置 case_sensitive 参数
为 true，表示大小写不敏感，分别输出常量 MASTER 和 Master，因为设置了大小不敏感，因
此程序会认为它和 MASTER 是同一个常量，同样会输出值*/
    echo "<hr>";
    define("MASTER", "kc",true);//定义了版权信息
    echo(MASTER)."<br>";//输出定义的常量
    echo(Master)."<br>";//输出定义的常量
//使用 constant 函数来获取名为 MASTER 常量的值，并输出
echo constant(MASTER)."<br>";
//判断 NAME 常量是否已被赋值，如果已被赋值输出"1"，如果未被赋值则返回 false
echo (defined("NAME"))."<br>";
?>
```

运行效果如图 2-1 所示。

```
Warning: Use of undefined constant Name - assumed 'Name'
(this will throw an Error in a future version of PHP) in
F:\yuanma\2\2-1.php on line 6
Name
```
```
kc
kc
```
```
Warning: constant(): Couldn't find constant kc in
F:\yuanma\2\2-1.php on line 13
```
```
1
```

图 2-1　常量输出运行结果

注意：（1）常量只能包含的数据类型有 boolean，integer，float 和 string。

（2）在运行本示例时，由于 PHP 环境配置的不同（php.ini 中错误级别设置的不同），可能会出现不同的运行结果。图 2-1 中展示的是将 php.ini 文件中"error_reporting"的值设置为"E_ALL"后的结果。如果将"error_reporting"的值设置为"E_ALL & ~E_NOTICE"，那么将输出不同的结果。

任务二　预定义常量

在 PHP 中提供了很多预定义常量，用户可以获取但不能任意更改这些常量的值。预定义常量的名称及其作用如表 2-2 所示。

表 2-2　PHP 中预定义常量

常　量　名	功　　能
__FILE__	默认常量，PHP 程序文件名
__LINE__	默认常量，PHP 程序行数
PHP_VERSION	内建常量，PHP 程序的版本，如"3.0.8_dev"
PHP_OS	内建常量，执行 PHP 解析器的操作系统名称，如"Windows"
TRUE	这个常量是一个真值（True）
FALSE	这个常量是一个假值（False）
NULL	一个 null 值
E_ERROR	这个常量指到最近的错误处
E_WARNING	这个常量指到最近的警告处
E_PARSE	这个常量指解析语法有潜在问题处
E_NOTICR	这个常量为发生不寻常，但不一定是错误处

说明：_FILE__ 和 __LINE__ 中的"__"是两条下划线，而不是一条"_"。表中以 E_开头的预定义常量，是 PHP 的错误调试部分。如需详细了解，请参考 error_reporting()函数。

模块五　PHP 变量

变量就是可以随时改变的量。其主要作用就是临时存储数据信息，是程序编写中非常重要的一部分。在变量定义时，通常要为其赋值，所以在定义变量的同时，系统会自动为该变量分配一个存储空间来存放该变量的值。

任务一　变量的声明

一、变量的定义

在 PHP 中，变量定义的语法格式如下：
$变量名称=变量的值

二、变量的命名规则

在 PHP 中，变量名是区分大小写的。
变量名必须以美元符号（$）开始。
变量名开头可以以下划线开始。
变量名不能以数字字符开头。
变量名可以包含一些扩展字符（如重音拉丁字母），但不能包含非法扩展字符（如汉字字符和汉字字母）。
正确的变量命名：
$name="zhangshub";　　　　//定义一个变量，变量名为$name 变量值为 zhangshub
$_pwd="admin";　　　　　//定义一个变量，变量名为$pwd 变量值为 admin
$_123num=665511;　　　　//定义一个变量，变量名为$123number 变量值为 87665
$_Class="jyyyb";　　　　　//定义一个变量，变量名为$_Class 变量值为 jyyyb
错误的变量命名：
$342_var=11112;　　　　　//变量名不能以数字字符开头
$~%$_var="Lit";　　　　　//变量名不能包含非法字符

任务二　变量的赋值

变量的赋值有三种方式：

一、直接赋值

直接赋值就是使用"="直接将值赋给某变量，例如：
<?php
$name=zsb;

```php
$number=20;
echo $name;
echo $number;
?>
```

运行结果为:

zsb

20

上例中分别定义了\$name 变量和\$number 变量,并分别为其赋值,然后使用 echo 输出语句输出变量的值。

二、传值赋值

传值赋值就是使用"="将一个变量的值赋给另一个变量,例如:

```php
<?php
$a=20;
$b=$a;
echo $a."<br>";
echo $b;
?>
```

运行结果为:

20

20

在上面的例子中,先定义变量 a 并赋值为 20,然后又定义变量 b,并设置变量 b 的值等于变量 a 的值,此时变量 b 的值也为 20。

三、引用赋值

引用赋值是一个变量引用另一个变量的值,例如:

```php
<?php
$a=20;
$b=&$a;
$b=30;
echo $a."<br>";
echo $b;
?>
```

运行结果为:

30

30

仔细观察一下,"\$b=&\$a"中多了一个"&"符号,这就是引用赋值。当执行"\$b=&\$a"语句时,变量 b 将指向变量 a,并且和变量 a 共用同一个值。

当执行"\$b=30"时,变量 b 的值发生了变化,此时由于变量 a 和变量 b 共用同一个值,所以当变量 b 的值发生变化时，变量 a 也随之发生变化。

任务三 变量的作用域

变量的作用域是指变量在哪些范围能被使用的，在哪些范围不能被访问。PHP 中分为 3 种变量作用域，分别为局部变量、全局变量和静态变量。

一、局部变量

局部变量就是在函数的内部定义的变量，其作用域是所在函数。

【例 2-2】下面自定义一个名为 example()的函数，然后分别在该函数内部及函数外部定义并输出变量 a 的值，具体代码如下：

```php
<?php
function example(){
        $a="Hi   php!";              //在自定义函数 example()中定义变量 a
        echo "在函数内部定义的变量 a 的值为：".$a."<br>";
}
example();
$a="Hi   chongqin!";               //在函数外部定义变量 a
echo "在函数外部定义的变量 a 的值为：".$a."<br>";
```

运行效果如图 2-2 所示。

在函数内部定义的变量a的值为：Hi php!
在函数外部定义的变量a的值为：Hi chongqin!

图 2-2 局部变量示例运行结果

二、全局变量

全局变量是被定义在所有函数以外的变量，其作用域是整个 PHP 文件，但是在用户自定义函数内部是不可用的。想在用户自定义函数内部使用全局变量，要使用 global 关键词声明。

【例 2-3】定义一个全局变量，并且在函数内部输出全局变量的值，具体代码如下：

```php
<?php
$a="Hi   php!";            //在自定义函数外部声明一个变量 a
function example(){        //自定义一个函数，名为 example
    global $a;             //使用 global 关键词声明并使用在函数外部定义的变量 a
    echo "在函数内部获得变量 a 的值为：".$a."<br>";
}
example();?>
```

运行效果如图 2-3 所示。

在函数内部获得变量a的值为：Hi php!

图 2-3　全局变量示例运行结果

三、静态变量

通过全局变量的理解，可以知道在函数内部定义的变量，在函数调用结束后，其变量将会失效。但有时仍然需要该函数内的变量有效，此时就需要将变量声明为静态变量，声明静态变量只需在变量前加"static"关键字即可。

【例 2-4】　下面分别在函数内声明静态变量和局部变量，并且执行函数，比较执行结果有什么不同。具体代码如下：

```php
<?php
function example(){
        static $a=20;            //定义静态变量
        $a+=2;
        echo "静态变量 a 的值为：".$a."<br>";
}
function xy(){
        $b=20;                   //定义局部变量
        $b+=2;
        echo "局部变量 b 的值为：".$b."<br>";
}
example();            //一次执行该函数体
example();            //二次执行该函数体
example();            //三次执行该函数体
xy();                //一次执行该函数体
xy();                //二次执行该函数体
xy();                //三次执行该函数体
?>
```

运行结果如图 2-4 所示。

静态变量a的值为：22
静态变量a的值为：24
静态变量a的值为：26
局部变量b的值为：22
局部变量b的值为：22
局部变量b的值为：22

图 2-4　静态变量与局部变量的区别

任务四　可变变量

可变变量是一种独特的变量，这种变量的名称是由另外一个变量的值来确定的。声明可变变量的方法是在变量名称前加两个"$"符号。

声明可变变量的语法如下：

$$可变变量名称=可变变量的值

【例 2-5】　下面举例说明声明可变变量的方法，具体代码如下：

```php
<?php
$a="zsb";              //定义变量
$$a="abc";             //声明可变变量，该变量名称为变量 a 的值
echo $a."<br>";        //输出变量 a
echo $$a."<br>";       //输出可变变量
echo $zsb;             //输出变量 mrkj
?>
```

运行结果如图 2-5 所示。

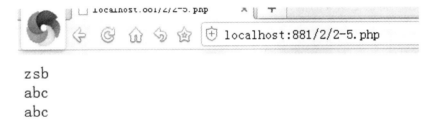

```
zsb
abc
abc
```

图 2-5　可变变量示例运行结果

模块六　PHP 数据类型

计算机能操作的对象是数据，而每个数据都应该有其数据类型。具备相同类型的数据才可以彼此操作，PHP 的数据类型可以分成 3 种，即标量、复合和特殊数据类型。

PHP 数据类型

任务一　数值型数据的使用

标量数据类型是数据结构中最基本的单元，只能存储一个数据。PHP 中标量数据类型包括 4 种，如表 2-3 所示。

表 2-3 　标量数据类型

类型	说明
boolean（布尔型）	这是最简单的类型。只有 2 个值，真（True）和假（False）
string（字符串型）	字符串就是连续的字符序列，可以是计算机所能表示的一切字符的集合
integer（整型）	整型数据类型只能包含整数，这些数据可以是正数或负数
float（浮点型）	浮点数据类型用来存储数字，与整型不同的是它有小数位

下面对各个数据类型进行详细介绍。

一、布尔型（boolean）

布尔型是 PHP 中较为常用的数据类型之一。它保存一个真值（True）或者假值（False）。布尔型数据的用法如下所示：

```php
<?php
$a=TRUE;
$c=FALSE;
?>
```

二、字符串型（string）

字符串是连续的字符序列，由数字、字母和符号组成。字符串中的每个字符只占用一个字节。字符包含以下几种类型。

数字类型。例如 1、2、3 等。

字母类型。例如 a、b、c、d 等。

特殊字符。例如#、$、%、^、&等。

不可见字符。例如\n（换行符）、\r（回车符）、\t（Tab 字符）等。

其中，不可见字符是比较特殊的一组字符，是用来控制字符串格式化输出的，在浏览器上不可见，只能看到字符串输出的结果。

【例 2-6】运用 PHP 的不可见字符串完成字符串的格式输出，程序代码如下：

```php
<?php
echo  "PHP 从入门到精通\rASP 从入门到精通\nJSP 程序开发范例宝典\tPHP 函数参考大全"; //输出字符串?>
```

说明：\r：回车；"\n"：换行；"\t"：水平制表符

运行结果如图 2-6 所示，在 IE 浏览器中不能直接看到不可见字符串（\r、\n 和\t）的作用效果。

在 PHP 中，定义字符串有 3 种方式。

单引号（'）；

双引号（"）；

界定符（<<<）；

单引号和双引号是经常被使用的定义方式，定义格式如下。

```php
$a ='字符串';
```
或
```php
$a ="字符串";
```

说明： 双引号中所包含的变量会自动被替换成实际数值，而在单引号中包含的变量则按普通字符串输出。

在定义字符串时，尽量使用单引号，因为单引号的运行速度要比双引号快。

只有通过"查看源文件"才能看到不可见字符串的作用效果，如图 2-6 所示。

图 2-6　查看不可见字符串的作用

【例 2-7】下面分别使用单引号、双引号、界定符输出变量的值，具体代码如下：

```php
<?php
$a="大家好！";
echo "$a"."<br>";          //使用双引号输出变量
echo '$a'."<br>";          //使用单引号输出$a
//使用界定符输出变量
echo <<<std
     $a
std;
?>
```

运行结果如图 2-7 所示。

图 2-7　使用不同的方式输出变量的区别

注意： 使用界定符输出字符串时，结束标识符必须单独另起一行，并且不允许有空格。如果在标识符前后有其他符号或字符，则会发生错误。

三、整型（integer）

整型数据类型只能包含整数。在 32 位操作系统中，有效的范围是−2147483648 ~ +2147483647。整型数可以用十进制、八进制和十六进制来表示。如果用八进制，则数字前面必须加 0；如果用十六进制，则需要加 0x。

【例 2-8】下面看一实例，分别输出八进制、十进制和十六进制的结果，具体代码如下。

```php
<?php
    $str1 = 1234;                    //十进制数
    $str2 = 01234;                   //八进制数
    $str3 = 0x1234;                  //十六进制数
    echo "数字 1234 不同进制的输出结果：<p>";
    echo "十进制的结果是：$str1<br>";
    echo "八进制的结果是：$str2<br>";
    echo "十六进制的结果是：$str3";
?>
```

运行结果如图 2-8 所示。

数字1234不同进制的输出结果：

十进制的结果是：1234
八进制的结果是：668
十六进制的结果是：4660

图 2-8　输出八进制、十进制和十六进制数据

注意： 如果给定的数值超出了整型所能表示的最大范围，将会被当作 float 型处理，这种情况叫作整数溢出。同样，如果表达式的最后运算结果超出了整型的范围，也会返回 float 型。如果在 64 位操作系统中，其运行结果可能会有所不同。

四、浮点型（float）

浮点数据类型可以用来存储整数，也可以保存小数。它提供的精度比整数大得多。在 32 位操作系统中，有效范围是 1.7E-308 ~ 1.7E+308。在 PHP 4.0 以前版本中，浮点型的标识为 double，也叫双精度浮点数，两者无区别。

浮点型数据默认有两种书写格式：一种是标准格式，如下：

3.1415

0.333

-35.8

还有一种是科学记数法格式，如下：

3.58E1

849.72E-3

例如：

10^6

```php
<?php
$a=1.036;
$b=2.035;
$c=3.14E6;          //科学记数法格式 3.14*10^6
?>
```

注意：浮点型的数值只是一个近似值，所以要尽量避免浮点型之间比较大小，因为最后的结果往往是不准确的。

任务二　复合数据类型

复合数据类型包括两种：array（数组）和 object（对象）。

一、数组（array）

数组是一组数据的集合，它把一系列数据组织起来，形成一个可操作的整体。数组中可以包括很多数据：标量数据、数组、对象、资源以及 PHP 中支持的其他语法结构等。

数组中的每个数据称为一个元素，每个元素都有一个唯一编号，称为索引。元素的索引只能由数字或字符串组成。元素的值可以是多种数据类型。定义数组的语法格式如下：

$array['key'] = 'value';

或

$array(key1 => value1, key2 => value2……)

其中参数 key 是数组元素的索引，value 是数组元素的值。

【例 2-9】下面举一个简单的数组应用示例，具体代码如下：

```php
<?php
$array[0]="伟大的 PHP";                    //定义$array 数组的第 1 个元素
$array[1]="编程的乐趣";                     //定义$array 数组的第 2 个元素
$array[2]="学习快乐";                       //定义$array 数组的第 3 个元素
//定义$number 数组的所有元素
$number=array(0=>'伟大的 PHP ',1=>'编程的乐趣',2=>'学习快乐');
echo $array[0]."<br>";                     //输出$array 数组的第 1 个元素值
echo $number[1];                           //输出$number 数组的第 2 个元素值
?>
```

运行结果如图 2-9 所示。

图 2-9　数组应用

二、对象（object）

现在的编程语言用到的方法有两种：面向过程和面向对象。在 PHP 中，用户可以自由使用这两种方法。有关面向对象的技术可以参考后面内容。

任务三　特殊数据类型

特殊数据类型包括两种：resource（资源）和 null（空值）。

一、资源（resource）

资源是由专门的函数来建立和使用的。它是一种特殊的数据类型，并由程序员分配。在使用资源时，要及时释放不需要的资源。如果程序员忘记了释放资源，系统会自动启用垃圾回收机制，避免内存消耗殆尽。

二、空值（null）

空值，顾名思义，表示没有为该变量设置任何值。另外，空值（null）不区分大小写，null 和 NULL 效果是一样的。被赋予空值的情况有以下 3 种：

没有赋任何值；

被赋值为 null；

被 unset()函数处理过的变量。

下面分别对以上三种情况举例说明，具体代码如下：

```php
<?php
$a;                 //没有赋值的变量
$b=NULL;            //被赋空值的变量

$c=3;
unset($c);          //使用 unset()函数处理后，$c 的值为空
?>
```

PHP 中的类型转换与 C 语言一样，非常简单。在变量前面加上一个小括号，并把目标数据类型写在小括号中即可。

PHP 中允许转换的类型如表 2-4 所示。

表 2-4　类型强制转换

转 换 函 数	转 换 类 型	举例
(boolean),(bool)	将其他数据类型强制转换成布尔型	$a=1; $b=(boolean)$a; $b=(bool)$a;
(string)	将其他数据类型强制转换成字符串型	$a=1; $b=(string)$a;
(integer),(int)	将其他数据类型强制转换成整型	$a=1; $b=(int)$a; $b=(integer)$a;
(float),(double),(real)	将其他数据类型强制转换成浮点型	$a=1; $b=(float)$a; $b=(double)$a; $b=(real)$a;
(array)	将其他数据类型强制转换成数组	$a=1; $b=(array)$a;
(object)	将其他数据类型强制转换成对象	$a=1; $b=(object)$a;

在进行类型转换过程中应该注意以下几点：

（1）转换成 boolean 型。

null、0 和未赋值的变量或数组，会被转换为 False，其他的为真。

（2）转换成整型。

布尔型的 False 转为 0，True 转为 1。

浮点型的小数部分会被舍去。

字符串型。如果以数字开头，就截取到非数字位，否则输出 0。

（3）当字符串转换为整型或浮点型时，如果字符是以数字开头的，就会先把数字部分转换为整型，再舍去后面的字符串。如果数字中含有小数点，则会取到小数点前一位。

任务四　检测数据类型

PHP 中提供了很多检测数据类型的函数，可以对不同类型的数据进行检测，判断其是否属于某种类型。检测数据类型的函数如表 2-5 所示。

表 2-5　检测数据类型函数

函　数	检　测　类　型	举　例
is_bool	检查变量是否是布尔类型	is_book($a);
is_string	检查变量是否是字符串类型	is_string($a);
is_float/is_double	检查变量是否为浮点类型	is_float($a); is_double($a);
is_integer/is_int	检查变量是否为整数	is_integer($a); is_int($a);
is_null	检查变量是否为 null	is_null($a);
is_array	检查变量是否为数组类型	is_array($a);
is_object	检查变量是否是一个对象类型	is_object($a);
is_numeric	检查变量是否为数字或由数字组成的字符串	is_numeric($a);

【例 2-10】下面通过几个检测数据类型的函数来检测相应的字符串类型，具体代码如下：

```php
<?php
$a=true;
$b="大家好 PHP";
$c=789521;
//检测变量是否为布尔型
echo "1. 变量是否为布尔型：".is_bool($a)."<br>";
//检测变量是否为字符串型
echo "2. 变量是否为字符串型：".is_string($b)."<br>";
//检测变量是否为整型
echo "3. 变量是否为整型：".is_int($c)."<br>";
```

```php
//检测变量是否为浮点型
echo "4. 变量是否为浮点型：".is_float($c)."<br>";
?>
```

运行结果如图 2-10 所示。

1. 变量是否为布尔型：1
2. 变量是否为字符串型：1
3. 变量是否为整型：1
4. 变量是否为浮点型：

图 2-10　检测变量数据类型

说明： 由于变量 C 不是浮点型，因此第 4 个判断的返回值为 false，即空值。

模块七　PHP 运算符与优先级

运算符是用来对变量、常量或数据进行计算的符号，它对一个值或一组值执行一个指定的操作。PHP 运算符主要包括有算术运算符、字符串运算符、位运算符、赋值运算符、递增运算符或递减运算符等。下面就对各种运算符进行简单介绍。

PHP 表达式与运算符

任务一　算术运算符

算术运算符主要用于处理算术运算操作，常用的算术运算符及作用如表 2-6 所示。

表 2-6　常用的算术运算符

名称	操 作 符	实例
加法运算	+	$a + $b
减法运算	−	$a − $b
乘法运算	*	$a * $b
除法运算	/	$a / $b
取余数运算	%	$a % $b

注意： 在算术运算符中使用"%"求余，如果被除数（$a）是负数的话，那么取得的结果也是一个负值。

【例 2-11】 下面通过算术运算符来计算一个人的工资总的支出、剩余工资、房贷占工资的比例等等。具体代码如下：

```php
<?php
$a='6000';                          //定义变量 a，月工资为 4000
$b='2750';                          //定义变量 b，房贷 1750
$c='1000';                          //定义变量 c，消费金额 500
echo $c + $b .'<br>';               //计算每月总的支出金额
echo $a-$b-$c.'<br>';               //计算每月剩余工资
echo $b/$a.'<br>';                  //计算房贷占总工资的比例
echo $b%$a.'<br>';                  //计算变量 b 和变量 a 余数
?>
```

运行结果如图 2-11 所示。

图 2-11　算术运算符示例运行结果

任务二　字符串运算符

字符串运算符主要用于处理字符串的相关操作。在 PHP 中字符串运算符只有一个，那就是"."。该运算符用于将两个字符串连接起来，结合到一起形成一个新的字符串。应用格式如下：

$a.$b

这个运算符在上面的例子中已经使用，例如上例中的：

echo $c + $b .'
';   //计算这个人总的支出金额

此处使用字符串运算符将 c+b 的值与字符串 "<br>" 连接，在输出 c+b 的值后执行换行操作。

任务三　赋值运算符

在 PHP 中，赋值运算符主要用于处理表达式的赋值操作，它提供了很多赋值运算符，其用法及意义如表 2-7 所示。

表 2-7　常用赋值运算符

操　作	符　号	实　例	展　开　形　式	意　义
赋值	=	$a=b	$a=3	将右边的值赋给左边
加	+=	$a+= b	$a=$a + b	将右边的值加到左边
减	—=	$a—= b	$a=$a—b	将右边的值减到左边

操　作	符　号	实　例	展 开 形 式	意　义
乘	*=	$a*= b	$a=$a * b	将左边的值乘以右边
除	/=	$a/= b	$a=$a / b	将左边的值除以右边
连接字符	.=	$a.= b	$a=$a. b	将右边的字符加到左边
取余数	%	$a%= b	$a=$a % b	将左边的值对右边取余数

【例2-12】一个非常简单的赋值运算符的例子，就是为变量赋值：

$a=2；

此处应用 "=" 运算符为变量 a 赋值。下面再举一个较复杂的示例，代码如下：

```php
<?php
$a=2；          //使用 "=" 运算符为变量 a 赋值
$b=8；          //使用 "=" 运算符为变量 b 赋值
$a*=$b；        //使用 "*=" 运算符获得变量 a 乘以变量 b 的值，并赋给变量 a
echo $a；       //输出重新赋值后变量 a 的值
?>
```

运行结果为：16

说明：在执行 a=a+1 的操作时，建议使用 a+=1 来代替。因为其符合 C/C++的习惯，摈弃效率还高。

任务四　位运算符

在 PHP 中，位逻辑运算符是指对二进制位从低位到高位对齐后进行运算。具体格式如表2-8 所示。

表2-8　位运算符

符　号	作　用	举　例
&	按位与	$m & $n
|	按位或	$m | $n
^	按位异或	$m ^ $n
~	按位取反	$m ~ $n
<<	向左移位	$m << $n
>>	向右移位	$m >> $n

【例2-13】下面使用位运算符来对变量中的值进行位运算操作，实例代码如下：

```php
<?php
$m = 6 ;              //运算时会将 6 转换为二进制码 110
$n = 10 ;             //运算时会将 10 转换为二进制码 1010
```

```
$mn = $m&$n ;              //将 110 和 1010 做与操作后转换为十进制码
echo $mn ."<br>";          //输出转换结果
$mn = $m | $n ;            //将 110 和 1010 做或操作后转换为十进制码
echo $mn ."<br>";          //输出转换结果
$mn = $m ^ $n ;            //将 110 和 1010 做异或操作后转换为十进制码
echo $mn ."<br>";          //输出转换结果
$mn = ~$m ;                //将 110 做非操作后转换为十进制码
echo $mn ."<br>";          //输出转换结果
?>
```

运行结果如图 2-12 所示。

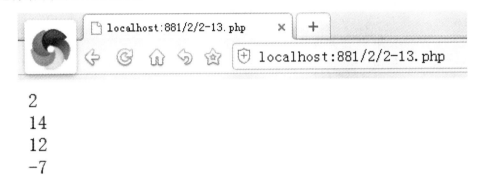

图 2-12　运算符示例运行结果

任务五　递增/递减运算符

在 PHP 中，递增运算符"++"和递减运算符"--"与算术运算符有些相同，都是对数值型数据进行操作。但算术运算符适合在两个或者两个以上不同操作数的场合使用，当只有一个操作数时，就可以使用"++"或者"--"运算符。

【例 2-14】这里用一个简单的例子，来加深对递增和递减运算符的理解，具体代码如下：

```
<?php
$a=2;
$b=3;
$c=4;
$d=6;
echo  "a=".$a."  b=".$b."  c=".$c."  d=".$d."<br>";    //
输出上面四个变量的值， 是空格符
echo "++a=".++$a."<br>";          //计算变量 a 自加的值
echo "b++=".$b++."<br>";          //计算变量 b 自加的值
echo "--c=".--$c."<br>";          //计算变量 c 自减的值
echo "d--=".$d--."<br>";          //计算变量 d 自减的值
?>
```

运行结果如图 2-13 所示。

a=2   b=3   c=4   d=6
++a=3
b++=3
--c=3
d--=6

图 2-13　递增和递减运算符示例运行结果

说明： 当运算符位于变量前时（++$a），先自加，然后再返回变量的值；当运算符位于变量后时（$a++），先返回变量的值，然后再自加，即输出的是变量 a 的值，并非 a++ 的值。这就是为什么变量 $b 自加和 $d 自减后的值为什么没变的原因。

任务六　逻辑运算符

在 PHP 中，逻辑运算符用于处理逻辑运算操作，是程序设计中一组非常重要的运算符。逻辑运算符如表 2-9 所示。

表 2-9　　PHP 的逻辑运算符

运　算　符	实　　例	结　果　为　真
&& 或 and（逻辑与）	$m and $n 或 $m && $n	当 $m 和 $n 都为真或假时，返回 TRUE 或 FALSE；当 $m 和 $N 有一个为假时，返回 FLASE
|| 或 or（逻辑或）	$m || $n 或 $m or $n	当 $m 和 $n 都为真或假时，返回 TRUE 或 FALSE；当 $m 和 $N 有一个为真时，返回 TRUE
xor（逻辑异或）	$m xor $n	当 $m 和 $n 都为真或假时，返回 TRUE 或 FALSE；当 $m 和 $N 有一个为真时，返回 TRUE
!（逻辑非）	!$m	当 $m 为假时返回 TRUE，当 $m 为真时返回 FALSE

【例 2-15】下面使用逻辑运算符判断如果变量存在，且值不为空，则执行数据的输出操作，否则弹出提示信息（变量值不能为空！）。具体代码如下：

```php
<?php
//如果变量 x 值为空则输出提示信息，否则输出"明日科技欢迎您!"

$x="";
if(isset($x) && !empty($x)){        //使用 and 判断变量 x
```

```
    echo "XXXX 大学欢迎您！";
}else{
    echo "<script>alert('变量值不能为空！');</script>";
}
?>
```

运行结果如图 2-14 所示。

图 2-14　使用逻辑与判断变量的真假

说明： 本例在 if 语句中，应用逻辑与判断当变量存在，且值不为空的情况下输出数据，否则输出提示信息。

isset()函数检查变量是否设置，如果设置则返回 true，否则返回 false。

empty()函数检测变量是否为空，如果为空则返回 true，否则返回 false。

任务七　比较运算符

在 PHP 中，比较运算符主要用于比较两个数据的值，返回值为一个布尔类型。比较运算符如表 2-10 所示。

表 2-10　PHP 的比较运算

运算符	实例	结果
<	小于	$m<$n，当$m 小于$n 时，返回 TRUE，否则返回 FALSE
>	大于	$m>$n，当$m 大于$n 时，返回 TRUE，否则返回 FALSE
<=	小于等于	$m<=$n，当$m 小于等于$n 时，返回 TRUE，否则返回 FALSE
>=	大于等于	$m>=$n，当$m 大于等于$n 时，返回 TRUE，否则返回 FALSE
= =	相等	$m= =$n，当$m 等于$n 时，返回 TRUE，否则返回 FALSE
!=	不等	$m!=$n，当$m 不等于$n 时，返回 TRUE，否则返回 FALSE
= = =	恒等	$m= = = $n，当$m 等于$n，并且数据类型相同，返回 TRUE，否则返回 FALSE
!==	非恒等	$m!= =$n，当$m 不等于$n，并且数据类型不相同，返回 TRUE，否则返回 FALSE

以上表中= = =和!= =不太常见。

【例 2-16】下面使用比较运算符比较张三与李四的工资，具体代码如下。

```php
<?php
$x=3000;                              //张三的工资 3000
$y=5000;                              //李四的工资 5000
echo "x=".$x."  y=".$y."<br>";
echo "x < y 的返回值为： ";
echo var_dump($x<$y)."<br>";          //比较 x 是否小于 y
echo "x >= y 的返回值为： ";
echo var_dump($x>=$y)."<br>";         //比较 x 是否大于等于 y
echo "x == y 的返回值为： ";
echo var_dump($x==$y)."<br>";         //比较 x 是否等于 y
echo "x != y 的返回值为： ";
echo var_dump($x!=$y)."<br>";         //比较 x 是否不等于 y
?>
```

运行结果如图 2-15 所示。

```
x=3000   y=5000
x < y的返回值为： bool(true)
x >= y的返回值为： bool(false)
x == y的返回值为： bool(false)
x != y的返回值为： bool(true)
```

图 2-15 比较运算符示例运行结果

任务八 三元运算符

在 PHP 中，三元运算符可以提供简单的逻辑判断，其应用格式为：

表达式 1?表达式 2:表达式 3

如果表达式 1 的值为 TRUE，则执行表达式 2，否则执行表达式 3。

【例 2-17】 通过三元运算符定义分页变量的值，具体代码如下：

```php
<?php
/* 通过三元运算符判断分页变量 a 的值，如果变量存在，则直接输出变量值，否则为变
量赋值为 2 */
$a=(isset($_GET['a']))?$_GET['a']:"2";
echo $a;        //输出变量值
?>
```

运行结果如图 2-16 所示。

图 2-16　三元运算符

说明： 本例中介绍的方法在项目实际开发中非常实用，特别是在分页技术中，根据超级链接传递的参数值定义分页变量。其原理是：首先应用 isset() 函数检测 $_GET['page'] 全局变量是否存在，如果存在则直接将该值赋给变量 a，否则为变量 a 赋值为 2。

任务九　运算符的使用规则

在 PHP 中，所谓使用规则就是当表达式中包含多种运算符时，运算符的执行顺序，与数学四则运算中的先算乘除后算加减是一个道理。PHP 的运算符优先级如表 2-11 所示。

表 2-11　运算符的优先级

优 先 级 别	运　　算　　符
1	or，and，xor
2	赋值运算符
3	||，&&
4	|，^
5	&，.
6	+，−
7	/，*，%
8	<<，>>
9	++，−−
10	+，−（正、负号运算符），!，~
11	==，!=，<>
12	<，<=，>，>=
13	?:
14	->
15	=>

说明： 这么多的级别，如果要想都记住是不太现实的，也没有这个必要。如果写的表达式真的很复杂，而且包含较多的运算符，不妨多加（），例如：$a and (($b != $c) or (5 * (50 − $d)))。这样就会减少出现逻辑错误的可能。

本章小结

本章首先介绍了 PHP 标记、注释、输出语句、关键字和标识符的定义和基础语法；接着讲了常量、变量的定义和使用，数据类型的划分及转换，运算符的分类及优先级。

通过本章学习，读者可以掌握 PHP 编程的变量和常量概念和区别、通过赋值来给变量赋予不同的值。了解不同的数据类型，对于编程非常重要，可以根据不同的需求选择合适的数据类型来存储和操作数据。熟练掌握运算符的使用可以简化代码的编写和逻辑的表达。这些基础知识是进行 PHP 编程的基础，能为后续学习和实践打下坚实的基础。

项目练习

一、填空题

1. 数据类型共有＿＿＿种，分别为字符串类型、浮点型、整形和＿＿＿＿＿＿。

2. 表达式（7%2）的运行结果等于＿＿＿＿＿＿＿＿＿。

3. 用于程序的解释和说明的是＿＿＿＿＿＿＿，它在程序解析时会被 PHP 解析器忽略。

二、判断题

1. 常量只能是固定不变的值，不能是表达式。（   ）

2. 可变变量就是将一个变量的值作为另一个变量的名称。（   ）

3. PHP 的标识符在定义时不能包含空格符号。（   ）

三、选择题

1. 下列选项中，变量命名是正确的是（   ）。

    A. $312   B. _abc   C. #cdb   D. $kc

2. 下列属于赋值运算符的是（   ）。

    A. =   B. +=   C. =   D. ==

3. 在 PHP 中提供了多种输出语句，其中可以输出数据类型的是（   ）。

    A. print()   B. echo   C. var_dump()   D. print_r()

四、简答题

1. PHP 的数据类型有哪些？每种数据类型适用于哪种应用场合？

2. PHP 的开始标记与结束标记有哪些，使用时有何注意事项？

五、编程题

1. 任意指定 3 个数，写程序求出这 3 个数的最大值。

项目三　PHP 流程控制语句

【学习目标】

（1）掌握使用选择结构控制程序执行的流程；
（2）掌握使用循环结构控制程序执行的流程；
（3）掌握使用跳转语句控制程序执行的流程。

【思政导入】

　　在教学过程中，讲授 PHP 流程控制语句时，引入软件开发设计的人员组成及分工，引导学生在平时技术学习与实践中，选择合适的人员组成研究小组。在今后职场中，在身处的软件开发团队中，员工形形色色，脾气秉性和行为方式各异，怎样协同攻关、合作共赢，是每个职业人必须处理好的问题。

【能解决的问题】

（1）能掌握 PHP 中结构控制语句的运用；
（2）能运用 PHP 中循环控制语句完成程序的编码；
（3）能运用跳转语句完成程序的编码。

　　当程序从左向右（若一行有多个语句）、从上往下执行时，这种程序执行流程的控制结构称为顺序结构。例如：表达式语句，函数调用语句等都是组成顺序结构的语句。在实际业务中，常常需要根据不同的条件去执行不同的动作，这时需要使用选择结构来完成；当需要让相同的代码块一次又一次地重复运行时，可以使用循环结构来控制程序执行的流程。顺序结构、选择结构和循环结构是程序流程控制的三种基本结构。程序设计中的复杂的业务流程，最终都可以分解为这三种基本结构来完成。

　　本章首先讲解实现选择结构的四种流程控制语句，然后讲解实现循环结构的四种流程控制语句，最后通过案例来学习跳转语句。本章以理论配合实例练习进行任务驱动学习。通过本章的学习，读者能使用程序流程控制的基本结构。

　　任务描述：去哪儿旅游。当存款五千元以内时，选择国内旅游。超过五千元，选择国际旅游。在国内旅游中，当存款两千元以内时，选择省内游；当存款在两千元到五千元内时，选择省际游。运行效果如图 3-1 所示。

图 3-1　去哪儿旅游运行效果

任务分析：在本任务中，需要根据存款多少来选择去哪儿旅游。在程序设计中，这是典型的选择结构，需要使用 PHP 的选择结构语句来实现。

在以下学习中，将以存款的多少来决定去哪儿旅游这个任务，结合到具体知识点进行讲述。

模块一　条件判断语句

PHP 流程控制-
条件分支

条件判断语句就是以一定的条件作为依据，根据判断的结果确定只执行某一部分代码，而与其并列的其他部分代码则不执行。在 PHP 中，条件判断语句可分为两种类型，即：if 条件语句；switch...case 分值控制语句。

任务一　if 语句

if 语句是最简单的条件判定语句之一，它对某段程序的执行附加一个条件，如果条件成立，则执行这段程序，否则就跳过这段程序去执行下面的程序。

1. 单分支 if 语句

例如：当存款五千元以内时，选择国内旅游。案例效果如图 3-2 所示。

图 3-2　单分支 if 语句运行效果

实现上述效果的代码如下：

```php
<?php
$money=3000;
echo "存款".$money."元，选择";
if($money<5000)
    echo "国内旅游！";
?>
```

在上面例子中，使用了单分支 if 语句。在 PHP 中，单分支 if 语句的语法格式如下：

```
if(条件表达式)
{
    语句块
}
```

上面语法格式中，条件表达式的值为一个布尔值。当条件表达式的值为 true 时，执行{}中的语句块。当语句块中只有一条语句时，{}可不写。单分支 if 语句的执行流程如图 3-3 所示。

2. 双分支 if 语句（if...else）

例如：当存款在五千元以内时，选择国内旅游；当存款达到五千元时，选择国际旅游。

案例效果如图3-4所示。

图3-3　if语句流程图

←　→　C　　ⓘ localhost/3/3.1/doubleIf.php　　☆　　❷　　⋮

存款6000元，选择国际旅游！

图3-4　双分支if语句运行效果

实现上述效果的代码如下：

```php
<?php
$money=6000;
echo "存款".$money."元，选择";
if($money<5000)
    echo "国内旅游！";
else
    echo "国际旅游！";
?>
```

在上面例子中，使用了双分支if语句。在PHP中，双分支if语句的语法格式如下：

```php
if(条件表达式)
{
    语句块1
}
else
{
    语句块2
}
```

上面语法格式中，条件表达式的值为一个布尔值。当条件表达式的值为true时，执行语句块1；当条件表达式的值为false时，执行语句块2。双分支if语句的执行流程如图3-5所示。

3. 嵌套if语句

以"去哪儿旅游"为例，其分析表如表3-1所示。

图 3-5   双分支 if 语句执行流程

表 3-1   "去哪儿旅游"分析表

存款<五千元	选择国内旅游	存款<两千元	选择省内旅游
		两千元≤存款<五千元	选择省际旅游
存款≥五千元	选择国际旅游		

由表可见，在"存款<五千元"这一分支中，可以使用嵌套双分支 if 语句实现，代码如下所示：

```php
<?php
$money=2000;
echo "存款".$money."元，选择";
if($money<5000)
  if($money<2000)
    echo "省内旅游！";
  else
    echo "省际旅游！";
else
  echo "国际旅游！";
?>
```

程序执行效果如图 3-6 所示。

存款2000元，选择省际旅游！

图 3-6   嵌套双分支 if 语句运行效果

在使用嵌套 if 语句时，要特别注意，else 分支是与之前最近的没有配套的 if 语句匹配。

4. 多分支 if 语句

PHP 还提供了多分支 if 语句，可以实现对多个条件的判断来进行多种不同的处理。"去哪儿旅游"多分支分析表如表 3-2 所示。

表 3-2 "去哪儿旅游"多分支分析表

存款范围	选择方式
存款<两千元	选择省内旅游
两千元≤存款<五千元	选择省际旅游
存款≥五千元	选择国际旅游

实现和嵌套 if 语句同样效果的多分支 if 语句代码如下所示：

```php
<?php
$money=2000;
echo "存款".$money."元，选择";
if($money<2000)
    echo "省内旅游！";
elseif($money<5000)
    echo "省际旅游！";
else
    echo "国际旅游！";
?>
```

在上面例子中，使用了多分支 if 语句。在 PHP 中，多分支 if 语句的语法格式如下：

```
if(条件表达式 1){
    语句块 1
}elseif(条件表达式 2){
    语句块 2
}
……
elseif(条件表达式 n){
    语句块 n
}else{
    语句块 n+1
}
```

上面语法格式中，条件表达式 1~n 的值为一个布尔值。当条件表达式 1 的值为 true 时，执行语句块 1；当条件表达式 1 的值为 false 时，则继续判断条件表达式 2，如果判断条件表达式 2 为 true 时，执行语句块 2，以此类推；如果判断条件表达式 1~n 都为 false 时，即所有条件分支都没满足，则执行最后的 else 分支中的语句块 n+1。多分支 if 语句的执行流程如图 3-7 所示。

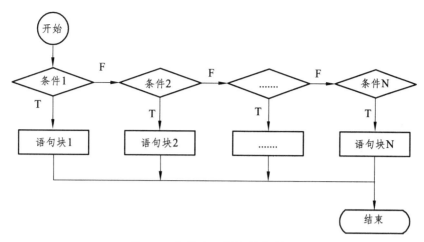

图 3-7　多分支 if 语句执行流程

说明：

（1）多分支 if 语句中可以包含一个或多个 elseif 子句。最后的 else 分支也可以没有。在多分支 if 语句结构的执行流程中，从上向下，只要某一个分支条件满足，在执行该分支的语句块后，则离开该多分支 if 语句结构，转去执行该结构之后的语句。

（2）多分支 if 语句中的 elseif 也可以写成两个关键字即 else if，使用时按个人习惯采用即可。

对于本项目开始提出的"去哪儿旅游"任务，下面采用多分支 if 语句实现，具体操作步骤如下：

步骤 1：在 F:\yuanma\3.1 目录下创建页面 multiIf.php，用 VS Code 软件打开该页面后，输入多分支 if 语句结构的代码。

步骤 2：打开浏览器，在地址栏中输入地址 http://localhost/3/3.1/multiIf.php 后，显示效果如图 3-1 所示页面。

任务二　switch 语句

switch-case 多分支语句也是一种很常用的选择语句。与 if 条件语句不同的是，它根据 switch 入口表达式的值来决定程序执行哪一段代码。以"去哪儿旅游"这个任务为例，使用 switch-case 多分支语句实现的代码如下：

```php
<?php
$money=5000;
echo "存款".$money."元，选择";
$choice = (int)($money/1000);
switch($choice){
  case 0:
  case 1:
    echo "省内旅游！";
    break;
```

```
      case 2:
      case 3:
      case 4:
        echo "省际旅游！";
        break;
      default:
        echo "国际旅游！";
    }
  ?>
```

以上程序 switchTour.php 执行效果如图 3-8 所示。

存款5000元，选择国际旅游！

图 3-8　switch-case 多分支语句运行效果

switch-case 多分支语句的一般语法结构如下：

```
  switch(入口表达式){
    case 值 1:
      执行语句块 1
      break;
    case 值 2:
      执行语句块 2
      break;
    ……
    case 值 n:
      执行语句块 n
      break;
    default:
      执行语句块 n+1
      [break;]
  }
```

在 switch 分支语句中，根据 switch 关键字之后的入口表达式的值，与 case 关键字之后的值比较。如果比较的结果是匹配的，程序的执行流程就转去执行该 case 之后的语句，遇到 break 语句时，则跳出 switch-case 结构；如果没有遇到 break 语句，则一直执行，不再比较 case 之后的值，直到程序运行到离开 switch-case 结构。与 case 关键字之后的值比较时，如果没有找到任何匹配的值，就去执行 default 关键字之后的语句。default 关键字之后的[break;]表示可选，即可以使用 break 语句。若在 switch-case 结构的最后写了 default，执行完之后的语句，自然就离开 switch-case 结构了，这时也可以不使用 break 语句。在使用 switch 语句过程中，如果

68

连续多个 case 条件后面的执行语句一样，则该执行语句只需在这连续多个 case 条件的最后一个 case 条件后书写一次即可。

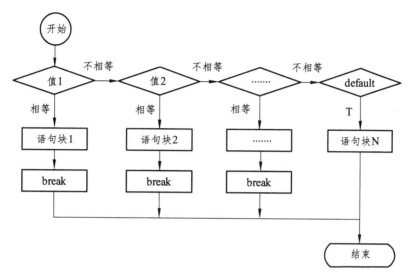

图 3-9　多分支 if 语句执行流程

下面再举个例子：选择你喜欢的颜色。用这个例子来帮助理解 switch-case 语句的结构以及程序的执行流程，关键代码如下：

```php
<?php
$loveColor="blue";
switch ($loveColor)
{
case "red":
    echo "你喜欢的颜色是红色!";
    break;
case "blue":
    echo "你喜欢的颜色是蓝色!";
    break;
case "green":
    echo "你喜欢的颜色是绿色!";
    break;
default:
    echo "你喜欢的颜色不是 红, 蓝, 或绿色!";
}
?>
```

以上程序 switchLoveColor.php 执行效果如图 3-10 所示。

你喜欢的颜色是蓝色!

图 3-10 选择你喜欢的颜色运行效果

总之，switch-case 多分支语句的执行流程是首先对 switch 之后的表达式（通常是变量）进行一次计算。再将表达式的值与结构中每个 case 的值进行比较。如果匹配，则执行该 case 之后的代码，代码执行后，使用 break 来阻止代码跳入下一个 case，从而跳出 switch 结构。default 语句用于不存在匹配时执行。若 default 语句写在最后，也可以省略掉 default 语句中的 break 语句。

模块二　循环控制语句

在循环结构中，可以让相同的代码块一次又一次地重复运行。实现循环结构的语句有：while 循环、do-while 循环、for 循环和 foreach 循环四种。

PHP 流程控制-循环
控制语句

任务描述：计算 1+2+3+……+100。运行效果如图 3-11 所示。

1+2+3+……+100 = 5050

图 3-11　求 1+2+3+……+100 的和的运行效果

任务分析：求自然数从 1 到 100 的和，有多种计算方法。在以下学习中，使用累加求和的方法来实现，帮助读者学习 PHP 的循环结构语句。

任务一　while 循环语句

while 循环语句，首先根据条件判断来决定是否执行循环体，接着进行条件判断，只要条件成立，循环体语句就会执行，如此反复，直到条件不成立，while 循环结束。

使用 while 循环实现求自然数从 1 到 100 的和的代码如下：

```php
<?php
$sum=0;
$i=1;
while($i<=100)
{
    $sum=$sum+$i;
    $i++;
}
echo "1+2+3+……+100 = ".$sum;
?>
```

while 循环的一般语法格式如下：

```
while(循环条件表达式)
{
    循环体语句
}
```

{}中的执行语句被称作循环体，循环体是否执行取决于循环条件。当循环条件为 true 时，循环体就会执行。循环体执行完毕时会继续判断循环条件，如条件仍为 true 则会继续执行，直到循环条件为 false 时，整个循环过程结束。当循环体只有一条语句时，{}可以省略。

while 循环的执行流程如图 3-12 所示。

图 3-12   while 循环的执行流程

任务二   do-while 循环语句

do-while 循环语句，首先执行循环体，接着根据条件判断来决定是否再次执行循环体，只要条件成立，循环体语句就会执行，如此反复，直到条件不成立，do-while 循环结束。

使用 do-while 循环实现求自然数从 1 到 100 的和的代码如下：

```php
<?php
$sum=0;
$i=1;
do{
    $sum=$sum+$i;
    $i++;
}while($i<=100);
echo "1+2+3+......+100 = ".$sum;
?>
```

do-while 循环的一般语法格式如下：

```
do{
    循环体语句
} while(循环条件表达式);
```

注意：do-while 循环的条件表达式的右圆括号后面有一个分号。do-while 循环的执行流程如图 3-13 所示。

71

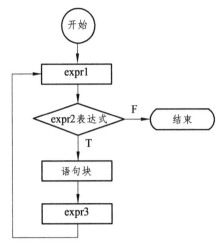

图 3-13　do-while 循环的执行流程

do-while 循环和 while 循环能实现同样的功能。但在程序执行过程中，这两种语句还是有差别的。如果循环条件在循环语句开始时就不成立，那么 while 循环的循环体一次都不会执行，而 do-while 循环的循环体总是会至少执行一次。

任务三　for 循环语句

当循环次数已知的情况下，for 循环语句是最常用的循环语句。

使用 for 循环实现求自然数从 1 到 100 的和的代码如下：

```php
<?php
for($sum=0,$i=1;$i<=100;$i++)
{
    $sum=$sum+$i;
}
echo "1+2+3+......+100 = ".$sum;
?>
```

for 循环语句的一般语法格式如下：

```
for(初始表达式; 循环条件表达式; 迭代表达式)
{
    循环体语句
}
```

在上述语法格式中，for 关键字后面的圆括号中由两个分号分隔了三部分内容，这三部分内容都是可选的。当中间一个表达式即条件表达式为空时，规定条件为恒真。

for 语句的执行流程是：先执行初始表达式，判断循环条件，当条件表达式为 true 时，执行循环体语句，再执行迭代表达式，然后再去判断条件表达式的值，若为 true，则继续执行，如此反复，直到条件表达式的值为 false 时，循环结束。

for 循环的执行流程如图 3-14 所示。

图 3-14　for 循环的执行流程

下面以 while 语句为例来实现本模块开始提出的"求自然数 1 到 100 的和"这个任务,具体操作步骤如下:

步骤 1:在 F:\yuanma\3.2 目录下创建页面 whileSum.php,用 VS Code 软件打开该页面后,输入 while 循环结构语句的代码。

步骤 2:打开浏览器,在地址栏中输入地址 http://localhost/3/3.2/whileSum.php 后,显示效果如图 3-10 所示页面。

任务四　foreach 循环语句

foreach 循环可用于遍历数组。例如输出数组中的元素,代码如下:

```php
<?php
$color=["red","green","blue"];
foreach ($color as $key => $value)
{
    echo $value . "<br>";
}
?>
```

以上代码中,当不需要使用数组元素索引时,可以不写"$key =>"。数组的定义和输入输出将在后面数组的项目中详细学习。程序运行效果如图 3-15 所示。

图 3-15　foreach 循环输出数组元素的值

模块三 跳转语句

在实际业务中，常常会碰到当某些条件满足时，需要结束当前的操作，这时可以使用跳转语句来实现程序流程的跳转。

任务一 break 跳转语句

break 语句可用于 switch-case 分支结构和循环结构中。在 switch-case 分支结构中，break语句的作用是跳出 switch-case 分支结构。在循环结构中，break 语句的作用是跳出循环结构。需要注意的是，当循环有多层时，break 语句执行后，只能跳出 break 语句所在层的循环。

例如，输出满足条件 1+2+3+……+n<5000 的最大的 n。编写代码如下所示：

```php
<?php
$sum=0;
$i=1;
while(1)
{
    $sum=$sum+$i;
    if($sum>=5000)break;
    $i++;
}
echo "满足 1+2+3+……+n<5000  的最大的 n = ".($i-1);
?>
```

运行结果如图 3-16 所示。

满足1+2+3+……+n<5000 的最大的n = 99

图 3-16 break 语句的运行效果

任务二 continue 跳转语句

continue 语句用在循环结构中，执行 continue 语句后，continue 语句之后的循环体代码不再执行，即终止本次循环，转去执行下一次循环。

例如，输出 10 以内的不能被 2 和 3 整除的自然数。编写代码如下所示：

```php
<?php
for($i=1;$i<=10;$i++)
{
    if($i%2==0||$i%3==0)continue;
```

```
        echo $i;
    }
    ?>
```

运行结果如图 3-17 所示。

图 3-17　continue 语句的运行效果

任务三　exit 语句

exit 语句的作用是终止整个 PHP 程序的执行，在 exit 语句后的所有 PHP 代码都不会被执行。例如，输出 10 以内的不能被 2 和 3 整除的自然数。编写代码如下所示：

```
<?php
echo 2/0;
exit("除数不能是 0");
echo"从此语句开始则不会被执行";
?>
```

运行结果如图 3-18 所示。

Warning: Division by zero in **D:\phpstudy_pro\WWW\PHP\exit.php** on line **2**
INF除数不能是0

图 3-18　exit 语句的运行效果

模块四　综合案例

【例 3-1】编程实现对学生的百分制成绩进行等级划分。如果成绩为 90 到 100 分，输出"该成绩的等级为优"；如果成绩为 80 到 89 分，输出的等级为"良"；如果成绩为 70 到 79 分，输出的等级为"中"；如果成绩为 60 到 69 分，输出的等级为"及格"；如果成绩在 60 分以下，输出的等级为"不及格"。

分析：这是典型的多分支问题。可以使用多分支 if-else if-else 结构或者 switch-case 结构。注意多分支 if 条件的书写和 switch-case 入口的构造。

定义学生成绩$grade，使用多分支 if-else if-else 结构实现的代码如下：

```
<?php
    $grade = 75;
    echo "该成绩的等级为";
```

```php
    if($grade >= 90){
        echo "优";
    }else if($grade >= 80) {
        echo "良";
    }else if($grade >= 70) {
        echo "中";
    }else if($grade >= 60) {
        echo "及格";
    }else {
        echo "不及格";
    }
?>
```

使用 switch-case 结构实现的代码如下:

```php
<?php
    $grade = 100;
    echo "该成绩的等级为";
    switch((int)($grade/10)){
        case 10:
        case 9:
            echo "优";break;
        case 8:
            echo "良";break;
        case 7:
            echo "中";break;
        case 6:
            echo "及格";break;
        default:
            echo "不及格";
    }
?>
```

【例 3-2】利用循环编程实现输出如图 3-19 的菱形图案。

图 3-19　菱形图案

分析：这是一个菱形图案。每行的输出特点是，先打印空格，再打印星号(*)图案。寻找规律，使用循环嵌套。

方法一：先打印上面的 5 层，再打印下面的四层。每一层先打印空格，再打印星号（ * ）。定义正三角的层数为$n，编写代码如下：

```php
<?php
$n=5;//层数
for($i=1;$i<=$n;$i++){//打印正三角形
    for($j=1;$j<=$n-$i;$j++){
        echo " ";//打印空格
    }
    for($k=1;$k<=($i-1)*2+1;$k++){
        echo "*";
    }
    echo "<br>";
}
for($i=$n-1;$i>=1;$i--){//打印倒三角形
    for($j=1;$j<=$n-$i;$j++){
        echo " ";
    }
    for($k=1;$k<=($i-1)*2+1;$k++){
        echo "*";
    }
    echo "<br>";
}
?>
```

说明：在网页上输出空格可以使用 echo " "。如果空格与字符不能对齐，可设置等宽字体，如 Courier New、幼圆等。例如使用等宽字体：Courier New，可设置如下：

```
<div style="font-family:'Courier New'">
<?php
//PHP 代码
?>
</div>
```

方法二：利用图案相对于中间上下对称，使用绝对值函数 abs()辅助实现打印这个图案的源代码如下：

```
<div style="font-family:'幼圆'">
<?php
$n=-4;
for($i=$n;$i<=abs($n);$i++){
```

```
        for($j=1;$j<=abs($i);$j++){
            echo " ";
        }
        for($j=1;$j<=2*(abs($n)-abs($i))+1;$j++){
            echo "*";
        }
        echo "<br>";
    }
    ?>
</div>
```

方法三：利用数学关系|x|+|y|<=k，使用绝对值函数 abs()辅助实现打印这个图案的源代码如下：

```
<div style="font-family:'幼圆'">
<?php
$k=4;
for($x=-$k;$x<=$k;$x++){
    for($y=-$k;$y<=$k;$y++)
        echo abs($x)+abs($y)<=$k?"*":" ";
    echo "<br>";
}
?>
</div>
```

【例 3-3】输出九九乘法表。

$1\times1=1$								
$1\times2=2$	$2\times2=4$							
$1\times3=3$	$2\times3=6$	$3\times3=9$						
$1\times4=4$	$2\times4=8$	$3\times4=12$	$4\times4=16$					
$1\times5=5$	$2\times5=10$	$3\times5=15$	$4\times5=20$	$5\times5=25$				
$1\times6=6$	$2\times6=12$	$3\times6=18$	$4\times6=24$	$5\times6=30$	$6\times6=36$			
$1\times7=7$	$2\times7=14$	$3\times7=21$	$4\times7=28$	$5\times7=35$	$6\times7=42$	$7\times7=49$		
$1\times8=8$	$2\times8=16$	$3\times8=24$	$4\times8=32$	$5\times8=40$	$6\times8=48$	$7\times8=56$	$8\times8=64$	
$1\times9=9$	$2\times9=18$	$3\times9=27$	$4\times9=36$	$5\times9=45$	$6\times9=54$	$7\times9=63$	$8\times9=72$	$9\times9=81$

图 3-20　九九乘法表

分析：九九乘法表的第一行输出 1 个式子，第二行输出 2 个式子……第九行输出 9 个式子。可以使用循环嵌套，其中外循环控制输出的行，内循环正好依靠外循环作为输出式子个数的边界条件。使用表格标签，编写代码如下所示：

```
<?php
echo '<table border="1">';
for($i=1;$i<10;$i++){
```

```
echo "<tr>";
for($j=1;$j<=$i;$j++){
    echo '<td>'.$j.'×'.$i.' = '.$i*$j.'</td>';
}
echo "</tr>";
}
echo '</table>';
?>
```

【例 3-4】输出 100 以内的素数。素数是指大于 1 的自然数中，除了 1 和它本身以外不再有其他因数，这样的数称为素数。要求：每输出 10 个素数换行。

分析：根据素数的概念，转化描述为：如果 n 是素数，是指 n 不能被 2 ~（k-1）之间（包括 2 和 k-1）的任何整数整除。所以只要从 2 ~（k-1）逐个相除，如果有一个数能被 k 整除，说明 k 不是素数；否则，k 是素数。编写代码如下所示：

```
<?php
$num=0;
echo '100 以内的素数：'.'<br>';
for($n=2;$n<100;$n++){
    $flag=1;
    for($i=2;$i<=sqrt($n);$i++){
        if($n%$i==0){$flag=0;break;}
    }
    if($flag){
        $num++;
        echo $n.' ';
        if($num%10==0) echo '<br>';
    }
}
?>
```

判断素数时，循环比较的终止条件可以是 n-1、n/2、sqrt(n)等。显然，sqrt(n)的比较判断次数最少，其程序运行效率最高。

【例 3-5】求 n!。例如 n=5，输出 n!。

分析：这是累乘求积的典型问题。例如，累乘的结果存入变量$fact 中，注意累乘的初始值置为 1。编写代码如下所示：

```
<?php
$n=5;
$i=1;
$fact=1;
echo $n.'!=';
```

```php
    while($i<=$n){
        $fact=$fact*$i;
        $i++;
    }
    echo $fact;
    ?>
```

【例 3-6】猴子吃桃问题：猴子第一天摘下若干个桃子，当即吃了一半，还不过瘾，又多吃了一个；第二天早上又将剩下的桃子吃掉一半，又多吃了一个。以后每天早上都吃了前一天剩下的一半零一个。到第 10 天早上想再吃时，见只剩下一个桃子了。求第一天共摘了多少？

分析：这个问题倒过来想相对容易一些，第 10 天，有 1 个桃子，第 9 天有 2*(1+1)个桃子，第 8 天有 2*(2*(1+1)+1) 个桃子，以此类推。编写代码如下所示：

```php
    <?php
    $iDay=10;$iSum =1;//第 10 天
    $iDay--;//其余 9 天
    while($iDay>=1)
    {
        $iSum=($iSum+1)*2;
        $iDay--;
    }
    echo "一共摘了".$iSum.'个桃子。';
    ?>
```

【例 3-7】百钱买百鸡。公鸡 5 元一只，母鸡 3 元一只，小鸡 1 元 3 只，100 元钱刚好买 100 只鸡，求公鸡、母鸡、小鸡各有几只？（我国古代数学家张丘建在《算经》一书中提出的数学问题：鸡翁一值钱五，鸡母一值钱三，鸡雏三值钱一。百钱买百鸡，问鸡翁、鸡母、鸡雏各几何？）

分析：这是使用穷举法的典型问题。如果列方程会发现有 3 个未知数却只能列出两个方程，这使得问题的求解变得困难。分析不难发现，每种鸡都有一个取值范围，例如公鸡数量的取值范围是 0~20，母鸡数量的取值范围是 0~33，小鸡的数量是 0~（100-公鸡数量-母鸡数量），使用嵌套循环和条件语句，逐个去试，满足条件"百钱买百鸡"的就是一组解。编写代码如下所示：

```php
    <?php
    $g=0;//公鸡
    $m=0;//母鸡
    $x=0;//小鸡
    echo "公鸡,母鸡,小鸡".'<br>';
    for($g=0;$g<=20;$g++)
        for($m=0;$m<=33;$m++)
        {
```

```
            $x=100-$g-$m;
            if($g*5+$m*3+$x/3==100 && $x%3==0)
                    echo $g.' , ',$m.' , ',$x.'<br>';
    }
  ?>
```

在 PHP 中，由于$x/3 不会自动取整，因此 if 条件中的$x%3==0 可以不必使用。

本章小结

本章主要介绍了选择结构、循环结构、跳转语句，详细讲解 if 语句、switch 语句、for 语句、while 语句、do-while 语句、break 语句、continue 语句等内容。在 PHP 中，流程控制语句用于控制程序的执行流程，根据不同的条件执行不同的代码块。通过掌握流程控制语句，读者可以根据不同的条件和需求，灵活地控制程序的执行流程。这些语句可以帮助读者实现条件判断、循环执行和异常处理等功能，提高代码的灵活性和可靠性。在实际的 PHP 编程中，合理运用流程控制语句可以使代码更加简洁、高效和易于维护。

项目练习

一、选择题

1. 以下代码运行的结果是（   ）。

`<?php if($i="") {echo "a";}else {echo "b";} ?>`

   A. a   B. b

   C. 条件不足，无法确定   D. 运行出错

2. 以下代码运行的结果是（   ）。

`<?php if ('1e3' == '1000') echo 'LOL';?>`

   A. 无任何输出结果   B. LOL

   C. 不执行且报错   D. 以上都不正确

3. 以下代码输出结果是（   ）。

```
<?php
$x = -1; $y = 0;
if($x == -1)
    if($x<0)
        $y=1;
    else
        $y=0;
else
    $y=-1;
echo "y=$y";
?>
```

   A. y=0   B. y=1   C. y=-1   D. 以上都不正确

4. 以下代码输出结果是（　　　　）。

```php
<?php
$a = 0;
switch ($a) {
    case $a >= 0:
        echo 0;
        break;
    case $a >= 10:
        echo 1;
        break;
    default:
        echo 2;
        break;
}
exit();
?>
```

A. 1　　　　　　　B. 2　　　　　　　C. false　　　　　　D. true

5. 语句 for($k=0;$k=1; $k++);和语句 for($k=0; $k==1; $k++);执行的次数分别是（　　　　）。

A. 无限和 0　　　　B. 0 和无限　　　　C. 都是无限　　　　D. 都是 0

二、程序分析题

1. 以下程序的输出结果是_____。

```php
<?php
$a=0;
$b=0;
if($a=$b)
    $b=5;
echo $b;
?>
```

2. 以下程序的输出结果是_____。

```php
<?php
for($i=1;$i<13;$i++)
{
    if($i<10)
        echo '0'.$i.'月　';
    else
        echo $i.'月　';
```

```php
        if($i%4==0) echo'<br>';
    }
?>
```

3. 以下程序的输出结果是_____。

```php
<?php
for($i=1;$i<=5;$i++)
{
        for($j=1;$j<=$i;$j++)
            echo '*';
        echo'<br>';
}
?>
```

4. 以下程序的输出结果是_____。

```php
<?php
$i=1;
for(;;)
{
        if($i>10) break;
        echo $i++." ";
}
?>
```

5. 以下程序的输出结果是_____。

```php
<?php
$x=-1;$y=0;
if($x>-1)
        if($x<0)
                $y=1;
else
        $y=-1;
echo "y=$y";
?>
```

三、编程题

1. 有一分数序列：2/1，3/2，5/3，8/5，13/8，21/13…。编写 PHP 程序，求出这个数列的前 20 项之和。（注意分子和分母的变化规律）

2. 将 1980 至 2020 年间的所有闰年并打印输出。闰年的条件是：应符合以下两个条件之一：

（1）能被 4 整除，但不能被 100 整除；

（2）能被 400 整除。

3. 输出 1000 以内的完全数。一个自然数如果它的所有真因子（即除了自身以外的约数）的和等于该数，那么这个数就是完全数，也称为完数。注意：1 不是完数。例如：6 的真因子有 1、2、3，且 6=1+2+3，所以 6 是一个完全数。

4. 卖西瓜。有 1020 个西瓜，第一天卖一半多两个，以后每天卖剩下的一半多两个，问几天以后能卖完。

5. 输出菲波那切数列的前 20 项。菲波那切数列指的是这样一个数列：1、1、2、3、5、8、13、21、……菲波那切数列可以递归的定义：$F_0=0$，$F_1=1$，$F_n=F_{n-1}+F_{n-2}$（F_0 表示第 0 项，F_1 表示第 1 项，以此类推，n 为大于等于 2 的自然数），也就是说，菲波那切数列由 0 和 1 开始，之后的斐波那契数列就由之前的两数相加。

6. 鸡兔同笼。有若干只鸡兔同在一个笼子里，从上面数，有 35 个头，从下面数，有 94 只脚。问笼中各有多少只鸡和兔？（鸡兔同笼是中国古代的数学名题之一。大约在公元 5 世纪，《孙子算经》中就记载了这个有趣的问题。书中是这样叙述的：今有雉兔同笼，上有三十五头，下有九十四足，问雉兔各几何？）

7. 赔鸡蛋钱。一个人很倒霉，不小心打碎了一位商贩的一篮子鸡蛋。为了赔偿便询问篮子里有多少鸡蛋。那商贩说，他也不清楚。只记得每次拿两个则剩一个，每次拿 3 个则剩 2 个，每次拿 5 个则剩 4 个，若一个鸡蛋 1.2 元，请你帮忙计算应赔偿多少钱？

8. 企业根据利润提成发放奖金。利润（Profit）低于或等于 10 万元时，奖金可提 10%；利润高于 10 万元，低于 20 万元时，低于 10 万元的部分按 10% 提成，高于 10 万元的部分，可提成 7.5%；以此类推，利润在 20 万到 40 万之间时，高于 20 万元的部分，可提成 5%；高于 40 万元的部分，可提成 1%。假设当月利润 Profit=351 357 元，求应发放奖金总数？

项目四　PHP 函数

【学习目标】

（1）掌握常用的类型判断函数、字符串函数、日期时间函数、数学函数以及目录文件函数等；

（2）掌握函数定义、调用、参数传递；

（3）掌握函数中变量的作用域。

【思政导入】

PHP 以其方便快捷的风格、丰富的函数功能和开源迅速在 Web 系统开发中占据了重要地位，成为世界上最流行的 Web 应用编程语言之一。当今新知识新技术发展迅猛，技术日新月异，我们只有努力学习、转变观念，才能不被新的计算技术所落下，才能不被社会淘汰。作为计算机专业的学生，毕业后从事相关工作是一种选择，在科学技术飞速发展的现代社会，要想使自己有用武之地，除了努力学习科学文化知识外，还要具备执着专注、作风严谨、精益求精、敬业守信、推陈出新等各种素质，而这种素质就是工匠精神。

【能解决的问题】

（1）能掌握 PHP 中各种函数的定义、运用；

（2）能用 PHP 函数完成程序的编码；

（3）能灵活运用 PHP 函数实现高效开发程序。

在日常开发中，如果有一个功能或者一段代码要经常使用，在需要时进行调用，就会用到函数。本章重点介绍如何创建和调用自定义函数。

本章首先讲解 PHP 预定义的库函数的使用，然后讲解自定义函数的使用，最后通过案例来综合应用自定义函数和库函数。本章以理论配合实例练习进行任务驱动学习，通过本章的学习，读者能使用常用的库函数和自定义函数来解决问题。

任务描述：实现超长文本的分页输出。输出页面显示形式如图 4-1 所示。

图 4-1　超长文本的分页显示效果

任务分析：通过使用库函数和自定义函数实现对超过一页长度的文本进行分页输出。

模块一　类型判断及变量函数

在 PHP 中，变量的数据类型是在变量赋值的时候确定的。PHP 支持变量函数，即通过变量来调用不同的函数。

任务一　类型判断函数

PHP 提供了一组函数用于检测变量的数据类型是否是期望的数据类型，常用的数据类型检测函数如表 4-1 所示。

表 4-1　检测变量数据类型的函数

函数名称	函数功能	函数名称	函数功能
is_null()	检查变量是否是空类型	is_string()	检查变量是否是字符串类型
is_long() is_int() is_integer()	检查变量是否是整型	is_bool()	检查变量是否是布尔类型
is_double() is_float() is_real()	检查变量是否是浮点型	is_object()	检查变量是否是对象类型
is_array()	检查变量是否是数组类型	is_nan ()	检查变量是否为合法数值
is_resource();	检查变量是否是资源类型	is_numeric()	检查是否为数字或数字字符串

如果待检测的变量是期望的类型，检测函数返回 true，否则返回 false。下面举例说明检测函数的使用方法。

```php
<?php
$a=null;
echo '检查是否为空类型:'.is_null($a).'<br>';
$b=2.78;
echo '检查是否为整数类型:'.is_int($b).'<br>';
echo '检查是否为实数类型:'.is_double($b).'<br>';
$c = "red";
echo '检查是否为字符串类型:'.is_string($c).'<br>';
var_dump(is_string($c));
echo '<br>';
var_dump($c);//输出变量的类型和值
?>
```

程序运行结果如图 4-2 所示。

检查是否为空类型:1
检查是否为整数类型:
bool(false)
检查是否为实数类型:1
检查是否为字符串类型:1
bool(true)
string(3) "red"

图 4-2　检测变量的数据类型

在这个示例中，可以看到检测函数有一个统一的命名规范，都是 is_*()的形式，*代表期望的检测类型。如果符合期望类型，则返回 true，输出时用 1 表示；不符合期望类型，则返回 false，输出时用空表示，也就是什么也没输出。如果要快速查看变量的类型，可用函数 var_dump()打印出变量的类型和值。

任务二　变量函数和与变量相关的常用函数

PHP 支持变量函数。首先定义一些函数，再声明一个变量，将函数名作为字符串赋值给变量，这样可以使用变量来调用不同的函数。下面通过一个实例来介绍变量函数的具体使用方法。代码如下所示：

```php
<?php
function open(){
    echo "门开了<br>";
}
function go($name="Tom"){
    echo "{$name}出门了<br>";
}
function back($str){
    echo "进门了$str<br>";
}
$func = "open";          //声明一个变量并赋值
$func();                 //使用变量函数来调用函数 come()
$func = "go";            //重新给变量赋值
$func("Jerry");          //使用变量函数来调用函数 go()
$func = "back";          //重新给变量赋值
$func("Jerry");          //使用变量函数来调用函数 back()
?>
```

程序运行结果如图 4-3 所示。

门开了
Jerry出门了
进门了Jerry

图 4-3　变量函数的运行效果

在以上例子中，首先定义 3 个函数，接着声明一个变量并不断地给变量赋值，然后通过变量函数来访问这 3 个不同的函数。

与变量相关的常用函数如表 4-2 所示。

表 4-2　与变量相关的常用函数

函数名称	函数功能
void var_dump(mixed $expression[,mixed $...])	打印变量的相关信息，包括类型与值
bool print_r(mixed $expression[, bool $return])	打印关于变量的易于理解的信息。如果给出的是 string、integer 或 float，将打印变量值本身。如果给出的是 array，将会按照一定格式显示键和元素
bool isset (mixed $var [, mixed $...])	检测变量是否设置。如果变量存在并且值不是 NULL，则返回 TRUE，否则返回 FALSE
void unset (mixed $var [, mixed $...])	释放给定的变量。注意没有返回值
bool empty (mixed $var)	检查一个变量是否为空。如果变量是非空或非零的值，则empty()返回 FALSE。换句话说，""、0、"0"、NULL、FALSE、array()、var $var; 以及没有任何属性的对象都将被认为是空的。如果变量为空，则返回 TRUE
string gettype (mixed $var)	获取变量的类型。建议：使用 is_* 函数来测试类型

在后面例子中会使用到这些与变量相关的常用函数。

模块二　常用字符串函数

常用 PHP 字符串
处理函数

为了方便处理字符串，系统提供了许多与字符串操作相关的内置函数。

任务一　explode()函数与 implode()函数

explode()函数用于分隔字符串，implode()函数用于拼接字符串。

1. explode()函数

explode()函数用于分隔字符串，声明如下：

```
array explode(string $separator,string $str[,int $limit])
```

在声明中，array 表示数组类型，它是 explode()函数的返回值类型；参数$separator 表示用于分隔字符串的分隔符；参数$str 表示要分隔的字符串；参数$limit 是可选的，用于表示返回的数组中最多可包含 limit 个元素。如果在调用 explode()函数中设置了参数$limit, $limit 可有三种取值情况：

● 如果参数$limit 是正数，则返回的数组中包含最多 limit 个元素，而最后那个元素将包含$str 的剩余部分。

● 如果参数$limit 是负数，则返回除了最后的 limit 个元素外的所有元素。

● 如果参数$limit 是 0，则它会被当作 1。

举例说明 explode()函数的使用，代码如下：

```php
<?php
echo '<pre>';
$str  =  'one|two|three|four' ;
 // 不设置第三个参数 limit
print_r ( explode ( '|' ,   $str ));
 // 正数的  limit
print_r ( explode ( '|' ,   $str ,   2 ));
 // 负数的  limit（自  PHP 5.1 起）
print_r ( explode ( '|' ,   $str , - 1 ));
echo '</pre>';
?>
```

程序运行结果如图 4-4 所示。

图 4-4　使用 explode()函数的运行结果

2. implode()函数

implode()函数用于拼接字符串，声明如下：

```
string implode(string $glue,array $arr)
```

在声明中，函数名前的 string 表示函数的返回值类型是字符串类型，参数$arr 表示待合并的数组，参数$glue 表示用于连接数组元素的连接符。

举例说明 implode()函数的使用，代码如下：

```php
<?php
$arr1 = ['one','two','three','four'];
$fields = implode('|',$arr1);
print_r($fields);
?>
```

程序运行结果如图 4-5 所示。

图 4-5　使用 implode()函数的运行结果

任务二　strlen()函数与 trim()函数

strlen()函数用来求字符串的长度，trim()函数用于去除首尾空白字符。

1. strlen()函数

strlen()函数用来求字符串的长度，声明如下：

```
int strlen(string $str)
```

在声明中，int 表示 strlen()函数的返回值类型是整数类型，参数$str 用于表示待获取长度的字符串。

举例说明 strlen()函数的使用，代码如下：

```php
<?php
echo  strlen ( null );  // 0
$str  =  'abcdef' ;
echo  strlen ( $str );  // 6
$str  =  ' ab cd ' ;
echo  strlen ( $str );  // 7
echo  strlen ( '你好' ); // 6
?>
```

程序运行结果如图 4-6 所示。

0676

图 4-6　使用 strlen()函数的运行结果

可见，null 常量的长度为 0；一个 ASCII 字符的长度为 1。例如一个空格的长度为 1；一个汉字的长度为 3。

2. trim()函数

trim()函数用于去除首尾空白字符，声明如下：

```
string trim ( string $str [, string $charlist    = " \t\n\r\0\x0B" ] )
```

在声明中，函数名前的 string 表示函数的返回值类型是字符串类型，参数$str 用于表示待处理的字符串，参数$charlist 是可选的，在调用函数时，若指定了$charlist，则函数会从字符串首尾去除$charlist 指定的字符，若没有指定$charlist，则函数会从字符串首尾去除空白字符。

举例说明 trim()函数的使用，代码如下：

```php
<?php
$str = ' abcd ' ;
echo strlen ( $str );        // 6
echo strlen ( trim($str) );// 4
?>
```

程序运行结果如图 4-7 所示。

← → C ⓘ localhost/4/4.2/trim... ☆

64

图 4-7　使用 trim()函数的运行结果

在 PHP 中，不仅空格是空白字符，trim()函数默认去除的空白字符还包括如下这些字符。
- " " (ASCII 32 (0x20))，普通空格符。
- "\t" (ASCII 9 (0x09))，制表符。
- "\n" (ASCII 10 (0x0A))，换行符。
- "\r" (ASCII 13 (0x0D))，回车符。
- "\0" (ASCII 0 (0x00))，空字节符。
- "\x0B" (ASCII 11 (0x0B))，垂直制表符。

任务三　substr()函数与 strpos()函数

substr()函数用于获取字符串的一部分，即获取子串。类似的函数还有 strstr()等。strpos()函数用于查找字符串首次出现的位置。类似的函数还有 strrpos()等。

常见的获取子串和字符串中位置的函数，如表 4-3 所示。

表 4-3　常见的获取子串和字符串中位置的函数

函数声明	功能描述
string substr (string $string, int $start [, int $length])	返回由 start 和 length 参数指定的子串
string strstr (string $haystack , mixed $needle [, bool $before_needle = false])	返回从 needle 第一次出现的位置开始到结尾的子串
mixed strpos (string $haystack , mixed $needle [, int $offset=0])	返回字符串在目标字符串中首次出现的数字位置
int strrpos (string $haystack , string $needle [, int $offset = 0])	返回字符串在目标字符串中最后一次出现的位置

举例说明 substr()、strrpos()函数的使用，代码如下：

```php
<?php
$filePath = 'D:\www\images\logo.gif';
$ext = substr($filePath , strrpos($filePath , '.'));
echo $ext;
?>
```

程序运行结果如图 4-8 所示。

```
←  →  C   ⓘ localhost/4/4.2/sub...   ☆
```

.gif

图 4-8　获取文件后缀的运行结果

任务四　str_replace()函数

str_replace()函数的作用是对字符串中的某些字符进行替换操作。该函数声明如下。

```
mixed   str_replace ( mixed   $search, mixed   $replace, mixed   $subject [, int &$count ] )
```

在声明中，$search 参数表示被替换掉的字符串；$replace 参数表示替换后的字符串；$subject 参数表示需要被操作的字符串；count()函数是用来统计$search 参数被替换的次数，它是一个可选参数，与其他函数参数不同的是，当完成 str_replace()函数调用后，该参数还可以在函数外部直接被调用。

举例说明 str_replace()函数的使用，代码如下：

```php
<?php
$title = '我的主页';
$str = '欢迎访问{title}';
$result = str_replace('{title}',$title,$str);
echo $result;
?>
```

程序运行结果如图 4-9 所示。

```
←  →  C   ⓘ localhost/4/4.2/str_...   ☆
```

欢迎访问我的主页

图 4-9　使用 str_replace()函数的运行结果

注意： str_replace()函数将替换所有指定的字符串。如果要替换指定位置开始的字符串，则需要使用 substr_replace()函数，其函数说明如下：

```
mixed   substr_replace ( mixed   $string , mixed   $replacement , mixed   $start [, mixed $length ] )
```

任务五　转换 HTML 中的特殊字符

当需要在网页上显示 HTML 标签时，需要将 HTML 中的特殊字符转换为 HTML 实体符号。这时需要使用 htmlspecialchars()函数。若要将特殊的 HTML 实体转换回普通的 HTML 标签字符，需使用函数 htmlspecialchars_decode() 。

htmlspecialchars()函数声明如下：

```
string htmlspecialchars ( string $string [, int $flags    = ENT_COMPAT | ENT_HTML401 [,
string $encoding    = 'UTF-8' [, bool $double_encode    = true ]]] )
```

举例说明 htmlspecialchars()函数的使用，代码如下：

```php
<?php
$old = "<a href='test'>Test</a>";
echo $old;
echo '<br>';
$new = htmlspecialchars ( $old , ENT_QUOTES );
echo $new ;    // &lt;a href=&#039;test&#039;&gt;Test&lt;/a&gt;
echo '<br>';
echo htmlspecialchars_decode($new);
?>
```

程序运行结果如图 4-10 所示。

图 4-10　使用 htmlspecialchars()函数的运行结果

使用 htmlspecialchars()函数转换特殊的 HTML 字符以及对应的实体符号如下：

● &(and 符号)对应的实体符号是 "& "。

● "(双引号) 对应的实体符号是 "" "，当第 2 个参数没有被设置为 ENT_NOQUOTES 时，双引号（"）将会被转换为 HTML 实体符号 "" "。

● '(单引号) 对应的实体符号是 "' "(或')，当第 2 个参数被设置为 ENT_QUOTES 时，单引号（'）将会被转换为 HTML 实体符号 "' "(或')。

● <(小于号) 对应的实体符号是 "< "。

● >(大于号) 对应的实体符号是 "> "。

任务六　md5()和 sha1()加密函数

当需要对字符串加密时，可以使用 md5()、sha1()函数。

md5()函数用于计算字符串的 MD5 散列值，声明如下：

```
string md5 ( string $str )
```

其中，str 为待加密的字符串，函数返回 32 个字符的十六进制数字。

sha1()用于计算字符串的 sha1 散列值，声明如下：

```
string sha1 ( string $str )
```

其中，str 为待加密的字符串，函数返回 40 个字符的十六进制数字。

举例说明 md5()和 sha1()函数的使用，代码如下：

```php
<?php
$name='admin';
echo md5($name);
echo '<br>';
echo sha1($name);
echo '<br>';
?>
```

程序运行结果如图 4-11 所示。

```
←  →  C  ① localhost/4/4.2/md5AndSha1.php    ☆

21232f297a57a5a743894a0e4a801fc3
d033e22ae348aeb5660fc2140aec35850c4da997
```

图 4-11　md5()和 sha1()函数的使用

模块三　PHP 常用日期时间函数

PHP 常用日期
时间函数

任务一　时区设置

获取时间的常用函数有 time()、date()等函数。函数声明如表 4-4 所示。

表 4-4　常用日期时间函数

函数声明	功能描述
int time (void)	返回当前的 Unix 时间戳，即格林威治时间 1970 年 1 月 1 日 00:00:00 到当前时间的秒数
string date (string $format [, int $timestamp])	返回将整数 timestamp 按照给定的格式字串而产生的字符串。如果没给出时间戳则使用本地当前时间。换句话说，timestamp 是可选的，默认值为 time()
mixed microtime ([bool $get_as_float])	如果调用时不带可选参数，本函数以 "msec sec" 的格式返回一个字符串，是当前 Unix 时间戳以及微秒数。如果给出参数 TRUE，将返回一个浮点数
int strtotime (string $time [, int $now = time()])	函数接受一个包含英语日期格式的字符串并尝试将其解析为 Unix 时间戳，其值是相对于 now 参数给出的时间，如果没有提供此参数，则用系统当前时间

时间戳是一个长整数，包含了从 Unix 纪元（1970 年 1 月 1 日 00:00:00）到给定时间的秒数。举例说明日期时间函数的使用，代码如下：

```php
<?php
date_default_timezone_set ( 'Asia/Chongqing' );
echo time();
echo '<br>';
echo microtime();
echo '<br>';
echo strtotime('now');
echo '<br>';
echo strtotime('+1 day');
echo '<br>';
echo date('Y-m-d',time());
echo '<br>';
echo date('Y-m-d',strtotime('now'));
echo '<br>';
echo date('Y-m-d',strtotime('+1 day'));
?>
```

程序运行结果如图 4-12 所示。

```
←  →  C    ⓘ localhost/4/4.3/dateTimezone.php    ☆

1546914106
0.89514800 1546914106
1546914106
1547000506
2019-01-08
2019-01-08
2019-01-09
```

图 4-12　日期时间函数使用的运行结果

从程序运行结果可以看出，time()函数的输出结果为一个时间戳，即一个很大的整数，为方便看出时间，可用 date()函数格式化后输出。PHP 默认输出的时间是 UTC（世界标准时间）时间，与英国伦敦的本地时间相同。而我们常常需要使用北京时间，这时就需要修改默认的时区设置，通常有两种修改方式：

（1）修改 PHP 配置文件。修改时需要有配置服务器文件 php.ini 的权限。例如修改 date.timezone 的值为 PRC（中华人民共和国），修改配置如下所示：

```
date.timezone=PRC
```

修改配置文件后，保存配置文件，重启服务器生效。

（2）在程序中使用函数配置。使用函数 date_default_timezone_set ()设定用于一个脚本中所有日期时间函数的默认时区。例如设置为重庆时区，代码如下所示：

```
date_default_timezone_set ( 'Asia/Chongqing' );
```

95

通过以上设置后，就可以输出准确的本地时区的当前时间。

任务二 格式化输出时间

date()函数可以格式化一个本地时间，函数的第 2 个参数 timestamp 以整数的形式给出要输出的时间，参数 timestamp 可以是函数 strtotime()、time()等；而时间的具体输出格式由第 1 个参数 format 以字符串的形式给出，如表 4-5 所示。

表 4-5 date()函数常用的 format 格式字符

format 字符	说明	返回值例子
日	---	---
d	月份中的第几天，有前导零的 2 位数字	01 到 31
D	星期中的第几天，文本表示，3 个字母	Mon 到 Sun
j	月份中的第几天，没有前导零	1 到 31
l（"L"的小写）	星期几，完整的文本格式	Sunday 到 Saturday
N	ISO-8601 格式数字表示的星期中的第几天	1（表示星期一）到 7（表示星期天）
S	每月天数后面的英文后缀，2 个字符	st, nd, rd 或者 th。可和 j 一起用
w	星期中的第几天，数字表示	0（表示星期天）到 6（表示星期六）
z	年份中的第几天	0 到 365
星期	---	---
W	ISO-8601 格式年份中的第几周，每周从星期一开始	例如：42（当年的第 42 周）
月	---	---
F	月份，完整的文本格式，例如 January、March	January 到 December
m	数字表示的月份，有前导零	01 到 12
M	三个字母缩写表示的月份	Jan 到 Dec
n	数字表示的月份，没有前导零	1 到 12
t	指定的月份有几天	28 到 31
年	---	---
L	是否为闰年	如果是闰年为 1，否则为 0
o	ISO-8601 格式年份数字	Examples: 1999 or 2003
Y	4 位数字完整表示的年份	例如：1999 或 2003
y	2 位数字表示的年份	例如：99 或 03
时间	---	---
a	小写的上午和下午值	am 或 pm
A	大写的上午和下午值	AM 或 PM

format 字符	说明	返回值例子
B	Swatch Internet 标准时	000 到 999
g	小时，12 小时格式，没有前导零	1 到 12
G	小时，24 小时格式，没有前导零	0 到 23
h	小时，12 小时格式，有前导零	01 到 12
H	小时，24 小时格式，有前导零	00 到 23
i	有前导零的分钟数	00 到 59
s	秒数，有前导零	00 到 59

格式字符串中不能被识别的字符将原样显示。举例说明 date()函数的格式字符的使用，代码如下：

```php
<?php
date_default_timezone_set ( 'Asia/Chongqing' );
echo date('Y-m-d H:i:s',time());
echo '<br>';
echo date('Y-n-j',time());
echo '<br>';
echo date('Y 年 n 月 j 日',time());
?>
```

程序运行结果如图 4-13 所示。

← → C   ⓘ localhost/4/4.3/dateFormat.php

2019-01-01 22:16:12
2019-1-1
2019年1月1日

图 4-13　使用 date()函数的格式字符的运行结果

模块四　PHP 常用数学函数

PHP 常用的数学函数如表 4-6 所示。

PHP 常用数学函数

表 4-6　常用的数学函数

函数声明	功能描述
number abs (mixed　$number)	返回参数 number 的绝对值
float sqrt (float $arg)	返回 arg 的平方根
float round (float $val [, int $precision = 0])	返回将 val 根据指定精度 precision(十进制小数点后数字的数目)进行四舍五入的结果
float ceil (float $value)	返回不小于 value 的下一个整数，即向上取整

函数声明	功能描述
float floor (float $value)	返回不大于 value 的最接近的整数，即向下取整
number pow (number $base , number $exp)	返回 base 的 exp 次方的幂
float exp (float $arg)	返回 e 的 arg 次方值
int rand ([int $min , int $max])	如果没有提供可选参数 min 和 max，返回 0 到 getrandmax()（例如 32767）之间的伪随机整数
mixed max (mixed $value1 , mixed $value2 [, mixed $...])	如果仅有一个参数且为数组，返回该数组中最大的值。如果第一个参数是整数、字符串或浮点数，则至少需要两个参数，返回这些值中最大的一个
mixed min (mixed $value1 , mixed $value2 [, mixed $...])	如果仅有一个参数且为数组，返回该数组中最小的值。如果给出了两个或更多参数，会返回这些值中最小的一个

举例说明数学函数的使用，代码如下：

```php
<?php
echo    abs ( -1 ).'<br>';              // 1
echo    sqrt ( 2 ).'<br>';              // 1.4142135623731
echo    round ( 3.4 ).'<br>';           // 3
echo    round ( 3.5 ).'<br>';           // 4
echo    round ( 5.045 , 2 ).'<br>';     // 5.05
echo    ceil ( 3.4 ).'<br>';            //4
echo    floor( 3.4 ).'<br>';            //3
echo    (rand( )%10+1).'<br>';          //1 到 10 之间的随机数
?>
```

程序运行结果如图 4-14 所示。

图 4-14　数学函数使用的运行结果

模块五　PHP 包含文件函数、常用目录函数、文件操作函数

任务一　文件包含语句

通过 include 或 require 语句，可以将 PHP 文件的内容插入到使用 include 语句的文件中（在服务器执行它之前）。除了错误处理方面，include 和 require 语句是相同的。不同的是，当包含的文件不存在或产生错误时：

包含函数、目录与
文件函数

● 　require 会生成致命错误（E_COMPILE_ERROR）并停止脚本执行；

● 　include 只生成警告（E_WARNING），并且脚本会继续执行。

因此，如果希望即使包含文件已丢失，也要求 PHP 脚本继续执行，那么请使用 include。否则，请使用 require 向执行流引用关键文件。这有助于提高应用程序的安全性和完整性。

包含文件为用户省去了大量工作，可以为所有页面创建标准页头、页脚或者菜单文件。例如，在页头需要更新时，只需更新这个页头包含文件即可。

举例说明文件包含语句的使用，代码如下：

```php
<?php
$arr =['Tom','Jerry'];
define('APP','template');
require './list_html.php';
?>
```

其中 list_html.php 的代码如下：

```php
<?php
if(!defined('APP'))die('error');
if(!empty($arr)){
    foreach($arr as $value){
        echo $value;
        echo '<br>';
    }
}
?>
```

代码中的 die()函数与 exit()函数一样：输出一个消息并且退出当前脚本。程序运行结果如图 4-15 所示。

←　→　C　　ⓘ localhost/4/4.5/index.php　　☆

Tom
Jerry

图 4-15　使用文件包含语句的运行结果

另外，还存在 include_once 语句、require_once 循环语句。include_once 语句在脚本执行期间包含并运行指定文件。此行为与 include 语句类似，唯一区别是如果该文件中已经被包含过，则不会再次包含。include_once 可以用于在脚本执行期间同一个文件有可能被包含超过一次的情况下，确保它只被包含一次以避免函数重定义，变量重新赋值等问题。require_once 语句和 require 语句类似，唯一区别是 PHP 会检查该文件是否已经被包含过，如果是则不会再次包含。

include_once 语句和 require_once 语句的区别与 include 语句和 require 语句的区别完全相同。另外，有和没有"_once"的区别，如同语句名字暗示的那样，有"_once"的只会包含一次，没有"_once"的当遇到包含语句时，即便曾经包含过该文件，还是会再次包含该文件。

任务二　常用目录函数

在程序开发中，不仅需要对文件进行操作，而且还常需要对文件目录进行操作。例如解析目录、遍历目录、创建和删除目录等。

举例说明目录函数的使用，代码如下：

```php
<?php
$url = (isset($_SERVER['HTTPS']) && ($_SERVER['HTTPS'] == 'on')) ? 'https://' : 'http://';
$url .= $_SERVER['HTTP_HOST'] . dirname($_SERVER['PHP_SELF']);
echo $url;
echo '<br>--------------------<br>';
$path_parts = pathinfo ( '/www/htdocs/inc/lib.inc.php' );
echo $path_parts [ 'dirname' ], "<br>" ;
echo $path_parts [ 'basename' ], "<br>" ;
echo $path_parts [ 'extension' ], "<br>" ;
echo $path_parts [ 'filename' ], "<br>" ;
?>
```

程序运行结果如图 4-16 所示。

图 4-16　使用目录函数的运行结果

在 PHP 中，操作文件目录的常用函数如表 4-7、表 4-8、表 4-9 所示。

表 4-7　解析目录函数

函数声明	功能描述
string basename (string $path [, string $suffix])	返回路径中的文件名部分
string dirname (string $path)	返回去掉文件名后的目录名
mixed　pathinfo (string $path [, int $options])	以数组的形式返回文件路径信息

表 4-8　遍历目录函数

函数声明	功能描述
resource opendir (string $path [, resource $context])	打开一个目录句柄
string readdir ([resource $dir_handle])	从目录句柄中读取条目
void　closedir (resource $dir_handle)	关闭目录句柄
void　rewinddir (resource $dir_handle)	将 dir_handle 指定的目录流重置到目录的开头

表 4-9　创建和删除目录函数

函数声明	功能描述
bool mkdir (string $pathname [, int $mode [, bool $recursive　= false [, resource $context]]])	尝试新建一个由 pathname 指定的目录
bool rmdir (string $dirname [, resource $context])	尝试删除 dirname 所指定的目录。该目录必须是空的，而且要有相应的权限

任务三　文件操作函数

在程序开发过程中，经常会涉及文件操作，例如打开、关闭、创建、删除等。

举例说明文件操作函数的使用，代码如下：

```php
<?php
$filePath = 'D:\abc.txt';
if( !@$fh = fopen($filePath, 'w+') ) {
    die("文件打开失败");
}
$contents='欢迎使用 PHP！';
fwrite($fh, $contents);                    //向文件中写内容
fseek($fh, 0);                             //将文件内部指针移到文件开头
$contents = fread($fh, filesize($filePath));  //从文件中读内容
echo $contents;
fclose($fh);
?>
```

程序运行结果如图 4-17 所示。同时，在 D 盘上会生成一个名为 abc.txt 的文件，文件中的内容为"欢迎使用 PHP！"。

欢迎使用PHP!

图 4-17 使用文件操作函数的运行结果

PHP 提供了很多与文件相关的标准函数用于完成文件的操作,如表 4-10、表 4-11、表 4-12、表 4-13、表 4-14 所示。

表 4-10 打开和关闭文件函数

函数声明	功能描述
resource fopen (string $filename , string $mode [, bool $use_include_path = false [, resource $context]])	打开文件
bool fclose (resource $handle)	关闭文件

表 4-11 打开文件模式

模　式	说　明
'r'	只读方式打开,将文件指针指向文件头
'r+'	读写方式打开,将文件指针指向文件头
'w'	写入方式打开,将文件指针指向文件头并将文件大小截为零。如果文件不存在则尝试创建之
'w+'	读写方式打开,将文件指针指向文件头并将文件大小截为零。如果文件不存在则尝试创建之
'a'	写入方式打开,将文件指针指向文件末尾。如果文件不存在则尝试创建之
'a+'	读写方式打开,将文件指针指向文件末尾。如果文件不存在则尝试创建之
'x'	创建并以写入方式打开,将文件指针指向文件头。如果文件已存在,则 fopen() 调用失败并返回 FALSE,并生成一条 E_WARNING 级别的错误信息。如果文件不存在则尝试创建之
'x+'	创建并以读写方式打开,其他的行为和 'x' 一样

表 4-12 读取文件函数

函数声明	功能描述
string fread (resource $handle , int $length)	在打开的文件中读取指定长度的字符串
string fgetc(resource $handle)	在打开的文件中读取一个字符
string fgets(int $handle [, int $length])	在打开的文件中读取一行
string file_get_contents (string $filename [, bool $use_include_path = false [, resource $context [, int $offset = -1 [, int $maxlen]]]])	将文件的内容全部读取到一个字符串中
array file (string $filename [, int $use_include_path [, resource $context]])	将整个文件读入到数组中

102

表 4-13　写入文件函数

函数声明	功能描述
int fwrite(resource $handle , string $string [, int $length])	写入文件
int file_put_contents(string $filename, string $data [, int $flags [, resource　　　$context]])	将一个字符串写入文件。与依次调用 fopen()、fwrite() 以及 fclose() 功能一样

表 4-14　文件复制、重命名和删除文件函数

函数声明	功能描述
bool copy(string $source , string $dest)	拷贝文件
bool rename(string $oldname , string $newname [, resource $context])	重命名文件
bool unlink(string $filename)	删除文件

模块六　PHP 自定义函数

在程序开发中，经常需要反复使用某些功能。为方便代码的维护和管理，将实现特定功能的代码段定义成函数，在需要该功能时调用即可。

用户自定义函数

任务一　自定义函数及调用

在 PHP 中，使用关键字 function 定义函数。函数定义的语法格式如下：

```
function 函数名 ([参数 1，参数 2，…])
{
        函数体
}
```

从语法格式中可以看出，函数的定义由函数头和函数体构成。函数头包括关键字"function"、符合标识符命名规则的"函数名"和形参表"([参数 1，参数 2…])"三部分组成。关于这几部分说明如下：

● function：在声明函数时必须使用的关键字。

● 函数名：创建函数的名称，是有效的 PHP 标识符，函数名是唯一的。函数名不区分大小写，可以使用小驼峰命名法，例如 getMsg()。在开发实践中，函数名的命名规范要遵循开发小组的约定。

● ([参数 1，参数 2…]): 接收外界传递给函数的值。它是可选的，当有多个参数时，各参数用 ","分隔；当没有参数时，一对圆括号( )不能省略。

● 函数体：函数定义的主体，专门用于实现特定的功能。如果希望函数执行后返回处理结果，需要在函数体中使用"return 表达式;"语句。

要得到函数的功能，需要调用函数。函数调用的语法格式如下：

```
函数名( [参数 1，参数 2…] )
```

举例说明自定义函数的使用，代码如下：

```php
<?php
function getMax($a,$b){
    return $a>$b?$a:$b;
}
echo getMax(3,5);
?>
```

程序运行结果如图 4-18 所示。

5

图 4-18　使用自定义函数的运行结果

任务二　在函数间传递参数

PHP 支持按值传递参数（默认），通过引用传递参数以及默认参数。

1. 按值传递参数

举例说明按值传递参数的使用，代码如下：

```php
<?php
function swap($a,$b){
    $temp=$a;$a=$b;$b=$temp;
}
$x=100;
$y=200;
swap($x,$y);
echo '$x='.$x,',$y='.$y;
?>
```

程序运行结果如图 4-19 所示。

$x=100,$y=200

图 4-19　使用按值传递参数的运行结果

从输出结果可以看出，使用值参数传递，调用函数 swap( )后，实参$x，$y 的值没有改变。函数参数通过值传递时，即使在函数内部改变了形参的值，但它并不会改变函数外部实参的值。

2. 引用传递参数

举例说明引用传递参数的使用，代码如下：

```php
<?php
function swap(&$a,&$b){
    $temp=$a;$a=$b;$b=$temp;
}
$x=100;
$y=200;
swap($x,$y);
echo '$x='.$x,',$y='.$y;
?>
```

程序运行结果如图 4-20 所示。

$x=200,$y=100

图 4-20　使用引用传递参数的运行结果

从输出结果可以看出，使用引用参数传递，调用函数 swap( )后，实参$x，$y 的值已经改变。需要注意的是，函数定义中使用引用参数传递时，需要在形式参数前加引用符号&。

3. 默认参数

举例说明默认参数的使用，代码如下：

```php
<?php
function add($a,$b=0,$c=0){
    return $a+$b+$c;
}
echo add(1).'<br>';
echo add(1,2).'<br>';
echo add(1,2,3).'<br>';
?>
```

程序运行结果如图 4-21 所示。

1
3
6

图 4-21　使用默认参数的运行结果

在参数传递时，实参与形参从左向右匹配，当没有实参传递给形参时，使用形参默认值。注意当使用默认参数时，任何默认参数必须放在任何非默认参数的右侧。默认值必须是常量表达式。

任务三　函数中变量的作用域

在变量起作用的范围内才可以使用该变量，这个作用范围称为变量的作用域。根据变量定义的位置和说明的方式可以分为局部变量、全局变量和静态变量。在函数中定义的变量，只在这个函数中起作用，称为局部变量。在函数外定义的变量，称为全局变量。在 PHP 中，若要全局变量在函数内部起作用，需要在这个函数中使用关键字 global 说明后，再使用；或者通过$GLOBALS 数组来使用。使用关键字 static 修饰的变量称为静态变量。函数中的静态变量能够保持上次函数调用后的值，从而延长了函数内部变量的生存期。

举例说明在函数内部使用函数外部的变量，代码如下：

```php
<?php
$a=100;
$b=200;
function test(){
    $a=300;
    echo $GLOBALS["a"];
    global $b;
    $b=400;
}
test();
echo '<br>';
echo $a;
echo '<br>';
echo $b;
?>
```

程序运行结果如图 4-22 所示。

图 4-22　在函数内部使用函数外部的变量的运行结果

从程序中可见，在函数内部使用函数外定义的变量时，需要在函数内部使用关键字 global 说明变量，或是使用$GLOBALS["变量名"]方式。$GLOBALS 数组是一个包含了全部变量的全局数组，变量的名字就是数组的键。即便是在函数外使用 global 说明的变量，要想在函数内部起作用，也必须再次使用 global 说明。

函数内部声明的 static 变量作用域范围仍在该函数内部。与普通局部变量的生存期不同的是，普通局部变量离开函数作用域后，将释放所占存储空间，从而生存期结束；函数中定义的静态变量能够保持上次函数调用后的值，直到文件运行结束，才释放所占存储空间，此时生存期才结束。

任务四　对函数的引用

　　函数间参数的传递中的若按引用传递的方式，则可以修改实参的内容。引用不仅可以用于普通变量、函数的参数，也可以用于函数本身。对函数的引用，就是对函数返回结果的引用。

　　关于函数引用的举例说明，示例代码如下所示：

```php
<?php
$color = "red"; //全局变量
function &test(){
    global $color; //声明使用的变量$color 为全局变量
    return $color;
}
$str1 = &test();    //将函数的引用赋值给$str1
echo $str1." ";// red
$color = "pink";
echo $str1." ";// pink
$str1 = "green";
echo $color."<br>";// green
echo "----------"."<br>";
$color = "red";
$str2 = test();     //将函数返回值赋值给$str2
echo $str2." ";
$color = "pink";
echo $str2."<br>";
?>
```

程序运行结果如图 4-23 所示。

图 4-23　对函数的引用运行结果

　　定义函数的引用时，在函数名前要写"&"符号；调用函数的引用时，也要使用"&"符号，用来说明返回的是一个引用。简言之，函数的引用必须在函数定义和调用两个地方都使用"&"符号。注意与函数的引用参数传递时，对"&"符号的书写位置要求的区别。

　　通过"$str1 = &test();"这种方式（注意函数名前有"&"符号）调用函数，作用是变量$str1 的内存地址指向函数 test()中的返回语句"return $color; "中的变量$color 的内存空间。换言之，引用使得$str1 与$color 指向同一片内存空间。所以当$color 值改变时，$str1 值也随之改变；反之也是如此。

107

通过"$str2 = test();"这种方式（注意函数名前没有"&"符号）调用函数，作用是普通的函数调用：变量$str2 的内存地址与函数 test()中的返回语句"return $color;"中的变量$color 的内存地址不同。换言之，普通函数调用使得$str2 与$color 指向不同的内存空间，所以当$color 值改变时，不改变$str2 的值；反之也是如此。

任务五　函数引用的取消

当在实际操作中不需要引用时，可以取消函数引用。取消引用使用 unset() 函数，其作用是断开变量名和变量所指的内存空间之间的绑定，而不是销毁变量的内存空间。

取消函数引用与取消变量引用相同。举例说明取消函数引用的代码如下所示：

```php
<?php
$color = "red";
function &test(){
    global $color;
    return $color;
}
$str1 = &test();
echo $str1."<br>";
unset($str1);
@var_dump($str1);//$str1 变为未定义变量（Undefined variable），类型为 NULL
echo "<br>".$color."<br>";
?>
```

程序运行结果如图 4-24 所示。

```
← → C  ① localhost/4/4.6/funcReferCancel.php

red
NULL
red
```

图 4-24　取消函数引用的运行结果

在程序中，首先定义了一个函数引用&test()和一个变量引用$str1，输出变量引用$str1 后取消变量引用$str1，再次输出变量引用$str1 和原变量$color。运行程序可以看到，取消变量引用$str1 后对原变量 $color 没有任何影响。在取消引用语句"unset($str1);"之后，若用"var_dump($str1);"测试输出，可知$str1 变为未定义变量（Undefined variable），类型为 NULL。使用"@var_dump($str1);"可以抑制错误信息输出。

在本项目开始提出的任务中，要求实现超长文本的分页输出，具体操作步骤如下：

步骤 1：在 F:\yuanma\4\mainTasks 目录下创建页面 index.php，用 VS Code 软件打开该页面后，编写网页页面布局和 PHP 代码。核心 PHP 代码如下：

```php
<?php
//读取文本中的文件，实现超长文本的分页输出
```

```
if($_GET['page']){
    $counter=file_get_contents("file.txt");                    //读取文本文件
    $length=strlen($counter);                                  //计算文本长度
    $page_count=ceil($length/1000);                            //分页每页显示 1000 字节,
ceil( )向上取整
    $c=msubstr($counter,0,($_GET['page']-1)*1000);             //计算上一页的子串
    $c1=msubstr($counter,0,$_GET['page']*1000);               //计算下一页的子串
    echo substr($c1,strlen($c),strlen($c1)-strlen($c));        //获取当前的子串
}
?>
```

步骤 2：在 F:\yuanma\4\mainTasks 目录下创建页面 function.php，用 VS Code 软件打开该页面后，编写 PHP 代码如下：

```
<?php
//函数 msubstr($str,$start,$len)
//功能：用于截取一段字符串
//参数$str：被截取的源字符串
//参数$start：截取字符串的起始位置
//参数$len：截取的长度
//返回值：截取的字符串
  function msubstr($str,$start,$len){
      $strlen=$start+$len; //$strlen 存储字符串的总长度
$tmpstr='';
      for($i=0;$i<$strlen;$i++){
          if(ord(substr($str,$i,1))>0xa0){        //如果首字节的 ASCII 值大于 0xa0,则表示为
汉字
              $tmpstr.=substr($str,$i,3);          //每次取出三个字节赋给变量$tmpstr，即等
于一个汉字
              $i+=2;                               //循环变量加 2
          }else{                                   //如果不是汉字，则每次取出一个字节赋给
变量$tmpstr
              $tmpstr.=substr($str,$i,1);
          }
      }
      return $tmpstr;                              //输出字符串
  }
?>
```

其中 ord()函数的作用是返回字符的 ASCII 码值，其函数说明如下：

```
int ord ( string $string )
```

PHP 拥有大量的内置函数，可通过 PHP 在线手册查询使用。

步骤 3：打开浏览器，在地址栏中输入地址 http://localhost/4/mainTasks/index.php 后，显示效果如图 4-1 所示。

模块七　综合案例

【例 4-1】将 1980 至 2020 年间的所有闰年打印输出。要求：定义函数 isLeapYear() 判断一个年份是不是闰年。

分析：首先定义函数 isLeapYear() 判断一个年份是不是闰年，然后将 1980 至 2020 年间的所有闰年打印输出。

程序源码如下：

```php
<?php
function isLeapYear($year){
    if(($year%4==0&&$year%100!=0)||$year%400==0)
        return true;
    else
        return false;
}
for($year = 1980; $year <= 2020; $year++) {
    if(isLeapYear($year))
        echo $year.'是闰年' .'<br/>';
}
?>
```

【例 4-2】输出 100 以内的素数。要求：1. 定义函数 isPrime() 判断一个数是不是素数；2. 每行输出 10 个素数。

分析：首先定义函数 isPrime() 判断一个数是不是素数；然后输出 100 以内的素数，每输出一个素数累加计数；每输出 10 个素数换行。

程序源码如下：

```php
<?php
function isPrime($n){
    $flag=1;
    for($i=2;$i<=sqrt($n);$i++){
        if($n%$i==0){$flag=0;break;}
    }
    return $flag;
}
$num=0;
echo '100 以内的素数：'.'<br>';
```

```
for($n=2;$n<100;$n++){
    if(isPrime($n)){
        $num++;
        echo $n.' ';
        if($num%10==0) echo '<br>';
    }
}
?>
```

本章小结

本章首先介绍函数的基本使用方法，包括函数的定义、函数的调用、函数的返回值、函数的作用域、函数的参数、内置函数等内容。通过学习，读者可以了解到函数的定义、调用和返回值的使用方法。函数可以帮助我们封装特定的功能，提高代码的可读性和重用性。在实际的 PHP 编程中，读者可以根据需求自定义函数，也可以使用内置函数来实现特定的功能。合理运用函数可以使代码更加模块化、可维护和可扩展。

项目练习

一、选择题

1. 在 PHP 中，若要在函数内部使用函数外定义的变量，可以采用的方式是（　　　　）。

   A. GLOBAL 关键字　　　　　　　　B. GLOBALS 关键字

   C. 预定义变量$GLOBAL　　　　　　D. PUBLIC 关键字

2. 在 PHP 中，下列说法中不正确的是（　　　　）。

   A. 函数名称是区分大小写的

   B. 在同一个文件中，可以先调用后定义的函数

   C. 定义函数时可以没有返回值

   D. 定义函数时可以设定参数默认值

3. 在 PHP 中，关于字符串处理函数的以下说法中正确的是（　　　　）。

   A. implode( )方法可以将字符串拆解为数组

   B. str_replace()可以替换指定位置的字符串

   C. substr( )可以截取字符串

   D. strlen( )不能取到字符串的长度

4. 在 PHP 中，以下能输出格式如 2019-01-01 22:16:12 的当前时间的是（　　　　）。

   A. echo date（"Y-m-d H:i:s"）;

   B. echo time();

   C. echo date();

   D. echo time（"Y-m-d H:i:s"）;

5. 在 PHP 中，以下能输出 1 到 10 之间的随机数的是（　　　　）。

   A. echo rand();　　　B. echo rand()*10;　　　C. echo rand(1,10);　　　D. echo rand(10);

6. 在 PHP 中，下列定义函数的方式中正确的是（　　　）。

　　A. public void Show(){　}

　　B. function Show($a,$b=5){　}

　　C. function Show(a,b){　}

　　D. functionShow(int $a){　}

二、程序分析题

1. 下面程序的输出结果是_____。

```php
<?php
function mystrtoupper($a){
    $b = str_split($a, 1);
    $r = '';
    foreach($b as $v){
        $v = ord($v);
        if($v >= 97 && $v<= 122){
            $v -= 32;
        }
        $r .= chr($v);
    }
    return $r;
}
$a = 'Hello world!';
echo 'origin string:'.$a.'<br>';
echo 'result string:';
$result = mystrtoupper($a);
echo $result;
?>
```

2. 下面程序的输出结果是_____。

```php
<?php
$num = 10;
function foo($num)
{
    $num = $num * 10;
}
foo($num);
echo $num;
?>
```

3. 下面程序的输出结果是_____。

```php
<?php
$a="Hello";
function print_A()
{
    $a = "phpmysql";
    global $a;
    echo $a;
}
echo $a;
print_A();
?>
```

4. 下面程序的输出结果是_____。

```php
<?php
$count = 5;
function get_count()
{
    static $count=0;
    return $count++;
}
echo $count;
++$count;
echo get_count();
echo get_count();
?>
```

5. 下面程序的输出结果是_____。

```php
<?php
$GLOBALS['var1']=5;
$var2=1;
function get_value(){
    global $var2;
    $var1=1;
    return $var2++;
}
get_value();
```

```
    echo $var1;
    echo $var2;
    ?>
```

三、编程题

1. 要求：首先定义函数 isPerfectNumber()判断一个数是不是完全数，然后输出 1000 以内的完全数。

2. 试试使用多种方式定义一个函数来获取文件路径中文件名的后缀。

3. 要求：首先定义函数 factorial()计算一个数的阶乘，然后计算 sum = 1! +2! +3! +……+n!，当 n=8 时，输出 sum。

项目五 PHP 数组与 JSON

【学习目标】

（1）掌握一维数组、二维数组及多维数组的创建、遍历和输出；
（2）掌握数组的常用函数；
（3）数组转为 JSON 数据的应用。

【思政导入】

通过对 PHP 数组及多维数组的创建、遍历和输出，有助于程序设计专业知识的理解和应用。数组命名规范，不仅方便程序员自身的理解，也便于其他程序员的阅读和理解。在程序编写过程中让读者体会程序开发者的团体合作、相互支持和细心耐心的思想品德。

【能解决的问题】

（1）能掌握 PHP 数组的定义、遍历和输出；
（2）能运用 PHP 数组相关知识完成程序的编码；
（3）能运用 PHP 数组知识达到软件高效性开发的目的；
（4）应用数组和 JSON 数组完成学生基本信息显示功能的实现。

当程序中需要处理大量数据时，可以将这些数据存入数组中批量处理。

本项目首先讲解数组的创建、遍历和输出，然后讲解数组的常用函数的使用，最后讲解数组与 JSON 字符串的转换。本章以理论配合实例练习进行任务驱动学习，通过本章的学习，读者能使用数组和相关常用函数来解决问题。

模块一　数组的创建

数组的定义与访问

数组概念：数组就是列表，是一组数据的组合。PHP 中的数组实际上是一个有序映射。映射是一种把 values 关联到 keys 的类型。key 可以是 integer 或者 string。value 可以是任意类型。

在程序中，经常需要对一批数据进行操作。例如，统计某用户 12 个月的用电量。如果使用单独的变量来存放这些数据，就需要定义 12 个变量；如果是统计 100 个用户 12 个月的电量使用情况，若还是用单独的变量来存放，显然很麻烦，而且容易出错。这时，可以使用数组进行处理。数组是一个可以存储一组或一系列数值的变量。在 PHP 中，数组中的元素分为两个部分，分别为键（Key）和值（Value）。其中"键"为元素的识别名称，也被称为数组下标，"值"为元素的内容。"键"和"值"之间存在一种对应关系，称为映射。

115

在 PHP 中，根据下标的类型可分为两种数组类型，分别是：索引数组，带有数字索引的数组；关联数组，带有指定键的数组。根据数组的维数（下标的个数），可分为一维数组（数组只有一个下标）、二维数组（数组有两个下标）和多维数组（两个以上的数组下标）。

任务一　用户创建数组

用户创建数组时，可以使用赋值方式、array()函数以及下标符号[]方式。

1. 使用赋值方式创建数组

使用赋值方式定义数组是最简单的方式，其语法格式如下：

```
$arrayName[key] = value
```

这种方式，首先创建一个数组变量，然后加上下标符号" []"和键"key"后，直接给变量赋值即可。"key"的类型可以是整型或字符串，"value"可以是任意类型的数据。

（1）举例说明使用赋值方式创建索引数组，代码如下：

```php
<?php
$arr[0] = 1;
$arr[1] = "Tom";
$arr[2] = "重庆";
$arr[3] = "tom@qq.com";
echo "<pre>";
print_r($arr);
echo "</pre>";
?>
```

程序运行结果如图 5-1 所示。

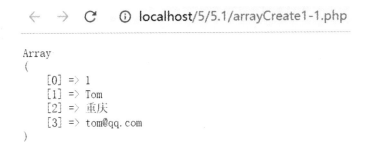

图 5-1　使用赋值方式创建索引数组的运行结果

从程序中可见，索引数组是下标中的键为整数的数组。通常情况下，索引数组的下标是从 0 开始，并依次递增。当需要使用位置来标识数组元素时，可以使用索引数组。例如，一个用于存储多种类型的值的索引数组，其元素在内存中的分配情况如图 5-2 所示。

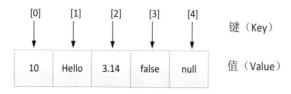

图 5-2　索引数组示意图

由上图可以看出，索引数组的"键"都是整数。需要注意的是，索引数组的"键"可以自己指定，在默认情况下，是从 0 开始的。

（2）再举例说明使用赋值方式创建关联数组，代码如下：

```php
<?php
$arr["id"] = 1;
$arr["name"]="Tom";
$arr["address"]="重庆";
$arr["email"]="tom@qq.com";
echo "<pre>";
print_r($arr);
echo "</pre>";
?>
```

程序运行结果如图 5-3 所示。

图 5-3　使用赋值方式创建关联数组的运行结果

从程序中可见，关联数组是指下标中的键为字符串的数组。通常情况下，关联数组元素的键和值之间有一定的业务逻辑关系，因此，通常使用关联数组存储一系列具有逻辑关系的变量。例如，一个用于存储个人信息的关联数组，其元素在内存中的分配情况如图 5-4 所示。

图 5-4　关联数组示意图

由上图可以看出，关联数组的键都是字符串，并且它的键与值具有一一对应关系。

117

2. 使用 array()函数创建数组

除了通过赋值方式定义数组外，还可以使用 array()函数定义数组，它接收数组的元素作为参数，多个元素之间使用逗号（英文）分隔，其语法格式如下：

```
$arrayName = array( key1 => value1, key2 => value2, ...)
```

在语法格式中，如果省略了"key=>"部分，则定义的数组默认为索引数组。例如，使用 array()函数定义一个索引数组，代码如下：

```
$arr = array( 10, "hello", 3.14, false,null );
```

在代码中，定义了一个索引数组变量$arr。在数组$arr 中只定义了数组元素的值，省略了"键"部分，则$arr 默认为索引数组，并且"键"从 0 开始，依次递增。

使用 array()函数定义一个关联数组，代码如下：

```php
<?php
$arr = array("id"=>1,"name"=>"Tom","address"=>"重庆","email"=>"tom@qq.com");
echo "<pre>";
print_r($arr);
echo "</pre>";
?>
```

程序运行结果如图 5-5 所示。

← → C ⓘ localhost/5/5.1/arrayCreate2-1.php

```
Array
(
    [id] => 1
    [name] => Tom
    [address] => 重庆
    [email] => tom@qq.com
)
```

图 5-5 使用 array()函数创建数组的运行结果

3. 使用下标符号[]方式创建数组

除了通过赋值方式、array()函数来定义数组，还可以使用下标符号[]方式定义数组，其语法格式如下：

```
$arrayName = [key1 => value1, key2 => value2, ...]
```

在语法格式中，如果省略了"key=>"部分，则定义的数组默认为索引数组。例如，使用下标符号[]定义一个索引数组，代码如下：

```
$arr = [ 10, "hello", 3.14, false,null ];
```

下标方式[]定义数组，是 PHP5.4 后支持的，可见与 array()函数定义数组很相似，但书写更为方便。

举例说明使用下标符号[]方式创建数组，代码如下：

```php
<?php
$arr = ["id"=>1,"name"=>"Tom","address"=>"重庆","email"=>"tom@qq.com"];
```

```
echo "<pre>";
print_r($arr);
echo "</pre>";
?>
```

程序运行结果如图 5-6 所示。

```
Array
(
    [id] => 1
    [name] => Tom
    [address] => 重庆
    [email] => tom@qq.com
)
```

图 5-6 使用下标符号[]创建数组的运行结果

从以上定义中可见，在 PHP 中定义数组，既不需要事先声明，也不需要指定数组的大小。从图 5-3、图 5-5、图 5-6 可见，尽管几种定义数组的形式不一样，但定义出的数组的输出结果是一样的。在定义数组时，还需要注意以下几点：

● 如果在定义数组时没有给某个元素指定下标，PHP 就会自动将目前最大的那个整数下标值加 1，作为该元素的下标，并依次递增后面元素的下标值。如果一个下标键值都没有指定，则从 0 开始。

● 数组元素的下标只有整型和字符串两种类型，如果是其他类型，则会进行类型转换。而数组元素的值可以为任何合法的类型。

● 由于合法的整型值的字符串下标会被类型转换为整型下标，所以在创建数组时，如果转换后数组存在相同的下标时，后面出现的元素值会覆盖前面的元素值。

任务二 函数创建数组

在程序开发中，经常遇到函数的返回值为数组的情况，称为函数创建数组。例如 array() 函数，也可以通过自定义函数返回数组，示例代码如下：

```
<?php
function demo()
{
    return array(1,3,5,7,9);
}
$arr=demo();//将函数赋值给变量
//下面两种形式都可以正常输出数组元素的值
echo $arr[0];
echo "<br>";
echo demo()[4];
?>
```

119

程序运行结果如图 5-7 所示。

1
9

图 5-7　自定义函数返回数组的运行结果

除了自定义函数、常用的 array() 函数外，还有一些系统提供的内置函数也可以返回创建的数组。例如，常见的创建数组的内置函数如表 5-1 所示。

表 5-1　创建数组的内置函数

函数声明	功能描述
array range (mixed $start, mixed $limit [, number $step = 1])	建立一个包含指定范围单元的数组。start：元素最小值，limit：元素最大值，step：元素步长（要增加的量）
array compact (mixed $varname [, mixed $...])	建立一个数组，包括变量名和它们的值
array array_combine (array $keys , array $values)	创建一个数组，用一个数组的值作为其键名，另一个数组的值作为其值
array array_fill (int $start_index , int $num , mixed $value)	用给定的值填充数组。start_index：起始索引，num：值的个数，value：数组值

以 range() 和 array_fill() 函数为例，举例说明函数创建数组，代码如下：

```php
<?php
$number = range(0,5);
print_r ($number);
echo "<br>";
$number = range(0,50,10);
print_r ($number);
echo "<br>";
$letter = range("a","d");
print_r ($letter);
echo "<br>";
$animal=array_fill(2,3,"Cat");
print_r($animal);
?>
```

程序运行结果如图 5-8 所示。

← → C ⓘ localhost/5/5.1/arrayCreateFuncRang...

Array ([0] => 0 [1] => 1 [2] => 2 [3] => 3 [4] => 4 [5] => 5)
Array ([0] => 0 [1] => 10 [2] => 20 [3] => 30 [4] => 40 [5] => 50)
Array ([0] => a [1] => b [2] => c [3] => d)
Array ([2] => Cat [3] => Cat [4] => Cat)

图 5-8　函数创建数组的运行结果

任务三　创建二维及多维数组

一个数组中的值可以是另一个数组，另一个数组的值也可以是一个数组。依照这种方式，可以创建二维或者三维数组等。三维及其以上的数组称为多维数组。

以二维数组定义为例，示例代码如下：

```php
<?php
$sites = array
(
    "baidu"=>array
    (
        "百度搜索",
        "http://www.baidu.com"
    ),
    "taobao"=>array
    (
        "淘宝",
        "http://www.taobao.com"
    )
);
print("<pre>"); // 格式化输出数组
print_r($sites);
print("</pre>");
echo $sites["taobao"][0];
?>
```

程序运行输出效果如图 5-9 所示。

图 5-9　二维数组运行结果

模块二 数组的遍历和输出

任务一 数组的遍历

在操作数组时，经常需要依次访问数组中的每个元素，这种操作称为数组的遍历。在 PHP 中通常使用 foreach 语句来实现数组的遍历，有两种使用方式：一种是无键遍历，另一种是键值对遍历。

第一种，无键遍历的语法格式如下：

```
foreach ($arr as $value) {
    循环体
}
```

第二种，键值对遍历的语法格式如下：

```
foreach ($arr as $key => $value) {
    循环体
}
```

以上两种语法格式中都是通过 foreach 语句来实现对数组的遍历。在第一种语法格式中，只是将当前元素的值赋给$value。而在第二种语法格式中，将当前元素的键名赋值给$key，值赋值给$value，这样可以同时获取当前元素的键名和值。举例使用 foreach 语句、for 循环和 count()函数实现数组的遍历，代码如下：

```php
<?php
$arr = ["id"=>1,"name"=>"Tom","address"=>"重庆","email"=>"tom@qq.com"];
//foreach 语句遍历数组
foreach ($arr as $value)
{ //无键遍历
    echo $value;
    echo "<br>";
}
echo "<br>";
foreach ($arr as $key => $value)
{ //键值对遍历
    echo $key;
    echo " => ";
    echo $value;
    echo "<br>";
}
echo "<br>";
//for 循环与 count 函数遍历数组
```

```
$arr2=[11,22,33,44,55];
for($i=0;$i<count($arr2);$i++)
{
    echo $arr2[$i];
    echo " ";
}
?>
```

运行结果如图 5-10 所示。

图 5-10　数组遍历的运行结果

两种格式的 foreach 语句都可以实现对数组的遍历。从运行结果可以看出，通过无键名遍历时，直接输出数组元素的值。通过键值对遍历时，输出数组中的键与值。因此，如果需要数组的键时，则需要使用键值对的形式进行遍历。另外，对于键名从 0 开始且连续的索引数组，也可以利用 count() 函数和 for 循环实现数组元素的遍历，其中 count ()函数的功能是统计数组中元素的个数。

任务二　数组的输出

如果要查看整个数组的信息，可以遍历数组的每个元素输出，也可以使用 PHP 的内置函数：print_r()和 var_dump()函数。print_r()函数可以按照一定的格式显示数组中所有元素的键和值。举例演示 print_r()函数的使用方法，代码如下：

```
<?php
$a = array ('a' => 'apple', 'b' => 'banana', 'c' => 'pear' );
echo '<pre>';
print_r($a);
echo '</pre>';
?>
```

运行结果如图 5-11 所示。

```
Array
(
    [a] => apple
    [b] => banana
    [c] => pear
)
```

图 5-11　print_r()函数运行结果

注意： 要想以方便阅读的格式化形式输出，需要在调用 print_r()函数的前边加上"echo '<pre>';"以及之后加上"echo '</pre>';"。

var_dump()函数与 print_r()函数用法类似，var_dump()函数的功能更加强大，不但可以打印数组元素，同时打印元素中值的数据类型。举例演示 var_dump()函数的使用方法，代码如下：

```php
<?php
$a = array( 10, "hello", 3.14, false );
echo '<pre>';
var_dump($a);
echo '</pre>';
?>
```

运行结果如图 5-12 所示。

```
array(4) {
  [0]=>
  int(10)
  [1]=>
  string(5) "hello"
  [2]=>
  float(3.14)
  [3]=>
  bool(false)
}
```

图 5-12　var_dump()函数运行结果

常用 PHP 数组函数

模块三　数组的常用函数

任务一　获取数组中元素的个数以及最后一个元素

在 PHP 中，提供了访问数组的处理函数，以方便程序开发时对数组元素的访问。count()函数可以计算出数组中元素的个数，end()函数可以将数组的内部指针移到最后一个元素。count函数以及数组的内部指针的相关函数的声明及功能描述如表 5-2 所示。

表 5-2　count()函数以及数组的内部指针的相关函数

函数声明	功能描述
int　　count (mixed　$var)	统计一个数组里的所有元素的个数
mixed　　current (array &$array)	返回当前被内部指针指向的数组元素的值，并不移动指针
mixed　　reset (array &$array)	返回数组第一个元素的值
mixed　　next (array &$array)	返回的是下一个数组元素的值并将数组指针向前移动了一位
mixed　　prev (array &$array)	返回数组内部指针指向的前一个元素的值
mixed　　end (array &$array)	返回最后一个元素的值
array　　each (array &$array)	返回 array 数组中当前指针位置的键 / 值对，并向前移动一位数组指针
mixed　　key (array &$array)	返回数组中当前元素的键名

举例演示获取数组中元素的个数以及最后一个元素的方法，代码如下：

```php
<?php
$arr1 = array(11,22,33,44,55);
echo count($arr1);
echo '<br>';
//适用于键名从 0 开始且连续的索引数组
echo $arr1[count($arr1)-1];
$arr2 = ["id"=>1,"name"=>"Tom","address"=>"重庆","email"=>"tom@qq.com"];
echo '<br>';
//将数组的内部指针指向最后一个单元，适用于所有数组
echo end($arr2);
?>
```

运行结果如图 5-13 所示。

图 5-13　获取数组中元素的个数以及最后一个元素的运行结果

从程序输出可见，count()函数返回的结果是计算出数组中元素的个数。利用这个数组中元素的个数减 1 作为下标，可以访问数组的下标中键名从 0 开始且连续的索引数组的最后一个元素。end()函数不仅适用于索引数组，也适用于关联数组。显然，使用 end()函数通用一些。

还有其他办法获取数组元素的最后一个元素，例如 array_pop()函数和 array_slice()函数。array_pop()函数的声明格式如下：

```
mixed　　array_pop ( array &$array )
```

array_pop()函数的功能是将数组最后一个元素弹出（出栈），返回数组的最后一个元素，并将数组的长度减 1。

125

array_slice()函数的声明格式如下:

array array_slice (array $array , int $offset [, int $length = NULL [, bool $preserve_keys = false]])

array_slice()函数的功能是从数组中取出一段元素,返回根据 offset 和 length 参数所指定的数组中的一段元素构成的数组。如果 offset 非负,则序列将从 array 中的此偏移量开始。如果 offset 为负,则序列将从 array 中距离末端这么远的地方开始。array_slice() 默认会重新排序并重置数组的数字索引。

执行 array_pop()函数时,会将数组的长度减 1;执行 array_slice()函数时,默认会重新排序并重置数组的数字索引,故在使用时要特别小心它们带来的副作用。

举例演示使用 array_pop()函数和 array_slice()函数获取最后一个元素的方法,代码如下:

```php
<?php
$array = array(2,4,6,8);
echo array_pop($array); //将数组最后一个元素弹出(出栈)
echo '<br>';
$array = array(2,4,6,8);
$k = array_slice($array,-1,1);
print_r($k); //$k 是一维索引数组
?>
```

运行结果如图 5-14 所示。

8
Array ([0] => 8)

图 5-14　获取数组中最后一个元素其他方法的运行结果

任务二　获取数组中指定元素的键名

通过数组的内部指针函数和 key()函数,可以方便地获取数组元素的键名。例如获取首、尾元素的键名,可以使用 key (reset ($arr))、key (end ($arr))获得。

另外,可以通过 array_search()和 array_keys () 函数在数组中查找指定键值,如果找到了匹配的元素,该元素的键名会被返回。返回键名的函数如表 5-3 所示。

表 5-3　返回键名的函数

函数声明	功能描述
mixed array_search (mixed $needle, array $haystack [, bool $strict = false])	在数组中搜索给定的值,如果成功则返回相应的键名,否则返回 FALSE。如果 needle 在 haystack 中出现不止一次,则返回第一个匹配的键
array array_keys (array $input [, mixed $search_value = NULL [, bool $strict = false]])	返回 input 数组中的数字或者字符串的键名。如果指定了可选参数 search_value,则只返回该值的键名。否则 input 数组中的所有键名都会被返回

array_search ()函数返回第一个匹配的键,若要返回所有匹配值的键,需要使用 array_keys()
加上可选参数 search_value，将所有匹配值的键存储在数组中返回。另外，注意与 in_array()
函数的区别：in_array()函数的作用是检查数组中是否存在某个值，如果找到则返回 TRUE，否
则返回 FALSE。

举例演示获取数组中指定元素的键名的方法，代码如下：

```php
<?php
$arr = ["id"=>1,"name"=>"Tom","address"=>"重庆","email"=>"tom@qq.com"];
reset($arr);
echo '首元素的键名：' . key($arr) . '<br>';
end($arr);
echo '尾元素的键名：' . key($arr) . '<br>';
echo array_search('Tom',$arr) . '<br>';//输出指定元素值的键名
print_r(array_keys($arr,'Tom')); //输出一维索引数组
?>
```

运行结果如图 5-15 所示。

图 5-15　获取数组中指定元素的键名的运行结果

任务三　数组元素的查找、添加和删除数组中重复元素

数组元素的查找、添加和删除数组中重复元素的函数，如表 5-4 所示。

表 5-4　查找、添加和删除数组元素的函数

函数声明	功能描述
bool in_array (mixed $needle , array $haystack [, bool $strict = FALSE])	检查数组中是否存在某个值
bool array_key_exists (mixed $key , array $search)	检查给定的键名或索引是否存在于数组中
int array_push (array &$array , mixed $var [, mixed $...])	将 array 当成一个栈，并将传入的变量压入 array 的末尾。array 的长度将根据入栈变量的数目增加
mixed array_shift (array &$array)	将 array 的第一个元素移出并作为结果返回，将 array 的长度减一并将所有其他单元向前移动一位
array array_unique (array $array [, int $sort_flags = SORT_STRING])	移除数组中重复的值，并返回没有重复值的新数组。注意键名保留不变，如果同一个值出现了多次，则第一个键名将得以保留
array array_flip (array $trans)	返回一个反转后的 array。例如 trans 中的键名变成了值，而 trans 中的值成了键名。注意如果同一个值出现了多次，则最后一个键名将作为它的值

127

实现去重效果时，array_unique()函数只适用于一维数组，对多维数组并不适用，不过可以对二维数组的每一行使用 array_unique()达到删除重复元素的效果。另一个方法是使用 array_flip()函数来间接实现去重效果。array_flip 是反转数组键和值的函数，它有个特性就是如果数组中有两个值是一样的，那么反转后会保留最后一个键和值，可以利用这个特性来间接实现数组的去重效果。需要注意的是，这两种方法不同的是用 array_flip()得到的是重复元素最后的键和值，用 array_unique()得到的是重复元素的第一个键和值。

举例演示使用函数 array_flip()和 array_unique()去掉数组中重复元素值的方法，代码如下：

```php
<?php
$arr = array("a"=>"a1","b"=>'b1',"c"=>"a2","d"=>"a1");

$arr1 = array_flip($arr);

echo '<pre>';

print_r($arr1);//先反转一次,去掉重复值,输出 Array([a1]=>d [b1]=>b [a2]=>c)

$arr2 = array_flip($arr1);

print_r($arr2);//再反转回来,得到去重后的数组,输出 Array([d]=>a1 [b]=>b1 [c]=>a2)

$arr3 = array_unique($arr);

print_r($arr3);//利用 php 的 array_unique 函数去重,输出 Array([a]=>a1 [b]=>b1 [c]=>a2)

echo '</pre>';

?>
```

运行结果如图 5-16 所示。

图 5-16 去掉数组中重复元素值的运行结果

任务四 数组键与值的排序

数组排序，可以根据数组键名排序，也可以根据数组元素值排序。常见的排序函数和排序标记如表 5-5、表 5-6 所示。

表 5-5 常见的数组排序函数

函数声明	功能描述
bool sort (array &$array [, int $sort_flags = SORT_REGULAR])	数组元素被从小到大排序。排序后,本函数将删除原有的键名,赋予新的键名
bool rsort (array &$array [, int $sort_flags = SORT_REGULAR])	将数组进行逆向排序(最高到最低)。排序后,本函数将删除原有的键名,赋予新的键名
bool ksort (array &$array [, int $sort_flags = SORT_REGULAR])	对数组按照键名从小到大排序,保留键名到数据的关联。本函数主要用于关联数组
bool krsort (array &$array [, int $sort_flags = SORT_REGULAR])	对数组按照键名逆向排序(最高到最低),保留键名到数据的关联
bool asort (array &$array [, int $sort_flags = SORT_REGULAR])	对数组进行从小到大排序并保持索引关系
bool arsort (array &$array [, int $sort_flags = SORT_REGULAR])	对数组进行逆向排序(最高到最低)并保持索引关系
bool natsort (array &$array)	用"自然排序"算法对数组排序。与人们通常对字母数字字符串进行排序的方法一样,并保持原有键/值的关联

表 5-6 $sort_flags 排序类型标记

标记常量	含义描述
SORT_REGULAR	默认值,将自动识别数组的元素值类型进行排序
SORT_NUMERIC	按数字大小来比较元素值
SORT_STRING	按字符串来比较元素值
SORT_LOCALE_STRING	根据当前的本地化设置,按照字符串比较
SORT_NATURAL	和 natsort() 类似,对每个元素以"自然的顺序"对字符串进行排序
SORT_FLAG_CASE	能够与 SORT_STRING 或 SORT_NATURAL 合并(位或运算),不区分大小写对字符串排序

举例演示数组排序函数使用的代码如下:

```php
<?php
echo'<pre>';
$array1 = $array2 = array( "img12.png", "img10.png", "img2.png", "img1.png" );
asort ( $array1 );
echo "标准排序的结果是: \n";
print_r ( $array1 );
natsort ( $array2 );
echo "\n 自然排序的结果是: \n";
print_r ( $array2 );
echo'</pre>';
?>
```

运行结果如图 5-17 所示。

图 5-17　使用数组排序函数的运行结果

任务五　字符串与数组的转换

explode()函数用于分隔字符串，将字符串转换为数组；implode()函数用于拼接字符串，可以将数组元素拼接成字符串。

举例演示字符串与数组的转换，代码如下：

```php
<?php
$array1 = array('name', 'email', 'phone');
$str1 = implode(",", $array1);//implode 使数组拼接成字符串
echo $str1; //name,email,phone
echo'<pre>';
$str2 = 'Tom|tom@qq.com|13688888888';
$array2 = explode('|',$str2);//explode 使字符串分割成数组
print_r($array2);//Array([0] => Tom [1] => tom@qq.com [2] => 13688888888)
echo'</pre>';
?>
```

运行结果如图 5-18 所示。

图 5-18　字符串与数组转换的运行结果

如果没有任何符号可用于分隔符的话，可考虑使用 str_split()函数将字符串转换为数组。

任务六　综合案例

【例 5-1】数据函数的应用案例：在"生成 6 位简单验证码"任务中，简单验证码输出效果如图 5-19 所示。

图 5-19　简单验证码输出效果

任务分析：

（1）设计简单验证码由大写字母、小写字母，阿拉伯数字组成，由于字母 O 和数字 0 不好辨认，除去数字 0。

（2）打乱组成验证码的 6 位字符，存储到数组中。

步骤 1：在 E:\yuanma\5\mainTasks 目录下创建页面 code.php，用 VS Code 软件打开该页面后，编写 PHP 代码。核心 PHP 代码如下：

```php
<?php
$char_len = 6; //初始化码值的长度
$chars = array_merge(range('A','Z'), range('a','z'),range(1, 9));//生成码值数组
$rand_keys = array_rand($chars, $char_len);//随机获取$char_len 个码值的键
shuffle($rand_keys);//打乱随机获取的码值键的数组
$code = '';
foreach($rand_keys as $key) {//根据键获取对应的码值，并拼接成字符串
$code .= $chars[$key];
}
?>
```

其中 array_merge ()、array_rand ()、shuffle()函数的说明如表 5-7 所示。

表 5-7　array_merge ()、array_rand ()、shuffle()函数的说明

函数声明	功能描述
array array_merge (array $array1 [, array $...])	合并一个或多个数组
mixed　array_rand (array $input [, int $num_req = 1])	如果只取出一个,array_rand() 返回一个随机元素的键名，否则就返回一个包含随机键名的数组
bool shuffle (array &$array)	将数组元素顺序打乱。注意此函数将删除原有的键名，为打乱后的元素赋予新的键名

131

步骤 2：在 F:\yuanma\5\mainTasks 目录下创建页面 login.html，用 VS Code 软件打开该页面后，编写页面布局代码：

```
<!doctype html>
<html>
<head>
<meta charset="utf-8">
<title>验证码</title>
<style>
    ul,li{margin:0; padding:0;}
    form{margin:40px 30px 0;}
    form li{list-style:none; padding:5px 0;}
    form li label{float:left; width:70px; text-align:right;}
    form li a{font-size:12px; color:#999; text-decoration:none;}
    .login_btn{border:none; background:#44A4F4; color:#fff; font-size:14px;font-weight:
bold; height:28px; line-height:28px; padding:0 10px; cursor:pointer;}
    form li img{vertical-align:top;}
</style>
</head>
<body>
    <form action="checkLogin.php" method="post">
    <fieldset>
        <legend>用户登录</legend>
        <ul>
            <li>
                <label for="">用户名：</label>
                <input type="text" name="username"/>
            </li>
            <li>
                <label for="">密  码：</label>
                <input type="password" name="password" />
            </li>
            <li>
                <label for="">验证码：</label>
                <input type="text" name="code" />
                <img src="code.php" id="code"/>
                <a href="#" id="change">看不清，换一张</a>
            </li>
            <li>
                <label for=""> </label>
```

```html
            <input type="submit" value="登　录" class="login_btn" />
        </li>
    </ul>
</fieldset>
</form>
<script>
    var change = document.getElementById("change");
    var img = document.getElementById("code");
    change.onclick = function(){
        img.src = "code.php?t="+Math.random(); //增加一个随机参数，防止缓存
        return false; //阻止超链接的跳转动作
    }
</script>
</body>
</html>
```

步骤 3：在 F:\yuanma\5\mainTasks 目录下创建页面 checkLogin.php，用 VS Code 软件打开该页面后，编写 PHP 代码：

```php
<?php
header("Content-Type:text/html;charset=utf-8");
//开启 session
session_start();
//判断是否有表单提交
if(empty($_POST)){
    die('没有表单提交，程序退出');
}
//获取用户输入的验证码字符串
$code = isset($_POST['code']) ? trim($_POST['code']) : '';
//判断 SESSION 中是否存在验证码
if(empty($_SESSION['code'])){
    die('验证码已过期，请重新登录。');
}
//将字符串都转成小写，然后再进行比较
if (strtolower($code) == strtolower($_SESSION['code'])){
    echo '验证码正确';
} else{
    echo '验证码输入错误';
}
unset($_SESSION['code']); //清除 SESSION 数据
header('refresh:2;url=./login.html'); //跳转到登录页面
```

die; //终止脚本

?>

步骤 4：打开浏览器，在地址栏中输入地址 http://localhost/5/mainTasks/login.html 后，显示效果如图 5-20 所示。

图 5-20　简单验证码运行效果

【例 5-2】我校进行演讲比赛，共有 10 名评委。每位演讲者的最后得分是去掉一位最高分和最低分，取剩余 8 名评委的平均分。请编写 PHP 程序实现打分功能。要求输出"最高分：xx；最低分：xx；最后得分：xx"。最后得分保留 2 位小数。

分析：

（1）将 10 名评委的评分存入数组之中；

（2）找出最高分和最低分的数组元素，删掉一个最高分元素和一个最低分元素；

PHP 数组案例编程

（3）统计总分求得平均分；

（4）按格式要求输出。

编写程序代码如下：

```php
<?php
//10 位评委的分数
$score = ['a1'=>9,'a2'=>10,'a3'=>9,'a4'=>8,'a5'=>7,'a6'=>6,'a7'=>8,'a8'=>8,'a9'=>9,'a10'=>10];
$max = max($score);              //返回数组中的最大值。
$min = min($score);              //返回数组中的最小值。
foreach($score as $key=>$value){
    if($max == $value){          //找出（最后）一个评分最大的键名
        $k1 = $key;
    }elseif($min == $value){     //找出（最后）一个评分最小的键名
        $k2 = $key;
    }
}
unset($score[$k1]);              //销毁数组元素
unset($score[$k2]);
$sum = 0;
foreach($score as $key=>$value) {    //求总分
```

```
        $sum = $sum+"$value";
}
echo "最高分："."$max."； 最低分："."$min;
$average = $sum/8;                    //求平均分
$average = round($average,2);         //保留两位小数
$format_num = sprintf("%.2f",$average);    //格式化字符串，输出小数点后两位小数
echo "；最后得分："."$format_num;
?>
```

程序运行结果如图 5-21 所示。

← → C ① localhost/5/5typicalExample/meanScore.php

最高分：10；最低分：6；最后得分：8.50

图 5-21　比赛得分输出结果

其中，可以实现保留小数点后位数的函数如表 5-8 所示。

表 5-8　实现保留小数点后位数的函数

函数声明	功能描述
float round (float $val [, int $precision = 0 [, int $mode = PHP_ROUND_HALF_UP]])	根据指定精度四舍五入。注意 round(8.5,2)的结果为 8.5，不是 8.50
string sprintf (string $format [, mixed　$args [, mixed　$...]])	根据格式字符串要求返回字符串。sprintf("%.2f",8.5);输出 8.50
string number_format (float $number [, int $decimals = 0])	根据要求保留小数点后的位数，小数点前部分每个千位用英文小写逗号 "," 分隔

模块四　PHP 与 JSON 实现数据转换

本模块主要运用前面学过的知识，再结合数组转为 JSON 数据来实现学生基本信息管理页面综合案例的展示，最终实现效果如图 5-22 所示。

图 5-22　学生基本信息管理页面效果图

任务一 JSON 操作相关的函数

JSON（JavaScript Object Notation）是指 JavaScript 对象表示法，是轻量级的文本数据交换格式。JSON 数据的书写格式是：名称/值对。PHP 中与 JSON 操作相关的函数如表 5-9 所示。

表 5-9   与 JSON 操作相关的函数

函数声明	功能描述
mixed json_decode (string $json [, bool $assoc = false [, int $depth = 512 [, int $options = 0]]])	把 JSON 格式的字符串解码并转换为 PHP 变量。当 assoc 参数为 TRUE 时，将返回数组而非对象
string json_encode (mixed $value [, int $options = 0])	对 PHP 变量进行 JSON 编码。编码成功则返回一个以 JSON 形式表示的 string，否则返回 FALSE
int json_last_error (void)	如果有，返回 JSON 编码解码时最后发生的错误
jQuery.getJSON(url [, data] [, success(data, textStatus, jqXHR)])	① url： 类型：String； 一个包含发送请求的 URL 字符串。 ② data： 类型：PlainObject。 发送给服务器的字符串或 Key/value 键值对。 ③ success(data, textStatus, jqXHR)： 类型：Function()； 当请求成功后执行的回调函数

举例演示数组与 JSON 相互转换的方法，代码如下：

```php
<?php
echo'<pre>';
    $json1    =   '{"a":1,"b":2,"c":3,"d":4,"e":5}' ;
    $arr1 = json_decode ( $json1 ,    true );
    print_r ( $arr1 );
    $arr2    = array ( 'a' => 1 , 'b' => 2 , 'c' => 3 , 'd' => 4 , 'e' => 5 );
    $json2 = json_encode ( $arr2 );
    echo    $json2;
echo'</pre>';
?>
```

运行结果如图 5-23 所示。

图 5-23 数组与 JSON 相互转换的运行结果

任务二 学生基本信息管理实现

任务描述：学生基本信息管理综合案例，将学生基本信息以数组的方法存储到页面（Student.php）并转换为 JSON 数据，再编写前端静态页面（student.html），通过前后端交互运用 getJSON 方法实现数据的获取和赋值给静态页面（student.js），通过客户端访问可呈现学生的基本信息。最终完成能以学生基本数组数据信息，在前端页面同步动态显示的学生管理系统。

步骤 1：学生基本信息数组数据定义并转为 json 数据。

学生基本信息包括班级、学号、姓名、性别、年龄、身份证号等信息。

分析：首先在站点中的 api 文件夹里面创建存储学生信息数据的三维数组文件为 student.php 页面，然后通过 json_encode 方法把数组转换为 JSON 数据，具体代码如下所示：

```php
<?php
//学生基本信息数组
<?php
$students = [
    'cname' => '计应用 1 班',
    'student' => [
            ['no' => '201600001', 'name' => '张 dr 三', 'gender' => true, 'age' => 20, 'sfz' => '513023198401261822'],
            ['no' => '201600002', 'name' => '李 f 四', 'gender' => false, 'age' => 20, 'sfz' => '513023198811221822'],
            ['no' => '201600003', 'name' => '王五', 'gender' => true, 'age' => 20, 'sfz' => '513023198001261812'],
            ['no' => '201600004', 'name' => '刘大', 'gender' => false, 'age' => 20, 'sfz' => '513023197901261812'],
            ['no' => '201600006', 'name' => '刘一', 'gender' => true, 'age' => 20, 'sfz' => '513023199001261842'],
            ],
        ];
    echo json_encode($students);
```

137

步骤 2：学生基本信息管理页面设计。在站点下创建学生基本信息管理页面用于展示学生数据，页面命名为 student.html。首先进行页面布局，这里借助于当前流行的响应式框架布局（bootstrap）。首先要下载框架相关的数据，再引入到站点中，如把下载的框架放入站点中并把文件夹命名为 bs,再通过响应式框架实现页面布局的技术完成学生基本信息管理页面的设计与布局。具体代码如下：

```
<!DOCTYPE html>
<html lang="zh-CN">
<head>
    <meta charset="utf-8">
    <meta http-equiv="X-UA-Compatible" content="IE=edge">
    <meta name="viewport" content="width=device-width, initial-scale=1">
    <!-- 上述 3 个 meta 标签*必须*放在最前面，任何其他内容都*必须*跟随其后！ -->
    <title>学生基本信息</title>
    <link href="bs/css/bootstrap.min.css" rel="stylesheet">
    <!--[if lt IE 9]>
        <script src="https://cdn.jsdelivr.net/npm/html5shiv@3.7.3/dist/html5shiv.min.js"></script>
        <script src="https://cdn.jsdelivr.net/npm/respond.js@1.4.2/dest/respond.min.js"></script>
    <![endif]-->
    <!-- //自己写的样式表，一定要放在我们引入别人的样式表之后 -->
    <link rel="stylesheet" href="css/style.css">
    <style type="text/css">
    </style>
</head>
<body>
    <!-- 导航条 -->
    <nav class="navbar navbar-default navbar-default1">
        <div class="container-fluid">
            <!-- Brand and toggle get grouped for better mobile display -->
            <div class="navbar-header">
                <button type="button" class="navbar-toggle collapsed" data-toggle="collapse" data-target="#bs-example-navbar-collapse-1" aria-expanded="false">
                <span class="sr-only">Toggle navigation</span>
                <span class="icon-bar"></span>
                <span class="icon-bar"></span>
                <span class="icon-bar"></span>
            </button>
                <a class="navbar-brand nav_logo" href="#"><img src="images/logo.png" alt="" height="100%"></a>
            </div>
```

```html
<!-- Collect the nav links, forms, and other content for toggling -->
<div class="collapse navbar-collapse" id="bs-example-navbar-collapse-1">
    <ul class="nav navbar-nav">
        <li><a href="#">学院首页 <span class="sr-only">(current)</span></a></li>

        <li><a href="#">学院简介</a></li>
        <li class="dropdown">
            <a href="#" class="dropdown-toggle" data-toggle="dropdown" role="button" aria-haspopup="true" aria-expanded="false">二级学院 <span class="caret"></span></a>
            <ul class="dropdown-menu">
                <li><a href="#">人工智能学院</a></li>
                <li><a href="#">经济管理学院</a></li>
                <li><a href="#">Something else here</a></li>

            </ul>
        </li>
        <li class="item_active"><a href="#">学生基本信息</a></li>
    </ul>

</div>
<!-- /.navbar-collapse -->
</div>
<!-- /.container-fluid -->
</nav>

<!-- 主体内容区域 -->
<div class="container">
    <h2 class="page-header"><span class="glyphicon glyphicon-user" style="color: red;"></span>学生基本信息表</h2>
    <table class="table table-bordered table-hover">
    <thead>
        <th>学号</th>
        <th>姓名</th>
        <th>性别</th>
        <th>出生日期</th>
        <th>年龄</th>
        <th>身份证号</th>
```

```
                <th>操作</th>
            </thead>
         <tbody>
                <!-- <tr>
        <td>1</td>
        <td>张三</td>
        <td>男</td>
        <td>1988-01-01</td>
        <td>513023198801011212</td>
    </tr>
    -->
            </tbody>
        </table>
    </div>
    <!-- 版权信息网页底部 -->
    <div id="footer">XXXX 学院    版权所有 | 站点地图 <br> 地址:XXXXXXXXXX
XXXXX <br> 咨询电话：XXX-XXXXXXX XXXXXXX 渝 ICP 备 XXXXXXXXX 号    </div>
        <script src="bs/js/jquery.min.js"></script>
        <script src="bs/js/bootstrap.min.js"></script>
    </body>
    </html>
```

步骤 3：通过上面两步，我们已经完成了学生基本信息数组数据的定义并转换成 JSON 数据，也准备好了用于展示学生基本信息的页面，现在需要通过中间层完成数据从数据页面动态绑定到静态学生基本信息页面的过程，现在就运用 jQuery 中的 getJSON 方法来完成这个关键的桥接功能。完成 json 数据的读取并完成数据绑定。在 js 文件夹中创建 student.js 文件，完成数据的读取和绑定，具体代码如下：

```
;$(function() {
    $.getJSON('./api/student.php', function(json, textStatus) {
        console.log("dfsadsfdf");
        console.log(json);
        let obj = '';
        for (item of json.student) {
            obj += `<tr>
                    <td>${item.no}</td>
                    <td>${item.name}</td>
                    <td>${item.gender}</td>
                    <td>${item.age}</td>
                    <td>${item.sfz}</td>
                    <td>${item.sfz}</td>
```

```
                <td>
                            <button class="btn btn-info btn-sm" data-id="${item.no}"><span class=
"glyphicon glyphicon-edit"></span></button>
                            <button class="btn btn-warning btn-sm btn-del" data-id="${item.no}">
<span class="glyphicon glyphicon-remove"></span></button>
                </td>
                </tr>`
        }
```

/* 用 append 追加的数据会把前面内容保留起在后面添加，用 html 添加的数据
会把前面的数据给覆盖掉 */

```
        //$('tbody').append(obj);
        $('tbody').html(obj);
    });
});
```

定义好上面的 student.js 页面后再，引入到 stuent.html 页面的 bootstrap.min.js 页面之后，
引入方式如下：

`<script type="text/javascript" src="js/student.js"></script>`

通过运行观察发现：这里面的数据不能完全达到我们的要求，不能更智能化地根据学生
的身份证号就能得出学生的年龄、性别和出生日期。通过思考，我们决定通过函数的思路来
完成根据学生的身份证号就能快速得出上面所需要的数据，所以需要再创建一个 common.js
页面来进行函数的定义。具体代码如下：

```
// 根据身份证号码求出这个人的出生日期，带参（1 身份证号，2 显示的格式）
function getbridathy(id,formart='c')
{
    let year=id.substr(6,4);    //年
    let month=id.substr(10,2);    //月
    let day=id.substr(12,2);    //日
    let returnstring=';
    switch(formart)
    {
        case "c":
         returnstring=year+"年"+month+"月"+day;
         break;
        case "-":
         returnstring=year+formart+month+formart+day;
         break;
         case "/":
         returnstring=year+"/"+month+"/"+day;
         break;
```

```
        }
        return returnstring;
    }
// 通过（身份证号码倒数第二位如果是奇数就是男，否则是女）。返回性别，并指定返回
的格式（1 身份证号，2 显示的格式['c', 'bool', 'int']）。
    function getgendr(id,formart='c')
    {
        let tag=id.substr(16,1);
        let tag1=tag%2?1:0;
        let returngender='';
        switch(formart)
        {
            case 'c':
            returngender=tag1?'男':'女';
            break;
            case '-':
                returngender=tag1? true: false;
                break;
            case '/':
                returngender=tag1? 1: 0;
                break;
        }
        return returngender;
    }
// 通过身份证号码返回年龄，
    function getAgeByBithday(id) {
        // 初始化当前时间的 Date 对象
        let Now = new Date();
        birthday= getbridathy(id,"-");//调用上面定义的根据身份证号得出出生日期的函数
        // 初始化参数 birthday Date 对象
        let Birthday = new Date(birthday);
        // let Birthday = new Date(birthday);
        let tmp = Now - Birthday;
        let age = Math.floor(tmp / 1000 / (24 * 3600) / 365);
        return age;
    }

    ;$(function() {
        $.getJSON('./api/student.php', function(json, textStatus) {
```

```
console.log("dfsadsfdf");
console.log(json);
let obj = '';
for (item of json.student) {
    obj += `<tr>
        <td>${item.no}</td>
        <td>${item.name}</td>
        <td>${getgendr(item.sfz,'c')}</td>
        <td>${getbridathy(item.sfz,'/')}</td>
        <td>${getAgeByBithday(item.sfz)}</td>
            <td>${item.sfz}</td>
                <td>
<button class="btn btn-info btn-sm" data-id="${item.no}"><span class=
"glyphicon glyphicon-edit"></span></button>
        <button class="btn btn-warning btn-sm btn-del" data-id="${item.no}">
<span class="glyphicon glyphicon-remove"></span></button>
        </td>
        </tr>`
}
/* 用 append 追加的数据会把前面内容保留起在后面添加，用 html 添加的数据
会把前面的数据给覆盖掉 */
//$('tbody').append(obj);
$('tbody').html(obj);
});
});
```

完成上面公共函数定义后，把 common.js 页面引入到 student.html 页面内，放于 student.js
页面之前，具体引入方法如下：

```
<script type="text/javascript" src="js/common.js"></script>
```

最后访问运行 student.html 页面，观察发现学生基本信息管理页面数据就动态地从 PHP
数组中读取并绑定显示出来了。最终页面运行效果如图 5-24 所示。

图 5-24 最终页面运行效果图

本章小结

本章主要介绍数组的创建、遍历、输出，常用函数的使用及 PHP 与 JSON 数据转换。重点是数组的常规操作，这些操作在实际应用中经常用到。此外，本章引入了大量案例，通过学习本章内容，读者能够举一反三，对所学知识进行灵活运用，可以在开发任务中轻松实现所需功能，开发实用的 PHP 程序。

项目练习

一、选择题

1. 以下代码输出的结果为（   ）。

```php
<?php
$arr = array("0"=>"aa","1"=>"bb","2"=>"cc");
echo $arr[1];
?>
```

    A. 会报错　　　　　B. aa　　　　　　　C. 输出为空　　　　　D. bb

2. 以下说法正确的是（   ）。

    A. $attr 代表数组，那么数组长度可以通过$attr.length 取到

    B. unset()方法不能删除数组里面的某个元素

    C. PHP 的数组里面可以存储任意类型的数据

    D. PHP 里面只有索引数组

3. 已知二维数组$a=array(array(1,2,3),array(4,5,6));则$a[1][1]的值是（   ）。

    A. 2　　　　　　　B. 3　　　　　　　C. 4　　　　　　　　D. 5

4. 下面没有将 john 添加到 users 数组中的是（   ）。

    A. $users[] = "john";

    B. array_add($users, "john");

    C. array_push($users, "john");

    D. $users ["aa"]= "john";

5. 在 PHP 中，下列说法正确的是（   ）。

    A. 数组的下标必须为数字，且从"0"开始

    B. 数组的下标可以是字符串

    C. 数组中的元素类型必须一致

    D. 数组的下标必须是连续的

6. 执行如下程序后，输出正确的是（   ）。

```php
<?php
    function get_arr1(&$arr,$i){
        unset($arr[$i]);
    }
    function get_arr2($arr){
        unset($arr[0]);
```

```php
        }
        $arr1 = array(1, 2);
        $arr2 = array(1, 2);
        get_arr1($arr1,0);
        get_arr2($arr2);
        echo count($arr1);
        echo count($arr2);
    ?>
```

    A. 11   B. 12   C. 22   D. 21

二、程序分析题

1. 下面程序的输出结果是＿＿＿＿＿＿＿＿。

```php
<?php
$a[]=1;
$a[]=2;
$a["name"]="张三";
$a["sex"]="男";
foreach($a as $k => $v)
{
        echo $k.'=>'.$v.'<br>';
}
?>
```

2. 下面程序的输出结果是＿＿＿＿＿＿＿＿。

```php
<?php
$arr = ['1', '2'];
$adm=[];
foreach($arr as $k => $v){
    if($k == 0){
            $adm[] = '3';
    }elseif($k == 1){
            $adm[] = '4';
    }
}
print_r($adm);
?>
```

3. 下面程序的输出结果是＿＿＿＿＿＿＿＿。

```php
<?php
$arr=array('a'=>1,'b'=>2);
```

```php
$arr[]=3;
$arr["x"]=4;
unset($arr['a']);
print_r($arr);
?>
```

4. 下面程序的输出结果是＿＿＿＿＿＿＿＿。

```php
<?php
function maxkey($arr){
    $maxval = max($arr);
    foreach($arr as $key=>$val){
        if($maxval == $val){
            $maxkey = $key;
        }
    }
    return $maxkey;
}
$arr = array(-2,-1,0,3,1,2);
echo maxkey($arr);
?>
```

5. 下面程序的输出结果是＿＿＿＿＿＿＿＿。

```php
<?php
function daxie($num){
    $da_num = array("零","一","二","三","四","五","六","七","八","九");
    $str = '';
    if(is_numeric($num) && strlen($num)>0){
        for($i=0;$i<strlen($num);$i++){
            $str .= $da_num[substr($num,$i,1)];
        }
    }
    return $str;
}
echo daxie(2019);
?>
```

三、编程题

1. 创建一个长度为 10 的数组，数组中元素的值满足菲波那切数列的规律。

2. 创建两个长度为 10 的数组，一个是数组中的元素为递增的奇数，首项为 1；另一个是数组中的元素构成递增的等比数列，比值为 3，首项为 1。

146

项目六　PHP 采集表单数据

【学习目标】

（1）掌握 GET 方法采集表单数据；
（2）掌握 POST 方法采集表单数据；
（3）掌握表单中数据传值和显示。

采集用户数据

【思政导入】

PHP 采集表单页面，可采用页面简洁、功能够用原则。要保护采集来的存储数据安全，保护客服提交的个人隐私数据。如姓名、身份证号及手机号码等未经客服同意，不得私自将客服数据传给第三方使用或产生数据泄露、滥用等情况。要了解《中华人民共和国数据安全法》相关要求，加强开发人员的职业操守，数据无小事。

【能解决的问题】

（1）能快速掌握 PHP 中 GET 方法采集表单数据；
（2）能快速掌握 PHP 中 POST 方法采集表单数据；
（3）能运用表单相关知识完成数据的传值和验证。

运用表单动态完成数据采集是当前 Web 开发中非常重要的一个功能。在 PHP 程序中能灵活运用表单完成对客户录入数据的采集是操作数据库时把数据存入数据库前的准备工作，只有能正确完成数据的采集，才能存入到相应的数据库中去。

本项目首先学习浏览器端数据的提交方式，然后再通过如何创建 FORM 表单来实现浏览器的数据采集，最后应用 PHP 方法来实现各种数据的采集学习。本章以理论配合实例练习进行项目驱动学习，通过本章的学习，读者能实现功能较为复杂的网站后台参数配置系统任务。

模块一　浏览器端数据提交方式

Web 应用程序中最重要的协议是 HTTP，基于"请求/响应"模式。对于一个浏览器而言，客户端通过浏览器向 Web 服务器某 PHP 程序发送一个"HTTP"请求，该 PHP 接收到该"请求"后，进行数据处理，最后由 Web 服务器将处理结果作为"响应"返回给浏览器并展示给用户查看。具体工作流程如图 6-1 所示。

HTTP 请求方法有很多种，其中最常用的请求方法就是 GET 和 POST 请求方法。浏览器向 Web 服务器提交数据的方式主要有以下两种：GET 提交方式和 POST 提交方式。当浏览器向 Web 服务器发送一条"GET 请求"时，浏览器以 GET 方式向 Web 服务器"提交"数据；

同样当向服务器发送"POST 请求"时，浏览器会以 POST 方式向 Web 服务器"提交"数据。这就是浏览器向服务器进行数据提交的两种常用方法。

图 6-1　B/S 服务器工作原理

任务一　GET 方式提交网站参数配置

本任务以 GET 请求方式完成网站后台参数设置为例，结合实际情况完成相应知识点的学习。

GET 提交方式是将"请求"的数据以查询字符串（Query String）的方式加在 URL 之后进行"提交"数据的。如下面通过 GET 方法完成数据的传值中通过 Setconfig.html 进行网站参数的填写后，再通过 GET 方法将数据传输到对应的 Setconfig.php 页面，完成数据的输出。案例效果如图 6-2 所示。

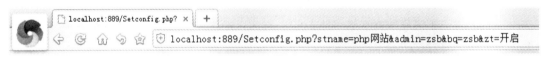

你的网站后台参数配置成功！
网站名称为：php网站
网站管理员为：zsb
网站版权归：zsb
网站状态为：开启

图 6-2　GET 方式提交网站参数配置效果图

在以上案例中，Setconfig.php 页面中地址栏 URL 里面的"？"表示查询字符串的开始，"？"后面的字符串参数为查询字符串。可以看出查询字符串中可以有多个参数，每个参数是以"参数名=参数值"来定义格式的，参数之间使用"&"符号相连，并将查询字符串使用"？"附加在 URL 之后。

除了用字符串实现 GET 请求传值外，其实在 FORM 表单中也提供了 GET 提交方式。后面在学习中会讲解到这种传值方法。下面这个案例是通过链接<a></a>标签的方法来实现 GET 提交方式。具体步骤如下：

步骤 1：在 F:\yuanma\6.1.1 目录下创建页面 Setconfig.html，用 VS Code 软件打开该页面后完成如下代码：

```
1.  <!DOCTYPE html>
2.  <html lang="en">
3.  <head>
4.  <meta charset="UTF-8">
5.  <meta name="viewport" content="width=device-width, initial-scale=1.0">
6.  <meta http-equiv="X-UA-Compatible" content="ie=edge">
7.  <title>URL 中使用 GET 方式传值</title>
8.  </head>
9.  <body>
10. <a href="Setconfig.php?stname=php 网站&admin=zsb&bq=zsb&zt=开启">GET 提交
方式</a>
11. </body>
12. </html>
```

步骤 2：用 VS Code 软件打开案例目录 F:\yuanma\6.1.1 并创建页面 Setconfig.php，在该页面中完成如下代码：

```
13. <?php
14. $wzname=$_GET["stname"];
15. $wzadmin=$_GET["admin"];
16. $wzcopyright=$_GET["bq"];
17. $wzzt=$_GET["zt"];
18. if( $wzname!="" && $wzadmin!="")
19. {
20. echo "你的网站后台参数配置成功！";
21. echo "</br>";
22. echo "网站名称为：";
23. echo $wzname;
24. echo "</br>";
25. echo "网站管理员为：";
26. echo $wzadmin ;
27. echo "</br>";
28. echo    "网站版权归：";
29. echo    $wzcopyright ;
30. echo "</br>";
31. echo "网站状态为：";
32. echo $wzzt;
33. }
34. else
35. {
```

```
36.   echo "你的网站参数设置有问题，请重新设置！";
37.   }
38. ?>
```

步骤 3：打开浏览器，在地址栏中输入地址 http://localhost:889/6.1.1/Setconfig.html 并访问，
效果如图 6-3 所示。

图 6-3   使用超链接实现 GET 传值提交方式

步骤 4：单击图 6-3 中的"GET 提交方式"超链接，Setconfig.html 页面将触发 Setconfig.php
页面程序，向 Setconfig.php 页面发送一个 GET 请求，并向 Setconfig.php 页面传递了四个参数。
Setconfig.php 页面的运行效果如图 6-4 所示。

图 6-4   PHP 程序接收 GET 请求的数据

任务二   POST 提交网站参数设置方式

本任务以 POST 数据提交方式完成网站后台参数设置为例，完成相应知识点的学习。POST
提交方式一般是通过表单来完成的，默认情况下 FORM 表单的数据提交方式为 GET 方式。在
上一个任务中已经完成了 GET 请求和传值的学习，接下来学习如何在表单中使用 POST 方式
提交数据。首先需在"<form method="post"> </form>"表单<form>标签中指定 method 属性值
为"POST"，才能将 FORM 表单的数据提交方式修改为 POST 方式。下面通过具体操作步骤
演示来使用 FORM 表单实现 POST 方式完成网站参数配置的操作。

步骤 1：用 VS Code 软件打开网站目录 F:\yuanma\6.1.2，并在目录下创建页面 Setconfig.
html，代码如下：

<!DOCTYPE html>
<html lang="zh-CN">
    <head>
        <meta charset="utf-8">
        <meta http-equiv="X-UA-Compatible" content="IE=edge">
        <meta name="viewport" content="width=device-width, initial-scale=1">
        <title>网站参数配置</title>

```html
<link href="../bs/css/bootstrap.min.css" rel="stylesheet">
<!--[if lt IE 9]>
        <script
src="https://oss.maxcdn.com/libs/html5shiv/3.7.3/html5shiv.js"></script>
        <script src="https://oss.maxcdn.com/libs/respond.js/1.4.2/respond.min.js"></script>
<![endif]-->
</head>
<body>
<div class="container">
    <h2 class="page-header">网站参数设置</h2>
<form class="form-horizontal" method="POST" action="Setconfig.php">
<div class="form-group">
</div>
        <div class="form-group">
            <label for="sitename" class="col-sm-2 control-label">网站名称</label>
            <div class="col-sm-10">
                <input type="text" class="form-control" name="sitename" placeholder=
"网站名称">
            </div>
        </div>
        <div class="form-group">
            <label for="sitemaster" class="col-sm-2 control-label">管理员</label>
            <div class="col-sm-10">
                <input type="text" class="form-control" name="sitemaster" placeholder=
"管理员">
            </div>
        </div>
        <div class="form-group">
            <label for="copyright" class="col-sm-2 control-label">版权信息</label>
            <div class="col-sm-10">
            <textarea class="form-control"    name="copyright" rows="3"></textarea>
            </div>
        </div>
    <div class="form-group">
        <div class="col-sm-offset-2 col-sm-10">
    <button type="submit" class="btn btn-default">保存</button>
    <button type="reset" class="btn btn-default">重填</button>
        </div>
    </div>
```

```
        </form>
      </div>
      </body>
    </html>
```

步骤 2：在 VS Code 中创建页面 Setconfig.php 并存入 6.1.2 文件夹中，在该页面运用 POST 方式获取网页表单元素内容，代码如下：

```php
<?php
    $wzname=$_POST["sitename"];
    $wzadmin=$_POST["sitemaster"];
    $wzcopyright=$_POST["copyright"];
    if( $wzname!="" && $wzadmin!="")
    {
        echo "你的网站后台参数配置成功！";
        echo "</br>";
        echo "网站名称为：";
        echo $wzname;
        echo "</br>";
        echo "网站管理员为：";
        echo $wzadmin ;
        echo "</br>";
        echo   "网站版权归：";
        echo   $wzcopyright ;
    }
    else
    {
        echo "你的网站参数设置有问题，请重新设置！";
    }
?>
```

步骤 3：打开浏览器，在地址栏中输入地址 http://localhost:889/6.1.2/Setconfig.html 后，显示页面如图 6-5 所示。

图 6-5 使用表单实现 POST 提交传值方式

步骤 4：单击图 6-5 中的"保存"按钮后，Setconfig.html 页面将通过 POST 中的 Action 页面触发 Setconfig.php 程序运行，向 Setconfig.php 发送一个 POST 提交。Setconfig.php 页面通过 $POST 全局变量获得上一页面表单的值。运行效果如图 6-6 所示。

图 6-6　PHP 程序接收 POST 表单请求的数据效果

任务三　GET 与 POST 混合的方式

运用 FORM 表单可以实现 GET 和 POST 混合模式的提交方式，即在 Web 服务器中向 PHP 程序发送"GET 请求"的同时，也发送了"POST 请求"。下面在任务二的基础上进行代码修改，实现 GET 和 POST 混合模式提交方法，操作步骤如下：

步骤 1：使用 VS Code 软件打开网站目录 F:\yuanma\6.1.3，并在目录下创建页面 Setconfig. html。为了使页面美观，这里引入了 bootstrap 相关样式表，以对网页界面进行美化，代码如下：

```
<!DOCTYPE html>
<html lang="zh-CN">
    <head>
        <meta charset="utf-8">
        <meta http-equiv="X-UA-Compatible" content="IE=edge">
        <meta name="viewport" content="width=device-width, initial-scale=1">
        <title>网站参数配置</title>
        <link href="../bs/css/bootstrap.min.css" rel="stylesheet">
        <!--[if lt IE 9]>
            <script src="https://oss.maxcdn.com/libs/html5shiv/3.7.3/html5shiv.js"></script>
            <script src="https://oss.maxcdn.com/libs/respond.js/1.4.2/respond.min.js"></script>
        <![endif]-->
    </head>
    <body>
    <div class="container">
        <h2 class="page-header">网站参数设置</h2>
    <form class="form-horizontal" method="POST" action="Setconfig.php?action=insert">
    <div class="form-group">
    </div>
                <div class="form-group">
```

153

```html
                    <label for="sitename" class="col-sm-2 control-label">网站名称</label>
                    <div class="col-sm-10">
                        <input type="text" class="form-control" name="sitename" placeholder="
网站名称">
                    </div>
                </div>
                <div class="form-group">
                    <label for="sitemaster" class="col-sm-2 control-label">管理员</label>
                    <div class="col-sm-10">
                        <input type="text" class="form-control" name="sitemaster" placeholder="
管理员">
                    </div>
                </div>
                    <div class="form-group">
                        <label for="copyright" class="col-sm-2 control-label">版权信息
</label>
                        <div class="col-sm-10">
                        <textarea class="form-control" name="copyright" rows="3"></textarea>
                        </div>
                    </div>
                <div class="form-group">
                    <div class="col-sm-offset-2 col-sm-10">
                <button type="submit" class="btn btn-default">保存</button>
                <button type="reset" class="btn btn-default">重填</button>
                    </div>
                </div>
            </form>
        </div>
        </body>
    </html>
```

步骤 2：在 VS Code 中创建页面 Setconfig.php 并存入 6.1.3 文件夹中，在该页面对照任务二中的代码完成以下修改，在 Setconfig.php 程序采集 GET 提交数据的同时，还采集了 POST 提交数据，完成后代码如下：

```php
<?php
    $wzname=$_POST["sitename"];
    $wzadmin=$_POST["sitemaster"];
    $wzcopyright=$_POST["copyright"];
    $method=$_GET["action"];
    if( $wzname!="" && $wzadmin!="")
```

154

```
    {
        echo "你的网站后台参数配置成功！";
        echo "</br>";
        echo "网站名称为：";
        echo $wzname;
        echo "</br>";
        echo "网站管理员为：";
        echo $wzadmin ;
        echo "</br>";
        echo   "网站版权归：";
        echo   $wzcopyright ;
    }
    else
    {
        echo "你的网站参数设置有问题，请重新设置！";
    }
    echo "<br/>". $method;
?>
```

步骤3：打开浏览器，在地址栏中输入地址 http://localhost:889/6.1.3/Setconfig.html 后访问，显示效果如图 6-7 所示。

图 6-7　使用表单实现 POST 提交传值方式

步骤4：单击图 6-7 中的"保存"按钮，Setconfig.html 页面将通过 POST 中的 action 属性触发 Setconfig.php 程序的运行，并向 Setconfig.php 发送一个 POST 提交。Setconfig.php 页面通过$POST 全局变量获得上一页面表单的值。运行效果如图 6-8 所示。

你的网站后台参数配置成功！
网站名称为：php网站
网站管理员为：张书波
网站版权归：@zsb
insert

图 6-8　PHP 程序接收 POST 表单请求的数据效果

通过上面的讲解和实际案例的练习，GET 和 POST 提交方法都能通过 Web 页面实现数据的提交和值的传递，它们之间的区别如下：

（1）GET 方法是在访问 URL 时使用浏览器地址传递值。由于传递的值出现在 URL 查询字符串中，这些带有查询字符串的 URL 可以被浏览器缓存到历史记录中，用户可直观查看 GET 提交数据，同时也可以修改 URL 的值再发送去服务器，因此安全性较低。URL 的长度也有一定的限制，URL 长度不能超过 250 个字符。如果超过该长度，浏览器会自动截取，可能导致数据丢失或程序运行出错。因此在提交信息较长时，不建议使用 GET 提交方式，登录、用户注册信息等安全性高的系统，不建议使用 GET 提交方式。

（2）POST 提交方法对于用户而言具有较高的保密性，数据附加在 header 头部信息中，用户不能随意修改，比 GET 提交方式更安全。同时不受 URL 提交数据长度限制。带有文件上传功能的 FORM 表单则必须使用 POST 提交方式。

（3）两种不同的"提交"方式对应的服务器端数据"采集"方式也是不同的。

注意： 使用 POST 方式提交表单数据时，php.ini 配置中的 post_max_size 选项用于配置 Web 服务器能够接收到的最大表单数据大小。post_max_size 的详细情况将在后面进行讲解。

模块二　相对路径与绝对路径

在上一模块中我们应用了 GET 和 POST 提交方式完成了数据采集的学习。对于初学者而言，不管是使用超链接的 GET 提交方式，还是使用的 FORM 表单中的 POST 和 GET 提交方式，都会遇到一个问题，相对路径和绝对路径两个概念。如从 HMTL 页面向 PHP 页面提交数据时，数据提交到的页面是相对路径还是绝对路径，哪种最好？这就是本模块要讨论的问题。

任务一　什么是相对路径

相对路径可以分为两类：server-relative 路径与 page-relative 路径。

server-relative 路径是以斜杠"/"开头的相对路径。在 HTML 中，以斜杠"/"开头的相对路径表示从 Web 服务器的主目录下开始查找相应的资源文件。使用默认配置安装 WAMP 后，目录"F:/yuanma"为 Apache 服务器的主目录，因此使用相对路径"/index.php"访问资源时，访问的是目录"F:/yuanma"下的 index.php 页面；使用相对路径"/6.1/setconfig.html"访问资源时，访问的是目录"F:/yuanma"中的目录"6.1"下的 setconfig.html 文件。

page-relative 路径不以斜杠开头。此时当文件 1 访问文件 2（HTML 页面、PHP 程序或样式表等）资源时，将从文件 1 的当前目录作为起点查找文件 2 资源。例如当目录"F:/yuanma/6.2/"中的 setconfig.html 文件使用超链接访问该目录下的 setconfig.php 文件时，只需在 setconfig.html 文件的超链接中直接指定 setconfig.php 文件即可。

一、同一个目录下的资源访问

如果文件 1 和文件 2 在同一个目录，这两个文件间的相互访问直接使用文件名即可。

二、如何表示当前目录

用"."表示文件的当前目录。

三、如何表示上级目录

用"../"表示文件所在目录的上一级目录，"../../"表示文件所在目录的上上级目录，以此类推。

四、如何表示下级目录

如果文件 1 访问下级目录中的文件 2，直接指定该目录和文件 2 的文件名即可。

任务二　什么是绝对路径

绝对路径是与相对路径相对立的，它通常是一个完整的 URL，该 URL 由以下三部分构成。
（1）scheme：用来描述寻找数据所采用的机制。
（2）host：用来描述存有该资源的服务器 IP 地址或者服务器域名。
（3）path：指明服务器上某个资源的具体路径，如目录和文件名等。
第 1 部分和第 2 部分之间用"://"符号隔开，第 2 部分和第 3 部分用"/"符号隔开。第 1 部分和第 2 部分是不可缺少的，第 3 部分有时可以省略。例如"http://www.php.net/index.php"就是一个绝对路径 URL，它表明了这样一个含义：使用 HTTP 协议从一个域名为 www.php.net 的 WEB 服务器上获取 index.php 页面资源信息，其中"/index.php"可以省略。

模块三　运用 FORM 表单实现浏览器端数据采集

PHP 中表单 FORM 总共由三大部分组成：
（1）表单标签：定义了表单处理程序及数据提交方式等信息。
（2）控件：包括文本框、密码框、多行文本框、隐藏域、单选框、复选框、单选按钮组、复选按钮组、下拉选择框和文件上传框等表单控件。
（3）按钮：包括提交按钮、复位按钮和一般按钮。

任务一　表单标签

表单标签<form></form>常用的属性有 name、method、action、enctype、title 等。
（1）name 属性为当前的 FORM 表单命名。
（2）method 属性设置表单数据的提交方式。method 属性的值为 GET 或 POST，默认为 GET。
（3）action 属性设置当前表单数据"提交"的目的地址。当不设置 action 属性或值为空字符串（即 action=""）时，表单数据提交给当前页面。

（4）enctype 属性设置提交表单数据时的编码方式。enctype 属性的值为 multipart/form-data 或 application/x-www-form-urlencoded，默认为"application/x-www-form-urlencoded"。当一个 FORM 表单中存在文件上传框时，必须将 enctype 属性设置为 multipart/form-data 编码方式。

（5）title 属性设置表单的提示信息。当用户鼠标在表单处停留时，浏览器用一个黄色的小浮标显示提示文本。

例如：新建一个 form.php 页面，添加如下代码，运行结果如图 6-9 所示。

```
<form action="register.php" method="post" title="这个是 PHP 中表单的简单运用" enctype="multipart/form=data">
    这是 FORM 表单区域
</form>
```

图 6-9　表单标签运行效果

任务二　表单控件分类

表单控件都要包含在表单标签<form></form>内，只有把表单控件添加到表单标签内才便于浏览器用户填写数据、收集数据等。这些常用的表单控件主要有单行文本框、密码框、文本域、隐藏域、单选框、复选框、单选按钮组和复选按钮组等。

一、单行文本框

单行文本框主要是用于让浏览者输入内容的表单控件，通常被用来填写简短的文字，如姓名、用户名等。具体代码及运行效果如下：

示例代码	`<input type="text" name="txtname" size="20" maxlength="30" value="张三">`
显示效果	

对上面属性解释如下：

type="text" 定义了文本框的输入类型为单行文本框。

name="txtname" 表示此单行文本框的名字为 txtname。

size="20" 定义了文本框的宽度为 20 字符。

maxlength="30" 定义了文本框最多允许输入的字符个数为 30。

value="张三" 定义文本框的默认值为张三。

二、密码框

密码框也属于文本框中的一个类型，主要用于用户登录或注册时输入密码用"*"显示，隐藏真实密码能起到保密作用。具体代码及运行效果如下：

示例代码	`<input type="password" name="txtpwd" size="20" maxlength="30" value=" >`
显示效果	密码：　●●●●●●●●●●●

对上面属性解释如下：

type="password" 定义了文本框的输入类型为密码框。

name=" txtpwd " 表示此密码框的名字为 txtpwd。

size="20" 属性定义了密码框的宽度为 20 字符。

maxlength="30" 属性定义了密码框最多允许输入的字符个数为 30。

value=" " 属性定义了密码框的初始值。

三、多行文本框

多行文本框作为文本框类型中的另一个类型，能够让浏览器用户填写较长的内容，如备注、个人爱好等。具体代码及运行效果如下：

示例代码	备注：`<textarea name="txtcontent" cols="20" rows="2" value="" > content </textarea>`
显示效果	备注：　content

对上面属性解释如下：

name=" txtcontent " 表示此多行文本框的名字。

cols ="20" 定义了多行文本框的宽度。

rows ="30" 定义了文本框的高度。

content 定义了多行文本框的默认显示内容。

四、隐藏域

文本框类型中的隐藏域，主要用来保存一些特定信息。对浏览者来说，隐藏域是看不见的，但是在表单提交时隐藏域中的相关数据可以一起被发送给 Web 服务器进行数据接收。具体代码及运行效果如下：

示例代码	`<input type="hidden" name=" " size="" maxlength="" value="20180101" >`
显示效果	前台看不到内容，只有提交会把数据传入 Web 服务器中处理。

对上面属性解释如下：

type="hidden" 定义了文本框的输入类型为隐藏域。

name 表示此隐藏域的名字。

size="20" 属性定义了隐藏域的宽度为 20 字符。

maxlength="30" 属性定义了隐藏域最多允许输入的字符个数为 30。

value="20180101 " 属性定义了隐藏域的初始值。

五、单选框

单选框是用来为浏览者提供一系列选项进行选择，应注意同一组合内的单选框之间是相互排斥的，所以只能选择其中之一。具体代码及运行效果如下：

示例代码	`<input type="radio" name="sex" id="ra1" value="ra1" checked>`
	`<label for="ra1">男</label>`
	`<input type="radio" name="sex" id="ra2" value="ra1">`
	`<label for="ra2">女</label>`

显示效果	◉ 男 ○ 女

对上面属性解释如下：

type="radio" 定义了文本框的输入类型为单选框。

name 属性为单选框的命名。单选框都是以组为单位使用的，同一组中的单选框 name 属性值必须相同。

checked 属性定义了初始状态时该单选框是被选中的，该属性是没有具体的取值内容的。

value 属性定义单选框的值。

六、复选框

复选框是为浏览者提供一系列选项进行选择。具体代码及运行效果如下：

示例代码	兴趣爱好 ：
	    `<input type="checkbox" name="sel1" id="sel1" value="book" checked>`
	`<label for="sel1">看书</label>`
	`<input type="checkbox" name="sel2" id="sel2" value="foot" checked>`
	`<label for="sel2">打球</label>`
	`<input type="checkbox" name="sel3" id="sel3" value="music">`
	`<label for="sel3">音乐</label>`

显示效果	兴趣爱好 ： ☑ 看书 ☑ 打球 ☐ 音乐

对上面属性解释如下：

type="checkbox" 定义了文本框的输入类型为复选框。

name 属性为复选框的命名。

checked 属性定义了初始状态时该复选框是被选中的，该属性是没有具体的取值内容的。

value 属性定义复选框的值。

七、下拉选择框

下拉列表框分为单选和多选两种。单选下拉列表框允许用户在一系列的下拉选项中只能选择一个，类似于单选框。多选下拉列表框允许用户选择多个，类似于复选框。具体代码及运行效果如下：

单选下拉
示例代码
	`<label for="selsex">性别</label>`
	  `<select name="selsex" id="selsex">`
	    `<option value="男">男</option>`
	    `<option value="女">女</option>`
	  `</select>`

单选下拉 显示效果	性别 男 ▼ 男 女

多选下拉
示例代码
	`<p>`
	  `<label for="selah">爱好</label>`
	  `<select name="selah" size="5" multiple id="selah">`
	    `<option value="体育">体育</option>`
	    `<option value="看书">看书</option>`
	    `<option value="音乐" selected>音乐</option>`
	  `</select>`
	`</p>`

多选下拉 显示效果	体育 ▲ 看书 音乐 爱好 ▼

select 标签用来创建一个下拉选择框。对上面属性解释如下：

name 属性为下拉选择框的名字。

size 属性指定了下拉选择框的高度，一般默认为 1。

multiple 属性指定了该下拉选择框是多选下拉选择框。该属性没有具体的取值，若没有 multiple 属性，表示该下拉选择框为单选框。当有此属性时，则表明该下拉列表框为多选。按住 Ctrl 键，单击选择项可以进行多选或按住 Shift 键可以进行连续多选。

option 标签用于定义下拉选择框的一个选项，用在<select></select>标签之间。对 option 标签的属性解释如下：

value 属性指定每个选项的值。如未定义该属性，选项值为<option></option>之间的内容。

selected 属性用于指定初始状态，该属性没有具体的取值。当有该属性时，表明该选项是选中状态。

八、文件域

客户可以通过浏览器访问网站，再通过表单中的文件域进行文件选择，当表单提交时，该文件会同其他表单数据一起提交。该控件与单行文本框很相似，只多了一个浏览按钮。访问用户也可以直接输入文件的地址或单击"浏览"完成文件选择。具体代码及运行效果如下：

示例代码	`<label for="myfile">选择文件：</label>` `<input type="file" name="myfile" id="myfile" size=50 maxlength="100">`
显示效果	选择文件：C:\Users\Administrator\Desktop\暑假练字文档.docx　　浏览...

对上面属性解释如下：

type="file" 定义输入类型为文件上传框。

name=" myfile " 表示此文件域的名字为 txtpwd。

size="50" 属性定义了文件域的宽度为 50 字符。

maxlength="100" 属性定义了文件域最多允许输入的字符个数为 100。

id=" myfile " 属性定义了文件域的唯一标识。

九、图像域

通过插入图像域把需要的图片插入到表单的图像域控件中，再通过提交方式提交给服务器。具体代码及运行效果如下：

示例代码	`<label for="filepic">上传图片：</label>` `<input type="image" name="filepic" id="filepic" src="../images/3.jpg">`
显示效果	选择文件：C:\Users\Administrator\Desktop\3.jpg　　浏览...

对上面的属性解释如下：

type="image" 定义输入类型为图像域。

name=" filepic " 表示此图像域的名字为 txtpwd。

src="../images/3.jpg" 属性定义了图像域的图片地址。

id=" filepic " 属性定义了图像域的唯一标识。

说明：① 表单各控件中的属性之间一定要用空格分隔开。② 表单控件嵌套在 FORM 表单中才有意义，且每个表单控件都要用一个 name 属性进行标识，这是因为表单控件的 name 属性判断传递给服务器的每个值分别是由哪个表单控件产生。为了确保数据准确采集，需要为每个表单控件定义一个独一无二的名称（同为一个组的单选框及在表单控件中使用数组两种情况除外）。③ HTML 标签名和属性名对大小写不敏感。

任务三　表单控件中使用数组

表单中控件数组的应用主要是在一个 HTML 页面中，有时并不确定某个控件的具体个数。比如在进行多个文件或是图片上传时，并不能确定浏览器用户究竟选择多少个上传对象，更无法确定页面中需要多少个文件上传框。基于这种情况，在表单控件中运用数组可以解决这类问题。

　　具体做法是在表单控件的 name 属性值后面加上方括号"[ ]"，这样就可以实现在表单控件中使用数组。使用表单控件数组后，当表单提交时，相同 name 属性的表单控件则以数组的方式向 PHP 服务器提交多个数据。具体代码及效果如下：

多个文件 上传	文件 1：\<input type="file" name="myfile[]"\>\<br/\> 　　　文件 2：\<input type="file" name="myfile[]"\>\<br/\> 　　　文件 3：\<input type="file" name="myfile[]"\>\<br/\>
显示效果	文件1：[　　　　　　] 浏览... 文件2：[　　　　　　] 浏览... 文件3：[　　　　　　] 浏览...
备注	在 PHP 中可以应用 $FILES['myfile']方式采集所有上传文件的信息。

任务四　表单按钮

　　表单按钮主要有提交按钮、重置按钮、自定义按钮和图像按钮。提交和图像按钮主要用于提交表单数据，重置按钮用于将表单中的数据清除恢复到最原始状态，自定义按钮主要是要结合到 JavaScript 使用才能发挥到相应的作用。

一、提交按钮

　　提交按钮的主要作用是将表单中的数据通过 FORM 中的 action 属性值再通过 Web 服务器提交到相应的页面中去。具体代码及效果如下：

一般提交 按钮	\<input type="submit" name="add" value="一般提交按钮"\>
显示效果	一般提交按钮

对上面属性解释如下：

type="submit" 定义按钮类型为提交按钮。

name=" add " 表示此按钮的名字为 add。

valuc 属性定义了提交按钮上的显示文字内容。

二、图像提交按钮

　　图像按钮与一般提交按钮的作用是相似的，不同之处在于图像按钮有图片，也就是在图像按钮的属性中要添加一个 src 属性指定图像的路径。图像按钮相比一般按钮要美观些。具体代码及效果如下：

图像按钮	\<input type="image" name="add" src="../image/timg.jpg"\>
显示效果	▶

对上面属性解释如下：

type="image" 定义按钮类型为图像按钮。

name=" add " 表示此按钮的名字为 add。

src 属性定义了图像按钮的图片地址，注意这里要用相对地址不要用绝对地址。

三、重置按钮

重置按钮与一般提交按钮有很大区别，重置按钮也并不是简单地把表单控件的信息清空，而是将表单控件恢复到原始值的状态，这里的原始值状态是由表单控件的 value 值来决定的。具体代码及效果如下：

重置按钮	`<input type="reset" name="reset" value="重新填写">`
显示效果	重新填写

对上面属性解释如下：

type="reset" 定义按钮类型为重置按钮。

name=" reset " 表示此按钮的名字为 add。

value 属性定义了重置按钮上显示的文字。

四、自定义按钮

自定义按钮与一般按钮、重置按钮都有很大区别，自定义按钮主要是结合到 JavaScript 代码来使用才能发挥作用。

自定义按钮	`<input type="button" name="ADD" value="添加" onclick="javascript:alert('这个就是自定义按钮的单击事件触发添加效果！')">`
	`<input type="button" name="change" value="修改" onclick="javascript:alert('这个就是自定义按钮的单击事件触发修改效果！')">`
	`<input type="button" name="del" value="删除" onclick="javascript:alert('这个就是自定义按钮的单击事件触发删除效果！')">`

显示效果	添加　修改　删除
说明	一个 HTML 网页中可以有多个 FORM 表单，各个表单之间可以用不同的名字进行标识，同时一个表单上也可以有多个不同的自定义按钮，各按钮之间也可以用不同的名字进行标识。 如上面案例，当点击添加按钮时，将触发添加按钮对应的 onclick 事件完成相应事件的功能，同时对后面的修改、删除按钮也可以完成不同的事件。 虽然上面页面中有三个不同名字的按钮，但是它们不能同时响应，只能点击了哪个按钮，哪个按钮才能传递属性值，完成对应数据的传送

对上面属性解释如下：

type="button" 用于定义按钮的类型。

name 表示此按钮的名字。

value 属性定义了自定义按钮上显示的文字。

onclick 属性定义了按钮要调用的事件名，并触发的 JavaScript 程序。

任务五　FORM 表单的综合运用案例

通过上面对表单控件及相应属性的学习，相信大家对表单运用已经有了初步认识。下面结合当前表单经常用到的实际案例来完成一个综合实训。

用户注册表单实现效果如图 6-10 所示，具体实现步骤如下：

图 6-10　表单案例综合应用

步骤 1：打开网站站点 6.3.5，新建网页 6.3.5.html（见图 6-11）。再在网页中插入文本框，并设置文本框的三种不同类型。具体代码如下：

图 6-11　新建网页

```
<tr height="30px">
    <td><label for="txtname">用户名：</label></td><td><input type="text" name= "txtname" value="请输入用户名" size="20" maxlength="30"></td>
    </tr>
    <tr height="30px">
    <td><label for="pwd">请输入密码：</label></td><td><input  type="password"  name= "pwd" size="20" maxlength="30"></td>
    </tr>
    <tr height="30px">
    <td>  <label for="pwd">请确认密码:</label></td><td><input type="password" name= "pwd1" size="20" maxlength="30"></td>
    </tr>
```

步骤 2：通过分析，用户注册常需要用到文本框、密码框、复选框、单选按钮、文本域、文件域按钮，兴趣爱好常选择复选框按钮，并且 3 个复选框定义为一个数组，需要在复选框的名字后面加上[]，从而实现名字为 xqah 的复选框一次性可以向 Web 服务器提交多个数据。关键设置如下：

```
<tr height="30px">
    <td>兴趣爱好：</td><td>
    <input type="checkbox" name="xqah[]" value="book" checked>看书
    <input type="checkbox" name="xqah[]" value="music" checked>音乐
    <input type="checkbox" name="xqah[]" value="foot" >足球</td>
    </tr>
```

步骤 3：因为该表单中存在文件上传情况，所以在<form></form> 标签中的 method 属性值必须设置为"post"属性值，enctype 属性必须设置为 multipart/data。如下所示：

<form action="register.php" method="post" enctype="multipart/data">

步骤 4：因为该表单存在隐藏域 MAX_FILE_SIZE，其值为 2018（单位：字节）。当表单中有多个文件上传框时，可以使用隐藏域的 MAX_FILE_SIZE 来限制文件上传的大小。

注意：这里的文件上传大小限制的控件（隐藏域）一定要放在文件上传框之前，否则无法实现文件上传的限制。

步骤 5：由于 6.3.5.html 中有多个提交按钮，所以要为每一个按钮设置 name 属性来区分，具体代码如下：

<tr height="30px"> <td>提交按钮：</td><td><input type="submit" name="add" value="一般提交按钮"></td></tr>

<tr height="30px"><td>图像按钮：</td><td><input type="image" name="picadd" value="图像提交按钮" src="images/b1.png"></td></tr>

<tr height="30px"><td>重置按钮：</td><td><input type="reset" name="reset" value="重置按钮"></td></tr>

步骤 6：页面上有一个图像按钮，所以要为该图像按钮指定一个图片地址，要注意的是，这里的图片地址一定要用相对地址，不能使用绝对地址，否则设置的图片无法正常显示。具体代码如下：

<tr height="30px"><td>图像按钮：</td><td><input type="image" name="picadd" value="图像提交按钮" src="images/b1.png"></td></tr>

根据上面六步设置后，整个表单的用户注册综合案例就完成了。那么如何采集表单控件值的数据就成了接下来要思考和解决的问题了。

模块四　使用$_GET 和$_POST 采集表单数据

PHP 中预定义了很多变量，其中包括有$_POST、$_GET、$_FILES、$_REQUEST、$_SERVER、$_COOKIE、$_ENV 和$_SESSION 等。这些预定义变量中的数据类型均为数组方式。

当浏览器向 Web 服务器某 PHP 程序提交数据后，该 PHP 程序应该根据其"提交"方式决定使用何种数据"采集"方法。如浏览器中使用$_POST 方式提交数据时，服务器端应使用预定义变量$_POST 方式采集提交的数据。当使用的是 GET 方式提交数据时，服务器端则使用预定义变量的$_GET 方式采集提交的数据。现根据之前完成的用户注册表单来添加一个regedit.php 页面，完成对上一个页面表单中填写的个人信息采集并显示。实现步骤如下：

步骤 1：将上一任务表单页面布局的界面拷贝过来，改名为 6.4.1.html。具体页面代码与之前相同，此处不再重复介绍。

步骤 2：新建程序页面 regedit.php，完成表单信息的采集和输出显示。现对 regedit.php 页面代码说明如下：

（1）简单获取表单中"用户名""密码""性别"和"个人介绍"等数据的值，采集值的

方法为$_POST['表单控件名称'];

（2）兴趣爱好为复选框，是定义的一个数组值$_POST ['xqah']，数据类型为数组。在程序regedit.php 中运用了 foreach 语句来遍历获取数组值。

（3）这里提交按钮有两个：一般提交按钮和图像按钮，运用一个条件语句（isset($_POST ['add'])?"普通提交按钮":"图像提交按钮";）来判断数据的提交方式。

（4）照片选项为文件上传框，使用$_POST['photo']将无法采集到个人照片的任何信息，PHP 语句中的输入信息 ECHO 将产生 Notice 信息。文件上传的功能会在后面使用预定义变量 $_FILES 时进行详细讲解。

（5）此任务使用预定义变量$_POST 来完成表单的采集数据，与$_GET 变量操作相似。

下面为通过$_POST 方式完成页面表单布局到表单数据的采集输出的一个案例。具体操作代码如下，读者可以参照完成。

| 页面布局代码 6.4.1. html | <!DOCTYPE html>
<html>
<head>
<meta charset="utf-8">
    <title>表单案例-用户注册页面</title>
</head>
<body>
<form action="regedit.php" method="post" enctype="multipart/data">
  <table border="1" align="center" cellpadding="0" cellspacing="0">
    <tr align="center" height="35px"><td colspan="2">用户注册页面</td></tr>
    <tr height="30px">
    <td><label for="txtname">用户名：</label></td><td><input type="text" name="txtname" value="请输入用户名" size="20" maxlength="30"></td>
    </tr>
    <tr height="30px">
    <td><label for="pwd">请输入密码：</label></td><td><input type="password" name="pwd" size="20" maxlength="30"></td>
    </tr>
    <tr height="30px">
    <td>   <label for="pwd">请确认密码：</label></td><td><input type="password" name="pwd1" size="20" maxlength="30"></td>
    </tr>
    <tr height="30px">
    <td><label for="sex">选择性别：</label></td><td><input type="radio" name="sex" value="女" checked>女 <input type="radio" name="sex" value="男">男</td>
    </tr> |

	``html
	<tr height="30px">
	    <td>兴趣爱好：</td><td>
	    <input type="checkbox" name="xqah[]" value="book" checked>看书
	    <input type="checkbox" name="xqah[]" value="music" checked>音乐
	    <input type="checkbox" name="xqah[]" value="foot" >足球</td>
	</tr>
	<tr height="30px"><td><label for="photo">个人照片：</label></td><td>
	<input type="hidden" name="maxsize" value="2048">
	<input type="file" name="photo" size="30" maxlength="50">
	</td>
	</tr>
	<tr height="30px">
	    <td><label for="photo">个人介绍：</label></td><td><textarea name=
	"bz" cols="30" rows="10">填写备注信息：</textarea></td>
	</tr>
	<tr height="30px"> <td>提交按钮：</td><td><input type="submit" name=
	"add" value="一般提交按钮"></td></tr>
	    <tr height="30px"><td>图像按钮：</td><td><input type="image" name=
	"picadd" value="图像提交按钮" src="images/b1.png"></td></tr>
	    <tr height="30px"><td>重置按钮：</td><td><input type="reset" name="reset"
	value="重置按钮"></td></tr>
	    </table>
	</form>
	</body>
	</html>
	``

PHP 程序采集数据代码 regedit. php	```php
	<?php
	//若提交的表单数据超过 post_max_size 的配置，表单数据提交失败，程序立即
	终止执行
	if(empty($_POST)){
	        exit("您提交的表单数据超过 post_max_size 的配置！<hr/>");
	}
	echo "您填写的用户名为：".$_POST['txtname'];
	echo "<hr/>";
	
	echo "您填写的登录密码为：".$_POST['pwd'];
	echo "<hr/>";
	echo "您填写的确认密码为：".$_POST['pwd1'];
	echo "<hr/>";
	``

```php
        echo "您填写的性别为：".$_POST['sex'];
        echo "<hr/>";
        echo "您填写的个人爱好为：";
        foreach($_POST['xqah'] as $xqah){
            echo $xqah." ";
        }
        echo "<hr/>";
        $myPicture = $_FILES['photo'];
        $error = $myPicture['error'];
        switch ($error){
            case 0:
                $myPictureName = $myPicture['name'];
                echo "您的个人相片为：".$myPictureName. "<hr/>";
                $myPictureTemp = $myPicture['tmp_name'];
                $destination = "upload/".$myPictureName;
                move_uploaded_file($myPictureTemp,$destination);
                echo "文件上传成功！<hr/>";
                break;
            case 1:
                echo "上传的文件超过了 php.ini 中 upload_max_filesize 选项限制
的值！<hr/>";
                break;
            case 2:
                echo "上传文件的大小超过了 FORM 表单 MAX_FILE_SIZE 选项指
定的值！<hr/>";
                break;
            case 3:
                echo "文件只有部分被上传！<hr/>";
                break;
            case 4:
                echo "没有选择上传文件！<hr/>";
                break;
        }
        echo "<hr/>";
        echo "上传相片的文件大小不能超过：".$_POST['maxsize']."字节";
        echo "<hr/>";
        echo "您填写的个人简介信息为：".$_POST['bz'];
        echo "<hr/>";
```

	echo "您单击的提交按钮为："; echo isset($_POST['add'])?"普通提交按钮":"图像提交按钮"; ?>
运行 效果图	您填写的用户名为：test 您填写的登录密码为：123 您填写的确认密码为：123 您填写的性别为：male 您填写的个人爱好为：book music **Notice:** Undefined index: photo in **F:\yuanma\6.4\regedit.php** on line 20 您的个人相片为： 文件上传成功！ 上传相片的文件大小不能超过：2048字节 您填写的个人简介信息为：个人介绍信息 您单击的提交按钮为：图像提交按钮
说明	因为此任务用了文本框上传图片，不能显示图片，所以有一个提示 Notice 值信息

模块五　Web 服务器端其他采集表单数据方法

PHP 中除了前面介绍的方法外，还提供了其他预定变量用于完成数据采集，比如对浏览器或服务器主机的相关信息（IP 地址、浏览者时间、浏览者身份等）的采集。

任务一　预定义变量$_SERVER

使用预定义变量$_SERVER 可以得到浏览器及服务器主机的一些信息，具体实现效果如下：

$_SERVER["REMOTE_ADDR"]：获取浏览器主机的 IP 地址。

$_SERVER["SERVER_ADDR"]：获取服务器主机的 IP 地址。

$_SERVER["PHP_SELF"]：获取当前执行程序的文件名。

$_SERVER['QUERY_STRING']：获取 URL 的查询字符串。

$_SERVER['DOCUMENT_ROOT']：获取 Web 服务器主目录。

$_SERVER["REQUEST_URI"]：获取除域名外的其余 URL 部分。

$_SERVER["PHP_NAME"]：获取服务器主机名。

$_SERVER["PHP_PORT"]：获取 Web 服务器提供的 HTTP 服务器端口号。

$_SERVER["PHP_HOST"]：获取 Web 服务器主机名。

实现代码及效果如下描述：

$_SERVER
采集数据
代码
	``php
	<?php
	echo "获得浏览器或是服务器的一些相关信息<hr>";
	$clientIP = $_SERVER['REMOTE_ADDR'];
	$serverIP = $_SERVER['SERVER_ADDR'];
	$self = $_SERVER['PHP_SELF'];
	$serverName = $_SERVER['SERVER_NAME'];
	$serverPort = $_SERVER['SERVER_PORT'];
	$httpHost = $_SERVER['HTTP_HOST'];
	$queryString = $_SERVER['QUERY_STRING'];
	$documentRoot = $_SERVER['DOCUMENT_ROOT'];
	$requestURI = $_SERVER["REQUEST_URI"];
	echo "浏览器 IP 地址：".$clientIP."<hr>";
	echo "WEB 服务器 IP 地址：".$serverIP."<hr>";
	echo "当前程序相对路径：".$self."<hr>";
	echo "WEB 服务器主机名称：".$serverName."<hr>";
	echo "WEB 服务器端口号：".$serverPort."<hr>";
	echo "WEB 服务器头部的内容 ：".$httpHost."<hr>";
	echo "查询字符串：".$queryString."<hr>";
	echo "WEB 服务器根目录：".$documentRoot."<hr>";
	echo "请求 URI：".$requestURI."<hr>";
	?>
	``

输出效果	 获得浏览器或是服务器的一些相关信息 浏览器IP地址：::1 WEB服务器IP地址：::1 当前程序相对路径：/6.5/server.php WEB服务器名：localhost WEB服务器端口号：889 WEB服务器名：localhost:889 查询字符串： WEB服务器根目录：F:/yuanma 请求URI：/6.5/server.php
说明	如果 Web 服务器 HTTP 服务不是默认端口 80 时，$_SERVER['HTTP_HOST'] 可以输出当前服务器配置的 Web 端口号，因此在这种情况下，可以理解成：HTTP_HOST=SERVER_NAME: SERVER_PORT。在实际应用中，应尽量使用$_SERVER['HTTP_HOST']，它相对可靠保险

172

模块六　表单运用综合实训案例

实训目的

（1）掌握 PHP 采集表单数据方法，表单的定义、表单控件中值的传递。

（2）掌握文件的读、写方法。

实训内容

1. 实训题目

网站后台参数配置运用与实现案例。

网站参数配置案例

2. 实训任务效果

实训任务效果如图 6-12 所示。

网站参数设置

☑ 是否开启

网站名称　个人博客

管理员　gh/hfghgh324234er545435

版权信息　cqie@comit234234th3fgh/ghg

保存

图 6-12　实训任务效果图

3. 实训步骤

步骤 1：创建表单页面：setconfig.html。

步骤 2：获取文件(config.php)内容并转为数组，再转为 JSON 数据:setconfig.php。

步骤 3：读取数据并显示到 HTML 页面。

步骤 4：把数据写入到页面中（config.php），通过 setconfig.php 完成。

具体代码及结构如下：

（1）参照本书配套数字资源案例 6.1.3 来完成这个项目。

（2）参考知识点：

（1）HTML5+CSS3+JS:w3school.com.cn。

（2）Bootstrap 相关知识点：v3.bootcss.com。

本案例重点完成从表单布局到对表单数据的获取并显示到表单项中，并通过提交的方式把表单数据写入到一个网站参数配置文件中。

本章小结

本章主要介绍了创建表单及表单元素，POST 方法和 GET 方法提交表单数据以及表单数

173

据采集。通过对本章内容学习，读者可以掌握 PHP 与 Web 页面的交互，为深入学习 PHP 中收集数据打下扎实的基础。

项目习题

一、选择题

1. 有如下的 PHP 程序代码。在表单 FORM 中定义了两个文本框和一个按钮。具体代码如下所示，当在文本框中分别输入姓名张三和李四并单击提交按钮时，表单页面中打印的内容是什么？（　　　）。

表单代码如下：

```
<form action="test.php" method="get">
<input type="text" name="xm[]">
<input type="text" name="xm[]">
<input type="submit" value="提交">
```

test.php 程序代码如下：

```
if(isset($_post['xm']))
echo $_post['xm'];
```

A. Array　　　B. 一个提示　　　C. 张三　　　D. 李四　　　E. 什么都没有

二、填空题

1. 把表单中的数据提交到某个页面（如 test.php）中需要设置表单中的属性值_____。

2. 表单中提交的方式常用的有_____、_____、_____。

三、编程题

1. 编写程序，完成博客管理系统后台参数配置，要求字段至少有博客名称、博客状态、博客开放时间、博客管理员、博客版权、博客的范围、博客的简单描述等字段。

2. 运用表单功能实现博客管理系统中博客标题、作者、上传 IP 地址、上传人、多个图片上传、内容等功能，要求能运用$_GET 和$_POST 两种不同方式完成数据的采集和输出功能。

项目七　PHP 正则表达式

【学习目标】

（1）掌握正则表达式定义方法；
（2）灵活运用正则表达式进行表单内容验证；
（3）能自己定义一些简单的正则表达式。

【思政导入】

本项目强调学习体验在程序中引入正则表达式来进行输入数据有效性验证的应用。正则表达式的合理应用不仅可以提升学生的思维能力和编程能力，更能加深学生对知识的认识和理解，把握教育中的核心理念，形成正确的世界观、人生观和价值观。要提高 PHP 程序设计课程学习趣味，主动提升思想素质，培养符合国家时代要求的新一代信息智能化综合性人才。

【能解决的问题】

（1）能快速掌握 PHP 中正则表达式的应用；
（2）能灵活运用正则表达式对 PHP 中数据进行验证。

针对项目六表单操作，讲解和实际操作案例，使读者对表单布局、数据采集有了详细了解。如何对表单中控件数据的输入进行有效性验证就需要学习 PHP 正则表达式。通过本项目学习，读者可以对表单控件中输入的数据进行有效验证以防止数据采集无效。

模块一　什么是正则表达式

一、正则表达式概念

正则表达式（Regular Expression，regexp）：是一种描述字符串结构的语法规则，是一个特定的格式化模式，用于验证各种字符串是否匹配（Match）这个特征，进而实现高级的文本查找、替换、截取内容等操作。

PHP 正则表达式入门

二、举例说明

若想要使 Apache 服务器解析 PHP 文件，需要在 Apache 的配置文件中添加能够匹配出以".php"结尾的配置"\.php$"，添加完成后当用户访问 PHP 文件时，Apache 就会将该文件交给 PHP 去处理。这里的"\.php$"就是一个简单的正则表达式。

三、正则表达式的发展历史

正则表达式的发展历史如图 7-1 所示。

图 7-1　正则表达式的发展

四、正则表达式的应用范围

（1）操作系统（Unix、Linux、Windows 等）。

（2）编程语言（C、C++、Java、PHP、Python、JavaScript 等）。

（3）服务器软件（Apache、Nginx）。

五、正则表达式的表现形式

（1）一种是 POSIX 规范兼容的正则表达式，包括基本语法 BRE（Base Regular Expression）和扩展语法 ERE（Extended Regular Expression）两种规则，用于确保操作系统之间的可移植性，但最终没有成为标准，只能作为一个参考。

（2）另一种是当 Perl（一种功能丰富的编程语言）发展起来后，衍生出来了 PCRE（Perl Compatible Regular Expressions，Perl 兼容正则表达式）库，使得许多开发人员可以将 PCRE 整合到自己的语言中，PHP 中也为 PCRE 库的使用提供了相应函数。

模块二　正则表达式快速入门及运用

任务一　如何使用正则表达式

在 PHP 开发过程中，经常会用到正则表达式来对指定的字符或控件内容进行验证。此时可使用 PHP 提供的 PCRE 相关内置函数。preg_match()是最常用的函数之一，下面就对此函数进行详细讲解。

一、执行匹配

preg_match()函数的第 1 个参数是正则表达式，第 2 个参数是被搜索的字符串，具体代码及说明如下：

示例代码	$a= preg_match('/zsb/', 'zsbphpzsbphp); var_dump($a);　　// 输出结果：int(1)
说明	从上面的示例中可以看出，在"/ zsb /"中的"/"是正则表达式的定界符。当函数匹配成功时返回值为 1，匹配失败时返回 0，如果有错误发生就返回 false。因为被搜索的字符串中有"zsb"字符串，所以查找成功，这里返回的值为 1

在这里需要强调的是，在 PHP 中 PCRE 正则表达式函数都需要在正则表达式的前后加上定界符"/"，并且定界符是可以自己根据情况设置的，只需要保持一致性就可以了。

二、获取匹配结果

preg_match()函数的第 3 个参数用于以数组形式保存匹配到的结果，具体代码及说明如下：

示例代码	preg_match('/test/', 'testbadbtestad', $a); print_r($a);　　// 输出结果：Array ([0] => test)
说明	preg_match（）函数在正则匹配时，只要匹配到符合的内容，就会停止继续匹配了。因此，上面示例代码中第 2 个参数，即被搜索的字符串中包含两个"test"，但只会匹配到第一个后就执行结束

三、设置偏移量

将 preg_match()函数中的第 4 个参数设置为"PREG_OFFSET_CAPTURE"，表示将第一次匹配到指定规则的内容所在位置的偏移量添加到$matches 中，待查字符串的开始位置从 0 开始进行计算，如字符串'badbtestad'的首字母 b 偏移量是 0，第 3 个字母 d 的偏移量就是 2。下面通过一个打印函数 var_dump（$matches）把匹配后内容打印出来，如下面描述。

示例代码	preg_match('/test/', 'badbtestad', $matches, PREG_OFFSET_CAPTURE);

var_dump
打印结果
	Array(1){
	[0]=>array(2) {[0]=>string(4)　"test"
	[1]=>int(4)
	}

说明	通过打印结果可以看出，preg_match()根据正则规则在字符串'badbtestad'中匹配到了指定的字符"test"，且"t"字符的偏移量为 4。

任务二　正则表达式的组成结构

在 PHP 的 PCRE 函数中，完整的正则表达式由 4 部分组成 ，分别为定界符、元字符、文本字符和模式修饰符。具体组成形式如图 7-2 所示。

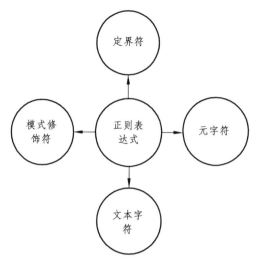

图 7-2　正则表达式的组成结构

在图 7-2 中，元字符是具有特殊含义的字符，如"^"" ."或"*"等；文本字符就是普通的文本，如字母和数字等；模式修饰符用于指定正则表达式以何种方式进行匹配，如 i 表示忽略大小写等。参考下面具体示例代码：

示例代码	preg_match('/.*zsb/', 'testZSB');　　　// 匹配结果：0 preg_match('/.* zsb /i', 'testZSB');　　// 匹配结果：1
说明	在上面示例中，" .*"用于匹配任意字符。因此'/.*zsb/'可以匹配任意含有"zsb"的字符串，如"zsb"' testZSB '等。当添加了模式修饰符"i"时，表示可匹配的内容忽略大小写，如所有含"ZSB""zsb""Zsb"和"zsB"的字符串都可以匹配。需要注意的是，在编写正则表达式时，元字符和文本字符在定界符内，模式修饰符一般标记在结尾定界符之外

正则表达式定义了许多元字符用于实现复杂匹配，若要匹配的内容是这些字符本身时，就需要在前面加上转义字符"\"，如"\^""\\"等，具体示例如下：

示例代码	preg_match('/\^/', '123^456', $matches);
	print_r($matches);　　　// 输出结果：Array ([0] => ^)
	preg_match('/*/', '123*456', $matches);
	print_r($matches);　　　// 输出结果：Array ([0] => *)
	preg_match('/\\\\/', '123\456', $matches);
	print_r($matches);　　　// 输出结果：Array ([0] => \ )

说明	在上述示例中，由于 PHP 的字符串存在转义问题，因此在代码中书写的"\\"实际只保存了一个"\"。从输出结果可以看出，利用正则表达式的转义字符"\"成功匹配出了特殊字符

任务三　正则表达式所有结果匹配获取

在 PHP 中还有一个函数 preg_match_all()，其功能与 preg_match()函数类似，但区别于

preg_match()函数在第一次匹配成功后就停止查找。preg_match_all()函数会一直匹配到最后才停止，它会获取到所有相匹配的结果数据。

一、执行匹配

下面利用 preg_match_all()执行正则表达式匹配，示例代码如下：

示例代码	$result = preg_match_all('/test/', 'badbtestadtest'); var_dump($result); //
输出结果	int(2)
说明	第 1 个参数表示正则表达式，第 2 个参数表示被搜索的字符串。执行成功时返回匹配的次数，返回 0 表示没有匹配到；发生错误返回 false

二、获取匹配结果

preg_match_all()函数还有第 3 个参数，可以保存所有匹配到的结果，具体示例如下：

示例代码	preg_match_all('/test/', 'badbtestadtest', $matches); print_r($matches); //
输出结果	Array ([0] => Array ([0] => test [1] => test))
说明	从上面示例和输出结果可以看出，preg_match_all（）函数会把匹配的结果放入一个数组中再输出

三、匹配结果保存形式设置

这里还要对上面案例进行修改，将 preg_match_all()函数的第 4 个参数设置为 PREG_SET_ORDER，然后查看匹配结果。

示例代码	preg_match_all('/na/', ' banana ', $matches, PREG_SET_ORDER); print_r($matches);
输出结果	Array ([0] => Array ([0] => na) [1] => Array ([0] => na))
说明	preg_match_all()函数还有第 4 个参数，用于设置匹配结果在第 3 个参数中保存的形式，默认值为 "PREG_PATTERN_ORDER"，表示为结果数组的第 1 个元素 $matches[0]中保存所有匹配到的结果。若设置为 "PREG_SET_ORDER"，表示结果数组的第 1 个元素保存第 1 次匹配到的所有结果，第 2 个元素保存第 2 次匹配到的所有结果，以此类推

模块三　正则表达式语法

在 PHP 开发中，表单提交的验证需要用到正则表达式，具体要用到哪些内容需要根据需求来分析，比如元字符、文本字符以及模式修饰符等，以及各自有什么用途。下面将对正则表达式的基本语法进行详细讲解。

任务一　定位符与选择符

一、定位符

在开发中经常需要确定字符在字符串中的具体位置，可以用于定义字符串的头部和尾部。利用正则表达式元字符中的字符可以实现字符定位。定位符能够将正则表达式固定到行首或行尾、字首或字尾，有 4 个定位符，如：^、$、\b、\B。具体示例及说明如下：

示例代码	$object = "this's a good idea";
	// 匹配字符串开始的位置
	preg_match('/^this/', $ object, $matches);
	print_r($matches);　　　// 输出结果：Array ([0] => this)
	// 匹配字符串结束的位置
	preg_match('/idea$/', $ object, $matches);
	print_r($matches);　　　// 输出结果：Array ([0] => idea)

说明	从上面代码和结果可知，定位符"^"可用于匹配字符串开始的位置；定位符"$"用于匹配字符串结尾的位置

二、选择符

若要查找的条件为多个，只要其中一个满足即可成立时，可以用使用"|"隔开。该字符可以理解为"或"。具体案例及说明如下：

示例代码	preg_match_all('/34|56|78/', '123456', $matches); print_r($matches); // 输出结果：Array ([0] => Array ([0] => 34 [1] => 56))
说明	从上面代码和结果可知，只要待匹配字符串中含有选择符"|"设置的内容，就会被匹配出来

任务二　字符范围与反斜线

一、正则表达式字符范围

在正则表达式中，对于匹配某个范围内的字符，可以用中括号"[ ]"和连字符"-"来实现。且在中括号中还可以用反义字符"^"，表示匹配不在指定字符范围内的字符。下面以使用 preg_match_all()函数匹配"aBcDe"为例。字符范围案例如表 7-1 所示。

表 7-1　字符范围案例

示例	说明	匹配结果
[abc]	匹配字符 a、b、c	a、c
[^abc]	匹配除字符 a、b、c	B、D、e
[B-Z]	匹配字母 B-Z 范围内的字符（注意大写）	B、D
[^a-z]	匹配字母 a-z 范围之外的字符	B、D
[a-z A-Z 0-9]	匹配大写字母、小写字母和 0-9 范围之内的字符	aBcDe

说明： 字符"-"在常规情况下，只表示一个普通字符，只有在表示字符范围时才作为元字符来使用。"-"连字符表示的范围遵循字符编码顺序，如"a-9""a-Z""z-a""9-1"都是不合法的。

二、反斜线

在正则表达式中，"\"除了前面讲解的可作转义字符外，还具有其他功能。例如，匹配不可打印的字符、指定预定义字符集等。字符范围案例如表 7-2 所示：

表 7-2　字符范围案例

示例	说明
\d	任意一个十进制数字，相当于[0-9]
\D	任意一个非十进制数字
\w	任意一个单词字符，相当于[a-zA-Z0-9_]
\W	任意一个非单词字符，等价于 [^A-Z a-z 0-9_]
\s	任意一个空白字符（如空格、水平制表符等）
\S	任意一个非空白字符
\b	匹配单词分界，如"\btest"匹配"this is test"或"this is?test"的结果为"test"
\B	非单词分界符，如"\ast"可以匹配"this is TEst"，结果为 st
\xhh	表示 hh(十六进制 2 位数字)对应的 ASCII 字符，如"\x61"表示"a"

从表 7-2 中可以看出，利用预定的字符集可以很容易完成某些正则匹配。如大写字母、小写字母和数字可以使用"\w"直接表示，若要匹配 0 到 9 之间的数字，可以直接用"\d"表示，有效地使用反斜线的这些功能可以使正则表达式更加简洁，便于阅读。

任务三　字符的限定与分组

一、点符号和限定符

点字符可以用于匹配任意字符，限定符(?、+、*、{})用于匹配某个字符连续出现的次数。关于点字符和限定符的详细说明如表 7-3 所示。

表 7-3　点字符与限定符

限 定 符	作　用	说　明
.	匹配一个任意字符	a.a 可匹配 aba、aaa、aca 等
*	出现 0 次或连续多次	/a*b/可匹配 b,aab,aaaab…
+	出现至少一次	/a+b/可匹配 ab,aaab,aaaab…
?	出现 0 次或者一次	/a[cd]?/可匹配 a,ac,ad
{n}	连续出现 n 次	/a{3}/相当于 aaa
{n,}	连续出现至少 n 次	/a{3,}/可匹配 aaa,aaaa,…
{n,m}	连续出现至少 n 次，至多 m 次	/ba{1,3}/可匹配 ba,baa,baaa

下面通过一个案例演示来更深入了解正则表达式在实际中的使用方法，以最为流行的手机验证为例来巩固学习。

【例 7-1】验证用户注册的手机号。

示例代码	<pre><?php
	function tel($tel)
	{
	    return (bool) preg_match('/^1[3-8]\d{9}$/',$tel);
	}
	var_dump(tel('400-516-5000'));
	echo "<hr>";
	var_dump(tel('17694555452'));
	echo "<hr>";
	var_dump(tel('12345678912'));
	echo "<hr>";
	var_dump(tel('12345678abc'));
	?></pre>

输出效果	 bool(false) bool(true) bool(false) bool(false)

二、贪婪与懒惰匹配

当点字符和限定符连用时，可以实现匹配指定数量范围的任意字符。

例如，"^pre.*end$"可以匹配从 pre 开始到 end 结束，中间包含零个或多个任意字符的字符串。正则表达式在实现指定数量范围的任意字符匹配时，支持贪婪匹配和惰性匹配两种不同方式。

贪婪就是表示匹配尽可能多的字符，在默认情况下是贪婪匹配。惰性表示匹配尽可能少的字符，若想要实现惰性匹配，需在上一个限定符的后面加上"?"符号。具体代码及区别如表 7-4 所示。

表 7-4　贪婪匹配与惰性匹配区别

匹配方式	关键代码	输出结果

贪婪匹配	preg_match('/a.*d/','aadadaddad',$matches);
	print_r($matches);
	echo "<hr>";
		
		Array ([0] => aadadaddad)

匹配方式	关键代码	输出结果
惰性匹配	preg_match('/a.*?d/','aadadaddad',$matches); print_r($matches);	Array （ [0] => aad ）

从上述案例可以看出，贪婪匹配时，会获取最先出现的 a 到最后出现的 d，即可获得匹配的结果为 "aadadaddad"；懒惰匹配时，会获取最先出现的 a 到最先的出现的 d，即可获取匹配结果为 "aad"。

三、括号字符

在正则表达式中，括号字符 "()" 有两个作用：一是改变限定符的作用范围；二是分组。下面对两个作用进行分别讲解。

（1）改变限定符的作用范围，如表 7-5 所示。

表 7-5   改变限定符的作用范围

改变作用范围前	改变作用范围后	说明
正则表达式：myphp|my 可匹配结果：myphp、my	正则表达式：my（php| my） 可匹配结果：myphp、mymy	从前面的两个比较可以看出，小括号实现了匹配 myphp、mymy，而不使用小括号，则变成了 myphp、my

（2）分组，如表 7-6 所示。

表 7-6   分组

分组前	分组后	说明
正则表达式：blue{2} 可匹配结果：bluee	正则表达式：bl（ue）{2} 可匹配结果：blueue	从前面的两个比较可以看出，未分组时，表示匹配两个 e 字符；而分组后，表示匹配两个 "ue" 字符串

下面用一个案例来让大家对正则表达式的实际应用方法有更进一步了解。就以最常用的 "年/月/日" 日期格式匹配为例进行讲解。年份从 1900 年到 2999，月份从 1 到 12 月，天数从 1 到 31。案例代码如下所示：

| 示例代码 | ```<?php
function DateYz($date)
{
//1900 年到 2999
$pattern='/^[1-2][0-9]\d{2}-(0[1-9]|1[0-2])-(0[1-9]|[1-2]\d\|3[01])$/';
return (bool) preg_match($pattern,$date);}
var_dump(DateYz('84-01-27'));
echo "<hr>";``` |
|---|---|

	var_dump(DateYz('1984-02-26'));
	echo "\<hr\>";
	var_dump(DateYz('1984-2-26'));
	echo "\<hr\>";
输出效果	localhost:889/7/7-3.php bool(false) bool(true) bool(false)

在使用"（ ）"进行子模式匹配时，小括号中的子表达式匹配到的结果会被捕获下来。以preg_match（ ）函数为例，实现捕获日期字符串中的年、月、日代码如下：

示例代码	$pattern='/^([1-2][0-9]\d{2})-(0[1-9]\|1[0-2])-(0[1-9]\|[1-2]\d\|3[01])$/';
	 preg_match($pattern,'2018-12-10',$matches);
	print_r($matches);

输出效果	localhost:889/7/7-3.php Array ([0] => 2018-12-10 [1] => 2018 [2] => 12 [3] => 10)

任务四　模式修饰符

在 PHP 中，除可使用正则表达式的定界符外，还可以使用模式修饰符，用于进一步对正则表达式进行设置。常用的模式修饰符如表 7-7 所示。

表 7-7　模式修饰符

模式符	说明	示例	可匹配结果
i	模式匹配的字符将同时匹配大小写字母	/con/i	Con、con、cOn 等
D	模式中$元字符仅匹配目标字符串的结尾	/it$/D	忽略最后的换行
m	目标字符串视为多行	/P.*/m	PHP\nPC
A	强制从目标字符串的开头开始匹配	/book/A	相当于/^book/
x	将模式中的空白字符忽略	/b o o k/x	book
U	匹配最近的字符串	/\<.+\>/U	匹配最近一个字符串
s	将字符串视为单行，换行符作为普通字符	/Ti.sy/s	Ti\nsy

从表 7-7 中可以看出，若要忽略匹配字符的大小写，除了使用选择符"|"和中括号"[]"外，还可以在定界符外添加 i 模式符；若要忽略换行符，可以在定界符外添加 D 模式符，匹配目标字符串的结尾使用$等。除此之外，模式修饰符还可以根据实际需求组合在一起使用。

184

例如，既要忽视大小写又要忽略换行，则可以直接使用 is。在编写多个模式修饰符时没有顺序要求。因此，模式修饰符的合理使用，可以使正则表达式变得更加简洁、直观。

注意： 通过上面学习可知，正则表达式中的运算符有很多，在实际运行时，各种运算符会遵循优先级顺序，PHP 中常用正则表达式运算符优先级由高到低的顺序如表 7-8 所示。

表 7-8　正则运算符优先级顺序

运算符	说明
\	转义符
( )、(? :)、(? =)、[ ]	括号和中括号
*、+、?、{n}、{n,}、{n,m}	限定符
^、$、\任何元字符、任何字符	定位点和序列
|	替换

要想能够熟练使用正则表达式完成指定匹配，在掌握正则运算符含义与使用的情况下，还要了解正则运算符的优先级，才能保证编写的正则表达式是按照指定的匹配。

模块四　PORE 兼容正则表达式函数

在 PHP 中提供了两套支持正则表达式的函数库，分别是 PCRE 兼容正则表达式函数和 POSIX 函数库。由于 PCRE 函数库在执行效率上优于 POSIX 函数库，而且 POSIX 函数库中的函数已经过时。因此，本模块只针对 PCRE 函数库中常见的函数进行讲解。除了前面的 perg_match()函数和 preg_match_all()函数，还有一些较为常用的函数。

任务一　preg_grep()函数

对于数组中的元素运用正则表达式匹配，经常使用的是 preg_grep()函数，具体使用示例如下所示：

示例代码	<?php 1. $a = ['zhang shu bo', 'PHP', 'dog', 'C']; 2. $matches = preg_grep('/^[a-zA-Z]*$/', $a); 3. print_r($matches);
输出效果	⟲ ⟲ ⌂ ↻ ☆ ⊕ localhost:889/7/7.4/7.4.1.php Array ([1] => PHP [2] => dog [3] => C)
说明	在上面示例中，第 1 个参数表示正则表达式模式，第 2 个参数表示待匹配的数组。在默认情况下，返回值是符合正则规则的数组，同时保留原数组中的键值关系。第 3 个参数若设置为 PREG_GREP_INVERT，可获取不符合正则规则的数组。

任务二 preg_replace()函数

在程序开发中，如果想通过正则表达式完成字符串的搜索和替换，则可用 preg_replace() 函数来实现。同时与字符串处理函数 str_replace()相比，preg_replace()函数的功能更加强大，它能实现更多的功能。下面通过具体的案例进行详细分析讲解。

1. 替换指定内容

从执行过程来看，preg_replace()函数搜索第 3 个参数中符合第 1 个参数正则规则的内容，然后使用第 2 个参数进行替换。其中，第 3 个参数的数据类型决定着返回值的类型。若第 3 个参数类型为整数，则返回值是整数型；若第 3 个参数是数组，则返回类型是数组。具体效果如下所示：

示例代码	`<?php`
	`// ① 替换字符串中匹配的内容`
	
	1.　　`<?php`
	2.　　`// ① 替换字符串中匹配的内容`
	3.　　`$str = "My Name is 'Zsb'";`
	4.　　`$pattern = "/\'(.*)\'/";`　　　　`// 匹配规则`
	5.　　`$replace = "'***'";`　　　　`// 替换的内容`
	6.　　`// 输出结果：My Name is '***'`
	7.　　`echo preg_replace($pattern, $replace, $str);`
	8.　　`echo "<hr>";`
	9.　　`// ② 替换数组中匹配的内容`
	10.　`$arr = ['Php', 'pask', 'java'];`
	11.　`$pattern = '/p/i';`　　　　`// 匹配规则`
	12.　`$replace = 'p';`　　　　`// 替换的内容`
	13.　`// 输出结果：Array ( [0] => php [1] => pask [2] => java )`
	14.　`print_r(preg_replace($pattern, $replace, $arr));`
	15.　`echo "<hr>";`
	16.　`// ③ 匹配与替换的内容均为数组`
	17.　`$str = 'This is  brown to jumps over the lazy dog.';`
	18.　`$pattern = ['/is/', '/brown/', '/to/'];`　`// 匹配规则数组`
	19.　`$replace = ['sel', 'blue', 'bar'];`　　　`// 替换内容数组`
	20.　`echo preg_replace($pattern, $replace, $str);`

输出效果	localhost:889/7/7.4/7.4.2.php My Name is '***' Array ([0] => php [1] => pask [2] => java)
说明	从上面效果可以看出，替换函数可以替换想要替换的内容

另外，正则匹配规则和替换内容都可以是数组类型，示例如下所示：

示例代码	`<?php` 1. `$str = 'This is brown to jumps over the lazy cat.';` 2. `$pattern = ['/is/', '/brown/', '/to/'];` // 匹配规则数组 3. `$replace = ['sel', 'blue', 'bar'];` // 替换内容数组 4. `echo preg_replace($pattern, $replace, $str);`
输出效果	Thsel sel blue bar jumps over the lazy cat.
说明	需要注意的是，正则匹配规则和替换内容是数组时，其替换的顺序仅与数组定义时编写的顺序有关，与数组的键名无关

2. 限定替换次数

在使用 preg_replace()函数时，默认允许的替换次数是所有符合规则的内容，其值是-1，表示无限次。另外，应根据实际情况设置允许替换的次数。具体案例及效果如下所示：

示例代码	`<?php`
	`// 限定替换次数`
	1. `$str = '这是最美丽的中国，作为中国人很幸福';`
	2. `$pattern = '/中/';`
	3. `$replace = '祖';`
	4. `// 这是最美丽的祖国，作为中国人很幸福`
	5. `echo preg_replace($pattern, $replace, $str, 1);`

输出效果	这是最美丽的祖国，作为中国人很幸福
说明	从上述示例可以看出，$str 中有两处符合正则$pattern 的匹配，但是 preg_replace()函数的第 4 个参数将替换的次数指定为 1 次。因此，最后的输出结果中就只替换了一次"中"字。

3. 获取替换的次数

当需要替换的内容很多时，若需要了解 preg_replace()函数具体完成了几次指定规则的替换，可通过第 5 个可选参数来保存完成替换的总次数。

示例代码	`<?php` 1. `preg_replace($pattern, $replace, $str, -1, $count);` 2. `echo $count;`
输出效果	2
说明	在上述示例中，需要注意的是，该函数的第 5 个参数是一个引用传参的变量，主要用于保存完成替换的总次数

任务三 preg_split()函数

对于字符串的分割，在前面项目中已使用 explode()函数，它可以利用指定的字符分割字符串，但是若在字符串分割时，指定的分隔符有多个，explode()函数显然不能满足这样的需求。因此 PHP 专门提供了 preg_split()函数，通过正则表达式来分割字符串，用于完成复杂字符串的分割操作。下面通过一个案例来完成分隔符的几种不同分割方式的讲解。

1. 按照规则分割

通过下面的示例演示了如何按照字符串中的"@"和"."两种分隔符进行分割：

示例代码	```
	<?php
	// (1) 按照规则分割
	1. $arr = preg_split('/[@,\.]/', 'php@126.com');
	2. print_r($arr); // 输出结果：Array([0] => php [1] => 126 [2] => com)
	3. echo "<hr>";```

输出效果	 Array ([0] => php [1] => 126 [2] => com)
说明	在上述示例中，preg_split()函数的第 1 个参数为正则表达式分隔符，第 2 个参数表示待分割的字符串

2. 指定分割次数

在上面讲解基础上，使用正则匹配方式分割字符串时，可以指定字符串分割的次数，代码如下所示：

示例代码	```
	<?php
	// (2) 指定分割次数
	1. $arr = preg_split('/h/', 'phphphph', 2);
	2. print_r($arr); // Array ([0] => p [1] => phphphph)
	3. echo "<hr>";```

输出效果	Array ([0] => p [1] => phphphph)
说明	从上述示例可以看出，当指定字符串的分割次数后，若指定的次数小于实际字符串中符合规则分割的次数，则最后一个元素中包含剩余的所有内容。最重要的一点是 preg_split（）函数的第 3 个参数值为-1、0 或 null 中的任何一种，都表示不对分割的次数进行限制

3. 指定返回值形式

第 4 个参数指定字符串分割后的数组中是否包含空格、是否添加该字符串的位置偏移量等内容。

示例代码	`<?php`
	`// 指定返回值形式`
	`$str = 'php, java sql,javascript';`
	`// 按照空白字符和逗号分割字符串`
	`$arr = preg_split('/[\s,]/', $str, -1, PREG_SPLIT_NO_EMPTY);`
	`print_r($arr);   //  输出结果：Array ( [0] => php [1] => java [2] => sql`

输出效果	`Array ( [0] => php [1] => java [2] => sql [3] => javascript )`
说明	从上述示例可以看出，preg_split（）函数的第 4 个参数值设置为 PREG_SPLIT_NO_EMPTY 时返回分割的部分内容。除此之外，还可以将其设置为 PREG_SPLIT_DELIM_CAPTURE，用于返回子表达式的内容。设置为 PREG_SPLIT_OFFSET_CAPTURE 时，可以返回分割后的内容在原字符串中的位置偏移量，用户可以根据实际情况具体选择

任务四 综合案例

案例要求：运用 PHP 中的正则表达式完成用户注册页面输入内容的验证

功能描述：在现在流行的 WEB 应用中，用户通过浏览器完成注册和登录是现在必不可少的进行用户数据收集和验证的手段之一，现在就以经常用到的用户注册页面运用 PHP 正则表达式完成验证的功能实现为案例进行学习讲解，主要包括用户名、密码、手机号、qq 号码、邮箱、身份证号等的验证。

PHP 正则表达式的
应用案例

任务实现：

用户名验证：具体代码参考案例程序。

以下为新增内容。

（1）验证用户名。

源码张贴区

```
1   <?php
2   //要求：第一个字符为英文 总长度限制在4-9位 可带下划线
3   $str="a张小二1_";
4   $reg='/^[A-Za-z][A-Za-z0-9_\x{4e00}-\x{9fa5}]{3,8}$/u';
5   $res=preg_match($reg,$str);
6   if ($res){ echo '匹配成功';
7   }else{echo '重新输入，要求：第一个字符为英文 总长度限制在4-9位 可带下划线';
8   }
9   ?>
10
```

运行结果张贴区：

（2）验证密码。

源码张贴区：

```php
1   <?php
2   //要求：全为英文 总长度限制在4-9位 可带下划线
3   $password="Aa123_";
4   $reg='/^[A-Za-z][a-zA-Z0-9_]{3,8}$/u';
5   $res=preg_match($reg,$password);
6   if ($res){ echo '匹配成功';
7   }else{ echo '重新输入，要求：全为英文 总长度限制在4-9位 可带下划线';
8   }
9   ?>
10
```

运行结果张贴区：

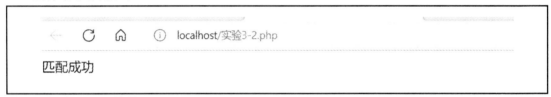

（3）验证 QQ 号码。

源码张贴区：

```php
1   <?php
2   //要求：必须为6-18位纯数字
3   $qqnum="208534963";
4   $reg='/^[0-9]{5,17}$/u';
5   $res=preg_match($reg,$qqnum);
6   if ($res){echo '匹配成功';
7   }else{echo '重新输入，要求：必须为6-18位纯数字';
8   }
9   ?>
```

运行结果张贴区：

（4）验证身份证号码。

源码张贴区：

```php
1    <?php
2    //要求：身份证号码为15位或者18位，15位时全为数字，18位前17位为数字，
3    //最后一位是校验位，可能为数字或字符X
4    $indentity="32068320220924604X";
5    $reg='/(^\d{15}$)|(^\d{18}$)|(^\d{17}(\d|X|x)$)/';
6    $res=preg_match($reg,$indentity);
7    if ($res){echo '匹配成功';
8    }else{echo '重新输入，请输入你自己正确的身份证号码';
9    }
10   ?>
```

运行结果张贴区：

← C ⌂ ⓘ localhost/实验3-4.php

匹配成功

（5）验证 email 地址。

源码张贴区：

```php
1    <?php
2    //要求：可能出现纯字母的邮箱以及字符@等...
3    $email="2085349631@qq.com";
4    $reg='/^[A-Za-z\d]+([-_.][A-Za-z\d]+)*@([A-Za-z\d]+[-.])+[A-Za-z\d]{2,4}$/';
5    $res=preg_match($reg,$email);
6    if ($res){echo '匹配成功';
7    }else{echo '重新输入,输入正确的邮箱格式';
8    }
9    ?>
```

运行结果张贴区：

← C ⌂ ⓘ localhost/实验3-5.php

匹配成功

（6）验证网址 URL。

源码张贴区：

```php
1    <?php
2    $search = '~^(([^:/?#]+):)?(//([^/?#]*))?([^?#]*)(\?([^#]*))?(#(.*))?~i';
3    $url = '//www.jb51.net/pub/ietf/uri/#Gonn';
4    $url = trim($url);
5    preg_match_all($search, $url ,$rr);
6    printf("<p>输出URL数据为:</p><pre>%s</pre>\n",var_export( $rr ,TRUE));
7
8    ?>
```

运行结果张贴区:

（7）验证日期（年月日）。

源码张贴区:

```
⦿ 实验3-7.php > ...
  1    <?php
  2    function check_date_available($date)
  3    {if (preg_match("/^([0-9]{4})[\.,-,\/]([0-9]{2})[\.,-,\/]([0-9]{2})$/", $date, $parts)) {if (checkdate($parts[2], $parts[3], $parts[1]))
  4    }
  5    $a=check_date_available('2022.11.11');
  6    var_dump($a);
  7    //结果
  8    boolval (true)
  9    ?>
```

运行结果张贴区:

本章小结

本章主要介绍的内容包括什么是正则表达式、正则表达式的语法格式、如何使用正则表达式、元字符、模式修饰符、正则表达式常用函数，最后使用正则表达式进行表单验证，完成表单中常见的验证需求。通过本章的学习，读者要掌握正则表达式的基本语法，能够使用正则表达式对字符串进行匹配、替换等操作。

项目练习

一、选择题

1. 正则表达式"[e][i]"匹配字符串"Beijing"的结果是（　　　）。

    A. ie   B. ei   C. Beijing   D. Bei

2. 下列正则表达式的字符选项中，与"*"功能相同的是（　　　）。

    A. {0}   B. ?   C. +   D. .

二、填空题

1. 在正则表达式中，（　）既可以用于分组，还可以用于＿＿＿＿＿＿＿＿＿＿。

2. [^abc]表示匹配的结果是＿＿＿＿＿＿＿＿＿＿＿＿＿＿＿＿。

3. /con/i]表示匹配的结果是＿＿＿＿＿＿＿＿＿＿＿＿＿＿＿＿。

三、编程题

1. 编写程序完成博客管理系统后台参数配置，要求字段至少有博客名称、博客状态、博客开放时间、博客管理员、博客版权、博客的范围、博客的简单描述等字段。

2. 用表单功能实现博客管理系统中博客标题、作者、上传 IP 地址、上传人、多个图片上传、内容等功能，要求能运用$_GET 和$_POST 两种不同方式完成数据的采集和输出功能。

3. 在上面两个表单输入内容中运用正则表达式完成数据验证功能。

项目八 PHP 文件上传

【学习目标】

（1）掌握文件常见操作方法；
（2）掌握文件上传的注意事项；
（3）能完成 PHP 中文件的快速上传。

【思政导入】

文件上传功能在程序里较常见，图片上传涉及相关信息安全，因此对上传图片类型需做好预防措施，防止病毒文件上传到站点，特别是后缀名为 exe 的可执行文件风险较大，可能影响服务器数据运行安全及客户访问网站时感染病毒。同时，上传的图片内容须积极向上，质量过硬，这对开发人员素质与思想品德提出了新的要求。

【能解决的问题】

（1）能完成文件上传操作；
（2）能对文件上传中遇到问题的解决。

模块一 PHP 文件上传方法

读者通过前面项目学习了 PHP 中采集用户数据的方式，并对常用的表单和 URL 进行了学习。细心的读者可能已经发现在实际应用中还缺少一个非常重要的环节，那就是文件上传。无论是手机 APP 还是网页，文件上传应用都十分常见。那么 PHP 如何实现文件上传呢？本项目就来学习和解决这个问题。

相比 ASP.NET 和 JSP，PHP 的文件上传更简单一些，甚至只需要一行 PHP 程序代码就可以实现。本项目将从文件上传时表单的设置和具体操作案例来介绍文件上传方法。

任务一 文件上传功能表单属性设置

在学习网页设计时，表单元素中有一个 file（称为"文件域"），通过这个元素，可以实现弹出打开文件对话框并选择文件的功能。当然，实现文件上传功能，对<form>标签也有一些特殊要求。要实现文件上传，<form>标签中必须添加 enctype 属性且赋值为 multipart/form-data，另外，method 属性必须设置为"post"。

添加 file 表单元素，指定 name 属性的值（PHP 程序通过 name 属性的值获取数据，跟其他表单元素的设置是完全相同的）。最终的代码如下：

```
<input type="file" name="upfile" id="upfile" />
<form
action="PHP 程序文件的路径"
method="post"
enctype="multipart/form-data">
```

任务二　文件上传的操作

接下来，学习 PHP 如何接收文件数据并实现上传功能。PHP 中提供了一个全局的$_FILES[]二维数组，通过此数组就可以获取到上传文件的相关数据。$_FILES 数组的元素组成：

单文件上传

（1）$_FILES["file 元素 name 属性的值"]["name"]：源文件名。通过文件名并截取扩展名，就可以实现上传文件类型的限制了，比如：只允许上传 jpg、png。

（2）$_FILES["file 元素 name 属性的值"]["type"]：文件的 MIME 类型。决定了文件的类型，并非上传文件的扩展名。

（3）$_FILES["file 元素 name 属性的值"]["tmp_name"]：上传到服务器临时保存的路径与文件名。程序运行结束，文件将被自动删除。因此要实现上传，还需要将此文件移动到指定的文件夹中永久保存，相关内容后面再介绍。

（4）$_FILES["file 元素 name 属性的值"]["error"]：错误编码。文件是否成功上传，出现了何种错误，可以通过返回的错误码进行判断。错误码解释如下所示：

值为 0，表示没有发生错误，文件上传成功；

值为 1，表示上传的文件超过了 php.ini 中 upload_max_filesize 选项限制的值；

值为 2，表示上传文件的大小超过了 HTML 表单中 MAX_FILE_SIZE 选项指定的值；

值为 3，表示文件只有部分被上传；

值为 4，表示没有文件被上传；

值为 6，表示找不到临时文件夹；

值为 7，表示文件写入失败。

（5）$_FILES["file 元素 name 属性的值"]["size"]：上传的大小(单位是字节)。可以通过获取并判断这个值来限制文件上传大小。

前面讲过，如果不把临时目录中的文件移动到指定的目录中永久保存，程序运行结束文件就自动删除了，如何移动呢？PHP 中提供了一个 move_uploaded_file 函数，来实现上传文件移动位置的功能。

```
bool move_uploaded_file ( string $filename , string $destination )
```

其中，第一个参数$filename 就是保存在临时目录中的临时文件，通过$_FILES['file']['tmp_name']获取；第二个参数$destination 是指定目标路径与文件名，即移动到指定目录，至于文件名，可以重新命名。

接下来看一个简单实例，建议读者按照本实例上机实际操作运行，具体步骤如下：

（1）创建两个文件，一个是表单 upload.html 文件，另一个是处理文件上传的 upload.php 文件。

upload.html 文件代码如下：

代码	`<form action="upload.php" method="POST" enctype="multipart/form-data">` `    <input type="hidden" name="MAX_FILE_SIZE" value="204800" />` `    选择图片：<input type="file" name="upfile" id="upfile" accept="image/png, image/jpeg"> ` `    <button type="submit">上传</button>` `</form>`
代码说明	可以实现文件上传

（2）通过运行上面页面后，点击选择文件，再点提交就可以进入如下 PHP 页面，完成文件上传，成功就显示"文件有效，成功上传！"，否则就显示"文件上传失败！"。

```php
<?php
$uploaddir = '/uploads/';
    $uploadfile = $uploaddir . basename($_FILES['upfile']['name']);
    if (move_uploaded_file($_FILES['upfile']['tmp_name'], $uploadfile)) {
        echo "文件有效，成功上传!";
    } else {
        echo "文件上传失败!";}
```

模块二　解决 PHP 文件上传问题

任务一　解决上传乱码问题

通常来讲出现乱码，大多数情况下，都是因为编码不一致所造成的。文件名乱码也是如此。由于中文 Windows 操作系统使用的编码是 GBK，而网页使用的是 UTF-8，这就是导致乱码的原因。所以需要将 UTF-8 转换为 GBK，这样就可以解决了。PHP 提供了 iconv() 函数实现编码转换。iconv() 函数的语法如下：

> string iconv (string $in_charset , string $out_charset , string $str)

参数$in_charset 表示原字符集；$out_charset 表示目标字符集，即将$in_charset 字符集转换为$out_charset 字符集；第三个参数$str 就是要转换的字符串。

那么，将上一任务的 upload.php 文件，修改如下：

```
// $uploadfile = $uploaddir . basename($_FILES['upfile']['name']);
$uploadfile = iconv('utf-8', 'gbk', $uploaddir . basename($_FILES['upfile']['name']));
```

任务二　解决上传大小限制的方法

上面已经解决文件乱码问题，但是现在还有一个问题，如果出现了超限错误呢？具体解决办法：请参阅 php.ini 的 file_uploads，upload_max_filesize，upload_tmp_dirpost_max_size 以及 max_input_time 设置选项，此处不再赘述。

模块三　PHP 多文件上传实现

关于多文件上传的应用比较常见，比如上传身份证的正面和背面等。其实用模块一所学习的方法也可以实现多文件的上传，只是这种方法相对比较麻烦。PHP 中提供了一种更为简单的方式来处理多文件的上传。

多文件上传

PHP 用数组的方式来实现多文件上传处理。下面通过实例代码来进行介绍。在原来文件上传的基础上进行完善，修改表单页面 upload.html 代码如下：

```
<form action="upload.php" method="POST" enctype="multipart/form-data">
    <input type="hidden" name="MAX_FILE_SIZE" value="204800" />
    选择图片 1：<input type="file" name="upfile[]" id="upfile" accept="image/png,
image/jpeg"><br />
    选择图片 2：<input type="file" name="upfile[]" id="upfile" accept="image/png,
image/jpeg"><br />
    <button type="submit">上传</button>
</form>
```

跟前面代码相比较，大家要特别注意 file 表单元素中 name 的值为 "upfile[]"，仅多了 "[]"。
再来看看 upload.php 的代码：

```
<?php
$uploaddir = '/uploads/';
    $uploadfile = iconv('utf-8','gbk',$uploaddir . basename($_FILES['upfile']['name'][0]));
    if (move_uploaded_file($_FILES['upfile']['tmp_name'][0], $uploadfile)) {
        echo "文件有效，成功上传!";
    } else {
        echo "文件上传失败!";
    }
```

```
$uploadfile = iconv('utf-8','gbk',$uploaddir . basename($_FILES['upfile']['name'][1]));
    if (move_uploaded_file($_FILES['upfile']['tmp_name'][1], $uploadfile)) {
        echo "文件有效，成功上传!";
    } else {
        echo "文件上传失败!";
    }
```

在这里并没有使用遍历数组的方式，其目的是想让读者更清晰地了解$_FILES 数组的构成。当了解$_FILES 数组的构成之后，再用遍历方式去实现，应该就不难了。读者可自行尝试用遍历数组的方式实现多文件上传。

模块四　文件上传综合案例

实训目的

（1）掌握 PHP 文件上传的方法，以图片上传为例；
（2）掌握上传图片存储在指定文件夹并自动生成图片名称。

实训内容

1. 实训步骤

步骤 1：创建数据库页面 config.php，输入网站数据库相关信息代码。

步骤 2：创建上传图片页面：table_a.php，通过 form 表单上传图片。

步骤 3：创建图片处理页面 table_b.php，引入数据库页面文件(config.php)内容并完成上传图片类型和大小判断等。

步骤 4：验证上传图片是否上传成功。

具体代码及结构如下：

（1）config.php 页面代码。

```php
<?php
$config=[
    "base"=>[            //项目基本配置
        "project_name" =>"xx 学院",
        "domain"          =>"http://www.xx.com.cn/",
        "master"          =>"管理员",
        "email"           =>"master@xx.com",
        "other"           =>"..." //其它配置项
    ],
    "database"=>[         //数据库相关配置
        "type"            =>"mysql",
```

```php
            "host"            =>"127.0.0.1",
            "port"            =>"3306",
            "user"            =>"root",
            "passwrod"        =>"root"
        ],
        "upload"=>[
            "header"=>[
                "type"        =>['.jpg','.gif','.png'],
                "size"        =>200*1024,
                "path"        =>"./img/",
                "filename" =>"YmdHis|5"
                // YmdHis:yyyymmddhhiiss(年月日时分秒)
                // time:时间戳
                // md5:原文件名的 md5 散列值
                // sha1:原文件名的 sha1 散列值
                // |5：随机数字及长度
            ]
        ]
    ]
?>
```

（2）table_a.php 页面代码。

```html
<!DOCTYPE html>
<html lang="en">
<head>
    <meta charset="UTF-8">
    <meta name="viewport" content="width=device-width, initial-scale=1.0">
    <title>Document</title>
</head>
<body>
    <form action="table_b.php" method="post" enctype="multipart/form-data">
    选择图片文件 1：<input type="file" name="f1[]" value=""><br>
    选择图片文件 2：<input type="file" name="f1[]" value="">
    <input type="submit" value="上传">
    </form>
</body>
</html>
```

（3）table_c.php 页面代码。

```php
<?php
require_once './config.php';
$load_config=$config['upload']['header'];
$filename=$load_config['filename'];
$path=$load_config['path'];
$type=$load_config['type'];
$size=200*1024;
  for($i=0;$i<=1;$i++){
  $file=$_FILES['f1'];
  $newpath=$path.newfilename($filename).$file['name'][$i];
    echo "图片保存位置$newpath";
   $type=['image/jpeg','image/gif','image/png'];
  if($_FILES['f1']['error'][$i]==0){
     //判断图片判型
  if(!in_array($file['type'][$i],$type)){
     echo '请上传 png,jpg,gif 类型图片';
     exit;
     }
  //判断图片文件大小
  if($file['size'][$i]>$size){
     echo '上传失败，请上传文件小于或等于 200KB 文件';
     exit;
     }
     //上传图片文件内容不能为空
  if($file['size'][$i]==0){
        echo '上传失败，文件内容不能为空。';
        exit;
     }
     else
       {  //判断存放图片文件夹是否存在，不存在时则新建该文件夹
          if(!is_dir($load_config['path'])){
          mkdir($load_config['path'],0777,true);
       }
          move_uploaded_file($_FILES['f1']['tmp_name'][$i],$newpath);
          echo '上传成功!';
          echo '<br>';
       }
   }else{
```

```
        echo '上传失败！';
    }
  }
function newfilename($format){
    $tmp=explode("|",$format);
    $rand='';
    if(count($tmp)==2){
        $start='1'.str_pad('',(int)$tmp[1]-1,'0');
        $end = str_pad('',(int)$tmp[1],'9');
        $rand= rand($start,$end);
      //   echo $rand;
      //   return;
    }
    if($tmp[0]=='time'){
        $filename=time();
    }else{
        $filename=date($tmp[0]);
    }
    return $filename.$rand;
  }
?>
```

2. 实训完成效果

实训完成效果如图 8.1 所示。

图 8.1　实训效果

本章小结

本章主要介绍的内容包括文件上传常见基础操作以及常见上传问题解决方法，主要包括 $_FILES 数组的构成、文件上传表单、PHP 处理文件上传等内容。通过本章学习，读者应能够熟练掌握 PHP 中的文件上传操作。

项目练习

一、选择题

1. PHP 中用于判断文件是否存在的函数是（　　　）。

A. fileinfo()　　　　B. file_exists()　　　　C. fileperms()　　　　D. filesize()

2. fileatime()函数能够获取文件的（　　）属性。

A. 创建时间　　　　B. 修改时间　　　　C. 上次访问时间　　　　D. 文件大小

二、填空题

1. 使用 fopen()函数打开文件后，返回值是＿＿＿＿＿＿＿＿数据类型。

2. le_put_contents()函数要实现追加写入，第 3 个参数应设为＿＿＿＿＿。

3. 若要禁止 fopen()函数打开远程文件，可以用 php.ini 中的＿＿＿＿＿配置项来禁止。

三、编程题

1. 利用 PHP 远程下载指定 URL 文件。

2. 完成个人简历里面的照片的上传。

项目九　PHP 会话控制

【学习目标】

（1）掌握 Cookie 技术与使用方法；
（2）掌握 Session 机制与使用方法。

【思政导入】

在日常生活中，我们有时候会发现，当登录某些网站后，即使关闭网页再重新打开，网站依然能够记住用户的身份，这就是会话控制的一种应用。会话控制是一种记录用户状态和信息的技术，它使得网站能够"记住"用户，从而提供更个性化、更便捷的服务。

在网络世界中，HTTP 协议本身是无状态的，这意味着每一次请求都是独立的，与之前或之后的请求没有任何关系。这对于简单的信息获取来说可能没什么问题，但是对于需要交互的网站来说，这就成了一个问题。比如，用户在购物网站上添加了一些商品到购物车，但是当点击结账时，网站已经忘记了用户添加了哪些商品。为解决这个问题，就需要使用会话控制。

在编程领域，程序员需要理解和掌握会话控制的技术，以便能够创建出更好的、更有交互性的网站。在这个项目中，读者将学习如何在 PHP 中使用会话控制，包括如何创建会话，如何存储和获取会话数据，以及如何销毁会话。

在社会生活中，也需要有"会话控制"的能力。我们需要记住历史，学习过去的经验，以便能够更好地面对未来。我们需要记住责任和义务，以便能够更好地履行角色。我们需要记住目标和理想，以便能够更好地前进。这就是我们生活的"会话控制"。

所以，无论是在编程领域，还是在社会生活中，"会话控制"都是一种非常重要的能力。让我们在这个项目中，一起学习和掌握会话控制。

【能解决的问题】

（1）能掌握 Cookie、Session 技术的基本使用；
（2）能完成用户登录与退出；
（3）能防御 Cookie 和 Session 会话的 XSS 攻击。

模块一　Cookie 技术

Cookie

任务一　Cookie 简介

在实际生活中，商户为了有效管理和记录客户的信息，通常会用办 VIP 卡的方式，将用户的姓名、手机号等信息记录下来，顾客一旦接收了 VIP 卡，以后每次去消费，都可以展示 VIP 卡，商户就会根据顾客的历史消费记录，计算会员的优惠额度以及积分累计等。

在 Web 应用程序中，Cookie 的功能类似于 VIP 卡。它是网站为了辨别用户身份而存储在用户本地终端上的数据。当用户通过浏览器访问 Web 服务器时，服务器会给用户发送一些信息，这些信息都保存在 Cookie 中。当该浏览器再次访问服务器时，会在请求头中将 Cookie

图 9-1　在浏览器和服务器之间的传输过程

发送给服务器，这样，服务器就可以对浏览器作出正确响应。利用 Cookie 可以跟踪用户与服务器之间的会话状态，通常用于保存浏览历史、保存购物车商品和保存用户状态等场景。

任务二　Cookie 的创建和修改

在 PHP 中使用 setcookie（）函数可以创建或修改 Cookie，其声明方式如下所示：

```
bool setcookie (
    string $name ,          // Cookie 的名（必选）
    string $value = "" ,    // Cookie 的值（可选）
    int $expire = 0 ,       // Cookie 的有效期（可选）
    string $path = "" ,     // Cookie 在服务器端的路径（可选）
    string $domain = "" ,   // Cookie 的有效域名（可选）
    bool $secure = false ,  // 指定是否通过安全的 HTTPS 连接来传输（可选）
    bool $httponly = false  // 指定 Cookie 只能通过 HTTP 协议访问（可选）
)
```

通过以下实例代码演示 setcookie()函数的常用设置方式，如下：

// 设置 Cookie

setcookie('time', '123');　　// 设置一个名称为 time 的 Cookie，其值为 123

setcookie('out', '456');　　　// 设置一个名称为 out 的 Cookie，其值为 456

// 设置 Cookie 过期时间

setcookie('data', 'PHP');　　// 未指定过期时间，在会话结束时过期

setcookie('data', 'PHP', time() + 1800);　　　　// 30 分钟后过期

setcookie('data', 'PHP', time() + 60 * 60 * 24);　　　// 一天后过期

上述代码演示了如何使用 setcookie()函数设置 Cookie，该函数的第 3 个参数是时间戳，当省略时 Cookie 仅在本次会话有效，用户关闭浏览器时会话就结束。

注意：

由于 Cookie 是 HTTP 请求消息头的一部分，因此 setcookie()函数必须在其他信息被输出到浏览器前调用，否则会导致程序出错。

浏览器对 Cookie 的数量和容量没有严格的限制，但是每个域名下的 Cookie 数量是有限制的，具体限制取决于浏览器和操作系统的限制。另外，每个 Cookie 的容量限制也因浏览器而异，通常在几 KB 到几十 KB 之间。每个 Web 站点能设置的 Cookie 总数没有固定限制。

任务三　Cookie 的读取

在 PHP 中，任何从客户端发送的 Cookie 数据都会被自动存入到$_COOKIE 超全局数组中。通过$_COOKIE 数组可以获取 Cookie 数据。接下来，通过使用超全局数组$_COOK IE 来读取 Cookie 中的信息。

```php
<?php
2    // 保存和获取普通变量形式的 Cookie
3    setcookie('test', 123);
4    echo isset($_COOKIE['test']) ? $_COOKIE['test']:''
5    // 保存和获取数组形式的 Cookie
6    setcookie('history[one]', 4);
7    setcookie ('history [two]',5);
8    $history = isset($_COOKIE['history'])?.(array)$_COOKIE['history']:[ ] ;
9    foreach ($history as $k => $v) {.
10       echo "$k - $v <br>";
11   }
```

从上述代码中可以看出，$_COOKIE 数组的使用方法与$_GET、$_POST 基本相同。当一个 Cookie 中需要设置多个值时，可以在 Cookie 名后添加"[]"进行标识。需要注意的是，当 PHP 第一次通过 setcookie()函数创建 Cookie 时，$_COOKIE 中没有这个数据，只有当浏览器下次请求并携带 Cookie 时，才能通过$_COOKIE 获取到。

当服务器端 PHP 通过 setcookie()函数向浏览器端发送 Cookie 后，浏览器就会保存 Cookie，并在下次请求时自动携带 Cookie。对于普通用户来说，Cookie 是不可见的，但 Web 开发者可

以通过 Chrome 浏览器的功能键 F12 开发者工具查看 Cookie。在开发者工具中切换到 Network 选项卡中的 COOKIES 中查看。

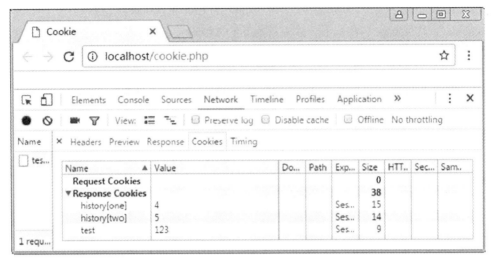

图 9-2　Network 选项卡中的 COOKIES 中查看

任务四　Cookie 的删除

当 Cookie 创建后，如果没有设置其有效时间，则 Cookie 文件会在关闭浏览器时自动被删除。但是，如果希望在关闭浏览器前删除 Cookie 文件，同样可以使用 setCookie()函数来实现。具体示例如下：

setcookie ('data', '', time() - 1);　　// 立即过期(相当于删除 COOKIE)

与用 setcookie()函数创建 Cookie 不同，删除 Cookie 时只需将 setcookie()函数中的参数 $value 置为空，参数$expire 设置为小于系统的当前时间即可。需要注意的是，在删除 Cookie 的同时，用户的临时文件夹下对应的 Cookie 文件也会被删除。

删除 Cookie 的两种方式：

- Cookie 创建时未设置有效时间，则 Cookie 文件会在关闭浏览器时自动被删除
- 利用 setcookie()函数设置过期时间

任务五　Cookie 的生命周期

严格来讲，Cookie 是有生命周期的，也就是 Cookie 存在有效时间，可以通过第三个参数来设置有效时间。

实例（设置 Cookie 有效时间的几种方式）：

（1）setcookie("cookie_one","A",time()+60*60);

　　//cookie 在一小时后失效

（2）setcookie("cookie_two","B",time()+60*60*24);

　　//cookie 在一天后失效

（3）setcookie("cookie_three","C",mktime(23,53,19,10,09,2020));

//cookie 在 2020 年 10 月 9 日 23 时 53 分 19 秒失效

（4）setcookie("cookie_four","D");

//关闭浏览器后 cookie 失效

模块二　Session 管理

任务一　Session 简介

Session 在网络应用中称为"会话"，在 PHP 中用于保存用户连续访问 Web 应用时的相关数据，有助于创建高度定制化的程序、增加站点的吸引力。

Session 是一种服务器端的技术，它的生命周期从用户访问页面开始，直到断开与网站的连接时结束。当 PHP 启动 Session 时，Web 服务器在运行时会为每个用户的浏览器创建一个供其独享的 Session 文件。

图 9-3　会话访问示意图

Session 是在服务器端保持用户会话数据的一种方法，其工作原理如下：

当浏览器第一次访问 PHP 脚本时，seesion_start() 函数会创建一个唯一的 Session ID（每个客户端都有一个唯一的标识），并自动通过 HTTP 的响应头，将这个 Session ID 保存到客户端 Cookie 中。同时，也在服务器端创建一个以 Session ID 命名的文件，用于保存这个用户的会话信息；

当同一个用户再次访问这个网站时，会自动通过 HTTP 的请求头将 Cookie 中保存的 Seesion ID 再携带过来；

服务器 PHP 脚本接受到客户端请求，这时 session_start()函数就不会再去分配一个新的 Session ID，而是在服务器的硬盘中去寻找与这个 Session ID 同名的 Session 文件，将这之前为这个用户保存的会话信息读出。

在会话期间，当用户第一次访问服务器时，PHP 都会自动生成一个唯一的会话 ID，用于标识不同的用户。Session 会话时，会话 ID 会分别保存在客户端和服务器端两个位置。在客户端，使用临时的 Cookie 保存在浏览器指定目录中（称为 Session Cookie）；在服务器端，以文本文件形式保存在指定的 Session 目录中，具体如图 9-4 所示。

图 9-4　指定的 Session 存储目录图

首先，当客户端的浏览器向 Web 服务器发送 URL 请求后，Web 服务器会生成一个会话 ID，并将客户端浏览器的一些信息保存在 Web 服务器中，由会话 ID 标识。

然后，Web 服务器将会话 ID 发送到浏览器端保存到 Cookie 里。当浏览器再次向 Web 服务器发送请求时，会将 Cookie 中保存的会话 ID 一并发送给 Web 服务器，服务器根据接收到的 ID 处理不同用户的请求。

任务二　创建会话

创建 Session 唯一标识的方法有两种：通过 Cookie 或者 GET 方式。PHP 在默认情况下使用 Session 会建立一个名叫 PHPSESSID 的 Cookie（可以通过 php.ini 修改 session.name 的值），如果客户端禁用 cookie，可以指定通过 GET 方式把 Session ID 传到服务器（修改 php.ini 中 session.use_trans_sid 等参数）。其次，Session 是以文件的形式保存的。php.ini 中有个配置项 --session.save_path= ""，这里面填写的路径，将会保存所有 Session 文件。Session 文件的命名格式是：sess_[PHPSESSID 的值]。每一文件里面保存了一个会话的数据。最后，保存在 Session 文件中的数据是经过序列化处理的，比如：

cityID|i:0;cityName|s:3:"all";fanwe_lang|s:5:"zh-cn";fanwe_currency|a:4:{s:2:"id";s:1:"1";s:6:"name_1";s:9:"人民币 ";s:4:"unit";s:3:" ￥ ";s:5:"radio";s:6:"1.0000";}_fanwe_hash__|s:32:"77c18770c6cb5d89444c407aaa3e8477";

Session 同样可以用来保存用户名、密码、个性化设置等一些简单信息，Session 的使用说明如下。

1．创建 Session

//启动 session_start();
//注册 session 变量，赋值为一个用户的名称$_SESSION["username"] = "kc";
//注册 session 变量，赋值为一个用户的 ID$_SESSION["uid"] = 1;

注意： 在上述声明中，bool 是 session_start()函数的返回值类型，如果 session 启动成功，该函数返回 true，否则返回 false。

2. 向 Session 添加数据

完成 Session 启动后，Web 服务器会声明一个超全局数组$_SESSION[]，用于保存用户特定的数据。将各种类型的数据添加到 Session 中，必须使用超全局数组$_SESSION[]，具体示例如下：

$_SESSION['key'] = $val;

在上述代码中，key 表示一个字符串，$val 表示任意类型的数据。

3. 读取 Session 中的数据

在实际开发中，常常需要读取 Session 中存储的数据。由于 Session 中的数据都保存在超全局数组$_SESSION[]中，因此，需要从超全局数组$_SESSION[]中读取数据，其读取方式如下：

$val = $_SESSION[' key'];

在上述语法格式中，$val 表示一个变量，用来存储从 Session 中获取的数据，它可以是基本数据类型，也可以是数组或对象。key 是$_SESSION[]数组中元素所对应的字符串下标。

4. 删除 Session 中的数据

服务器在收到用户退出网站请求时，需要删除该次会话中的数据。在 PHP 中，有三种删除 Session 中数据的方式，它们分别是删除单个数据、删除所有数据以及结束当前会话，下面对它们分别进行介绍。

（1）删除单个数据。

删除单个数据通过 unset()函数来完成，具体示例如下：

unset($_SESSION['key']);

在上述示例中，unset()函数的参数是$_SESSION[]数组中的指定元素，通过该函数删除数组中的一个元素。

例如，unset($_SESSION['username'])可以删除$_SESSION[]数组中键为"username"对应的数据。

（2）删除所有数据。

如果想一次性删除 Session 中所有的数据，只需要将一个空的数组赋值给$_SESSION[]即可，具体示例如下：

$_SESSION = array();

在上述代码中，右边就是一个空数组，将空数组赋值给左边的$_SESSION[]数组，这样便一次删除了所有数据。值得注意的是，使用 session_unset()函数也能达到删除所有数据的目的。

（3）结束当前会话。

PHP 中提供了 session_destory()函数用于结束当前会话，调用该函数将注销当前会话，并且删除会话中的全部数据，其函数声明如下：

$_SESSION = array();

在上述声明中，bool 表示该函数的返回值为布尔类型，销毁成功时会返回 true，失败时返回 false。

调用该函数后，如果需要再次使用会话，必须重新调用 session_start()函数重新启动新会话。

注意：不能以 unset($_SESSION[])形式来调用 unset()函数，这样会将超全局变量$_SESSION

销毁，而且无法恢复，使得用户不能再注册 $_SESSION 变量了。使用 session_unset() 函数或者 $_SESSION []= array() 方式删除 Session 中的所有数据时，Session 文件仍然存在，只不过它是一个空文件。在通常情况下，我们需要将这个空文件删除以节省资源。此时，可以通过调用 session_destroy() 函数来达到目的。

任务三　Session 设置时间

1. PHP session 有效期

PHP 的 session 有效期默认是 1440 秒（24 分钟），如果客户端超过 24 分钟没有刷新，当前 session 会被回收，失效。

当用户关闭浏览器会话结束，session 也会失效。

用户可以修改 php.ini 的 session.gc_maxlifetime 来设置 session 的生命周期，但并不能保证在超过这一时间后 session 信息立即会删除。因为 GC 是按机率启动的，可能在某一个长时间内都没有被启动。那么大量的 session 在超过 session.gc_maxlifetime 后仍然有效。

2. session.gc_maxlifetime,session.gc_probability,session.gc_divisor 说明

session.gc_maxlifetime = 30 表示当 session 文件在 30 秒后没有被访问，则视为过期 session，等待 GC 回收。

GC 进程调用的概率是通过 session.gc_probability/session.gc_divisor 计算得来的，而 session.gc_divisor 默认是 1000，如果 session.gc_probability = 1000，那么 GC 进程在每次执行 session_start() 时都会调用，执行回收。

把 session.gc_probability/session.gc_divisor 的机率提高，会有帮助，但会对性能造成严重影响。

3. 严格控制 session 过期方法

（1）使用 memcache/Redis 来保存 session，设置过期时间，因为 memcache/redis 的回收机制不是按机率的，可以确保 session 过期后失效。

（2）只使用 PHP 实现，创建一个 session 类，在 session 写入时，把过期时间也写入。读取时，根据过期时间判断是否已过期。

```php
    <?php
//Session 控制类
class  Session{
    //设置 session
    //@param String $name    session  name
    //@param Mixed  $data     session  data
    //@param Int    $expire 超时时间(秒)

    public  static  function  set($name, $data, $expire=600){
        $session_data  =  array();
        $session_data['data']  =  $data;
```

```php
        $session_data['expire'] = time()+$expire;
        $_SESSION[$name] = $session_data;
    }

    //读取 session
    // @param String $name session name
    // @return Mixed

    public static function get($name){
        if(isset($_SESSION[$name])){
            if($_SESSION[$name]['expire']>time()){
                return $_SESSION[$name]['data'];
            }else{
                self::clear($name);
            }
        }
        return false;
    }

    //清除 session
    //@param String $name session name
    private static function clear($name){
        unset($_SESSION[$name]);
    }
}
?>
```

实例:

```php
<?php
session_start();
$data = '123456';
session::set('test', $data, 10);
echo session::get('test'); // 未过期，输出
sleep(10);
echo session::get('test'); // 已过期
?>
```

模块三　Session 高级应用

任务一　Session 临时文件管理

在服务器中，如果将所有用户的 Session 都保存到临时目录中，这会降低服务器的安全性和效率，导致打开服务器存储的站点会非常慢。在 Windows 上 PHP 默认的 Session 服务端文件存放在 C:\WINDOWS\Temp 下，如果说并发访问很大或者 Session 建立太多，目录下就会存在大量类似 sess_xxxxxx 的 session 文件，同一个目录下文件数过多会导致性能下降，并且可能导致受到攻击最终出现文件系统错误。针对这种情况，PHP 本身提供了比较好的解决办法。在 PHP 中，使用函数 session_save_path() 可以解决这个问题。

使用 PHP 函数 session_save_path() 存储 session 临时文件，可以缓解因临时文件的存储导致服务器效率降低和站点打开缓慢的问题，其实例代码如下：

```php
<?php
$path = './tmp/';          //设置 session 存储路径
session_save_path($path);
session_start();
$_SESSION['username'] = true;
?>
```

注意：session_save_path() 函数应在 session_start()函数之前调用。

任务二　Session 缓存

Session 缓存是将网页中的内容临时存储到客户端的 Temporary Internet Files 文件夹下，并且可以设置缓存时间。当第一次浏览网页后，页面的部分内容在规定的时间内就被临时存储在客户端的临时文件夹中，这样下次访问这个页面的时候，就可以直接读取缓存中的内容，从而提高网站浏览效率。

Session 缓存的作用如下：

（1）减少访问数据库的频率。应用程序从缓存中读取持久化对象的速度显然优于从数据库中检索数据的速度。

（2）当缓存中的持久化对象之间存在循环关联关系时，Session 会保证不出现访问对象图的死循环，以及由死循环引发的 JVM 堆栈溢出。

（3）保证数据库中的相关记录与缓存中的记录同步。Session 在清理缓存时，会自动进行脏数据检查（dirty-check），如果发现 Session 缓存中的对象与数据库中相应记录不一致，则会按最新的对象属性更新数据库。

Session 缓存使用的是 session_cache_limiter()函数，其语法格式如下：

session_cache_limiter(cache_limiter)

参数 cache_limiter 为 public 或者 private。同时 session 缓存并不是指在服务器端而是在客户端缓存，在服务器中没有显示。

　　设置缓存时间，使用的是 session_cache_expire()函数，其语法格式如下：

session_cache_expire(new_cache_expire);

　　参数 cache_expire 是 Session 缓存的时间，单位为分钟。

　　注意：以上两个 Session 缓存函数必须在 session_start()函数之前调用，否则会出错。

　　下面通过实例来了解 Session 缓存页面过程，其实现代码如下：

```php
<?php
session_cache_limiter('private');
$cache_limit = session_cache_limiter();        //开启客户端缓存
session_cache_expire(30);
$cache_expire = session_cache_expire();         //设定客户端缓存时间
session_start();
?>
```

任务三　Session 数据库存储

　　将 Session 数据变量存储于服务器端是一种较安全的做法，但是设想一下，像新浪网这样的日访问量过亿，拥有用户几千万的大型网站，如果将所有用户 Session 数据全部存储于服务器端，将会消耗巨大的服务器资源。所以程序员在制作大型网站时将 Session 数据存储于服务器端虽然安全，但却不是最佳选择。如果将 Session 数据存储于数据库中，那么既可以减轻服务器的压力，同时数据也是比较安全的。

　　Session 数据存储设计过程：

　　首先在 Mysql 数据库中创建存储 SESSION 的表：

　　表名为 t_session；表结构为如下：

#	名字	类型	整理	属性	空	默认	额外	操作		
1	session_key	varchar(255)	utf8_general_ci		否	无		🖉 修改	⊖ 删除	▼ 更多
2	session_data	varchar(255)	utf8_general_ci		否	无		🖉 修改	⊖ 删除	▼ 更多
3	session_time	int(11)			否	无		🖉 修改	⊖ 删除	▼ 更多

　　说明：session_key：用来保存会话 ID；

　　session_data：用来存经序列化后的$_SESSION[]里的值；

　　session_time：用来存时间戳，这个时间戳指的是当前 session 在创建时的 time()+session的有效期。需要注意的是，这里的 session_time 的类型是 int，这样就可以在操作数据库时进行大小比较了。

　　那么什么是序列化呢？

　　序列化（Serialization）就是将对象的状态信息转换为可以存储或传输的形式的过程。在序列化期间，对象将其当前状态写入到临时或持久性存储区。而后可以通过从存储区中读取或反序列化对象的状态，重新创建该对象。

比如有：

$_SESSION["user"]="张三"

$_SESSION["pwd"]="zhangsan"

则序列化后成为一个字符串：

user|s:6:"张三";pwd|s:8:"zhangsan";

其中 s 表示类型为 string，数字表示字符串长度，这样就可以对这个字符串操作了。

session.save_handler 定义存储和获取与会话关联的数据的处理器的名字，默认为 files。如果设定为 files(session.save_handler = files)，则采用的是 PHP 内置机制。如果想自定义存储方式（比如存储到数据库中），则使用 session_set_save_handler() 进行自定义设置，这里说的则是第二种。

因此得修改 php.ini 文件里 session_set_save_handler 的值，将其修改为 user，如下：

[Session]

; Handler used to store/retrieve data.

; http://php.net/session.save-handler

session.save_handler = user

bool session_set_save_handler (callable open , callable $close , callable read , callable write , callable destroy , callable gc [, callable $create_sid [, callable validate_sid [, callable update_timestamp]]])

以上是一个很特殊的函数，因为一般的函数的参数都是变量，但是该函数的参数为 6 个函数（后面的三个参数为可选参数，可忽略），说明如下：

第一个参数：open 是一个回调函数，用于在会话开始时打开数据库连接。它接受两个参数 save_path 和 session_name，这两个参数是由 PHP 自动传递的。在使用数据库存储 Session 数据时，可以在这个回调函数中连接数据库并进行初始化操作。如果操作成功，应该返回 TRUE，否则返回 FALSE。

简单来说，open 回调函数用于打开数据库连接，并在会话开始时被调用。如果一切正常，应该返回 TRUE，表示操作成功。

第二个参数：close 是一个回调函数，用于关闭数据库连接。它不需要任何参数。在写入 Session 数据的回调函数 write 调用之后，close 回调函数会被调用。此外，当调用 session_write_close() 函数时，也会触发 close 回调函数的调用。在 close 回调函数中，可以执行关闭数据库连接的操作。如果操作成功，应该返回 TRUE，否则返回 FALSE。

简单来说，close 回调函数用于关闭数据库连接，并在适当的时机被调用。如果一切正常，应该返回 TRUE，表示操作成功。

第三个参数：read 是一个回调函数，用于读取会话数据。它接受一个参数$key，该参数是会话 ID，由 PHP 自动传递。但请注意，只有在存在会话 ID 的情况下，才会传递该参数。否则，该参数将为空字符串。

在 read 回调函数中，需要根据会话 ID 从数据库中获取相应的会话数据，并将其进行编码（序列化）。如果数据库中不存在对应的数据，一定要返回空字符串，否则会引发错误。

在会话自动开始或通过调用 session_start() 手动开始会话之后，PHP 内部会调用 read 回调函数来获取会话数据。在调用 read 之前，PHP 会先调用 open 回调函数。

需要注意的是，read 回调函数返回的序列化后的字符串格式必须与 write 回调函数保存数据时的格式完全一致。PHP 会自动对返回的字符串进行反序列化，并填充$_SESSION 超级全局变量。

简单来说，read 回调函数用于从数据库中读取会话数据，并将其序列化后返回。在会话开始后，PHP 会调用该函数来获取会话数据，并将其反序列化后存储在$_SESSION 中。

第四个参数：write 是一个回调函数，用于将会话数据写入数据库。它接受两个参数：$key 对应会话 ID，$data 对应当前脚本中被序列化处理器处理的会话变量。

在 write 回调函数中，需要根据会话 ID 将会话数据进行序列化，并保存到数据库中。序列化会话数据的过程由 PHP 根据 session.serialize_handler 的设置值来完成。序列化后的数据将与会话 ID 关联起来进行保存。

需要注意的是，当调用 read 回调函数获取数据时，返回的数据必须与传入 write 回调函数的数据完全一致。这样，PHP 在读取会话数据时才能正确地反序列化并填充$_SESSION 超级全局变量。

在脚本执行完毕或调用 session_write_close()函数之后，PHP 会调用 write 回调函数。需要注意的是，在调用完 write 回调函数之后，PHP 内部会继续调用 close 回调函数。

简单来说，write 回调函数用于将会话数据序列化后保存到数据库中。在脚本执行完毕或调用 session_write_close()函数之后，PHP 会调用该函数。在调用完 write 回调函数之后，PHP 会继续调用 close 回调函数。

注意：PHP 会在输出流写入完毕并且关闭之后才调用 write 回调函数，所以在 write 回调函数中的调试信息不会输出到浏览器中。如果需要在 write 回调函数中使用调试输出，建议将调试输出写入到文件。

第五个参数：destroy 是一个回调函数，用于注销会话。当调用 session_destroy()函数或调用 session_regenerate_id()函数并将 destroy 参数设置为 TRUE 时，会调用该回调函数。

在 destroy 回调函数中，需要根据会话 ID 将对应的会话数据从数据库中删除或标记为已注销。如果操作成功，应返回 TRUE；否则，返回 FALSE。

这个回调函数通常在用户点击注销登录时使用。当调用 session_destroy()函数或调用 session_regenerate_id()函数并将 destroy 参数设置为 TRUE 时，PHP 会调用该回调函数来注销会话。

简单来说，destroy 回调函数用于将会话数据从数据库中删除或标记为已注销。在注销会话时，PHP 会调用该函数。如果操作成功，应返回 TRUE；否则，返回 FALSE。

第六个参数：gc 是一个回调函数，用于执行会话的垃圾收集。垃圾收集的目的是清理会话中的过期数据。在默认机制下，expire_time 参数的值是由 session.gc_maxlifetime 设置的会话有效时间。

然而，在用户自定义的机制下，会话的过期时间可能是存储在数据库表中的 session_time 值。因此，在这种情况下，不需要传递参数给 gc 回调函数。

为了执行会话的垃圾收集，PHP 会根据 session.gc_probability 和 session.gc_divisor 参数的设置来决定调用垃圾收集回调函数的频率。

在 gc 回调函数中，需要根据过期时间（expire_time）来清理会话中的旧数据。如果操作成功，应返回 TRUE；否则，返回 FALSE。

简单来说，gc 回调函数用于执行会话的垃圾收集，清理过期的会话数据。PHP 会根据设置的参数来决定调用频率。在清理过期数据时，PHP 会调用该函数。如果操作成功，应返回 TRUE；否则，返回 FALSE。

至此以上六个函数已经介绍完成，但仍有许多需要说明。

（1）在 open 函数中本来是要传递 save__path，目的是在这个路径下找到与 session_name 相对应的文件，然后通过 read()函数来读取其中的数据，然后通过反序列化处理器将取到的字符串反序列化，再通过 PHP 自动填充各个$_session 超全局变量。或者用 write 函数来将序列化的数据存入这个路径下的文件。那么这里面的路径在非默认机制下难道就不需要吗，答案是肯定的。在非默认机制下，调试输出 session_save_path，其结果为空值，而且如果未设置存储的路径，那被填充的$_session 变量也只能在当前页面使用，而不能在其他页面使用，可以这样测试：在另一个页面利用 session_start() 函数打开会话，然后输出 session_id 和 var_dump($_session)，得到的是上一次浏览时服务器给客户端的 session_id，但是$_session 输出的是空数组。需要说明的是，在自定义会话存储机制时，是不需要自定义路径的，不然为什么还要存入数据库呢？那么怎么在其他页面也能读取到$_session[]里面的值呢？

引入这个函数，即将六个回调函数和 session_set_save_handler 放入一个文件里，然后在 session_start()前用 include()引入！

（2）六个函数的执行顺序：首先 session_start()函数打开 session 操作句柄，然后 read 函数读取数据，当脚本执行结束时执行 write 函数，然后是 close 函数，若有 session_destroy()则执行完。

（3）上面提到过 PHP 会在输出流写入完毕并且关闭之后才调用 write 回调函数。

注意：register_shutdown_function()是指在执行完所有 PHP 语句后再调用函数，不要理解成客户端关闭流浏览器页面时调用函数。

可以这样理解调用条件：

① 当页面被用户强制停止时；

② 当程序代码运行超时时；

③ 当 PHP 代码执行完成时，代码执行存在异常和错误、警告。

具体案例代码如下：

index.php 用户登录页：

```php
<?php
    include("session_set_save_handler.php");//引入自定义的会话存储机制
if(isset($_GET["login"])){//判断 login 是否有值，若有值则要进行注销，
//只要需要用到$_session 变量的地方，就需要开启回调函数
session_start();
open session_destroy();/*这里就是上文提到的小细节了，当有 session_destroy 的时候，它是先于 read 回调函数执行的*/
    }else{
session_start();
if(isset($_SESSION["user"])){/*判断此值是否有定义，若有定义则说明存入的 session 还未到期，则直接转到主内容*/
```

```php
echo "<script>alert('您不久前刚来过);window.location.href='main.php';</script>";
}}
?>
<html>
<meta charset="utf-8">
<body>
<form action="index_ok.php" method="post">
账    户:<input type="text" name="user"><br>
密    码:<input type="text" name="pwd">
<input type="submit" name="sub">
</form>
</body>
</html>
```

index_ok.php 表单提交处理文件:

```php
<?php
include("session_set_save_handler.php");
session_start();
if($_POST["sub"]){//$_post["sub"]它若有值就是提交查询
echo $_POST["sub"];
if($_POST["user"]!=""&&$_POST["pwd"]!=""){
$_SESSION["user"]=$_POST["user"];
$_SESSION["pwd"]=$_POST["pwd"];/*这里自定义的会话管理机制将会调用回调函数
write,将已由序列化处理器处理好的（由$_session[]变量形成）字符串写入数据库*/
echo "<script>alert('登录成功!');window.location.href='main.php';</script>";
  }
}
?>
```

main.php 主内容页:

```php
<?php
include("session_set_save_handler.php");
session_start();
if(isset($_SESSION["user"])){
echo "欢迎".$_SESSION["user"];
echo "<a href='index.php?login=0'>注销</a>";
}else{
echo "您还没登录，请先登录！";
echo "<a href='index.php'>登录</a>";
}
```

```php
?>
```
session_set_save_handler.php 自定义 session 存储机制函数文件:
```php
<?php
//打开会话
function open(){
global $con;//使用全局变量
$con=mysqli_connect("localhost","root","123456","mysql")or die("数据库连接失败!");
mysqli_query($con,"set names utf8");
return(true);
}
//关闭数据库
function close(){
global $con;
mysqli_close($con);
return(true);
}//读取 session_data
function read($key){
global $con;
$time=time();
//不读取已过期的 session
$sql="select session_data from t_session where session_key='$key' and session_time>$time";
$result=mysqli_query($con,$sql)or die("查询失败!");
if (!$result) {//用来检查出现在数据库部分的错误，很有用
printf("Error: %s\n", mysqli_error($con));/*%s 表示的是字符串，这是 c 里面的*/
exit();
}
$row=mysqli_fetch_array($result);//or die()会终止后面的程序！
if($row!=false){
return($row["session_data"]);
}else{
return "";//再次强调如果空值，则一定要返回""而不是 false
}}//存储 session
  function write($key,$data){
global $con;
$over_time=time()+60;/*注意 time()为时间戳，Mysql 中的数据类型不可用 date，datetime，timestamp 来存储*/
$sql="select session_data from t_session where session_key='$key'";
$re=mysqli_query($con,$sql);
$result=mysqli_fetch_array($re);
```

/*若$result 为 false，即结果为空，说明数据库中未存有相应的 session_id，那么就插入，如果不为空，那即使还有未过期的 session_id，这时应更新*/

```
    if($result==false){
$sql="insert   into   t_session(session_key,session_data,session_time  )   values('$key','$data',
$over_time)";/*字符串要加单引号，数字则不用加*/
    $result=mysqli_query($con,$sql);
    if (!$result) {//用来检查出现在数据库部分的错误，很有用
    //%s 表示的是字符串，这是 c 里面的
    printf("Error: %s\n", mysqli_error($con));
    exit();
    }
    }else{
$sql="update  t_session  set  session_key='$key',session_data='$data',session_time=$over_time
where session_key='$key'";
    $result=mysqli_query($con,$sql);
    }
    return($result);
    }
    //清除相应的 session 数据
    function destroy($key){
    global $con;
    $sql="delete from t_session where session_key='$key'";
    $result=mysqli_query($con,$sql);
    return($result);
    }
    //执行垃圾回收
    function  overdue($expire_time){/*这个参数是自动传进去的，就是  session.gc_maxlifetime
最大有效时间，例如 1440s;*/
    global $con;
    $time=time();
    $sql="delete from t_session where session_time<$time";
    $result=mysqli_query($sql);
    return($result);
    }
    session_set_save_handler('open','close','read','write','destroy','overdue');
    ?>
```

模块四 综合案例：判断用户的登录及操作权限

在 Web 应用开发中，经常需要实现用户登录功能。假设有一个名为"username"的用户，当该用户进入网站首页时，如果还未登录，则页面会提示登录并自动跳转，进入登录界面。

当用户登录时，如果用户名和密码都正确，则登录成功，否则提示登录失败。

登录成功后，还可以点击"注销"回到首页，显示用户未登录时的界面。

为了实现上述需求，整个程序定义了一个 HTML 文件和三个 PHP 文件，具体分析如下：

login.html：用于显示用户登录的界面。在该文件的 form 表单中，有两个文本输入框，分别用于填写用户名和密码，还有一个"登录"按钮。

login.php：该文件用于判断用户的登录条件，并显示网站的首界面。如果用户没有登录，那么首界面需要提示用户登录，否则，显示用户已经登录的信息。为了判断用户是否已登录，该类在实现时，需要获取并保存用户信息的 Session 对象。

index.php：该文件用于显示用户登录成功后跳转到的首界面，同时，该页面还提供了一个"注销"按钮，用于注销用户登录。

logout.php：用于完成用户注销功能。当用户点击"注销"时，Session 中的信息会被移除，并跳转到网站的首界面。

为了更直观地了解用户登录的流程，绘制一张流程图，如图 9-5 所示。

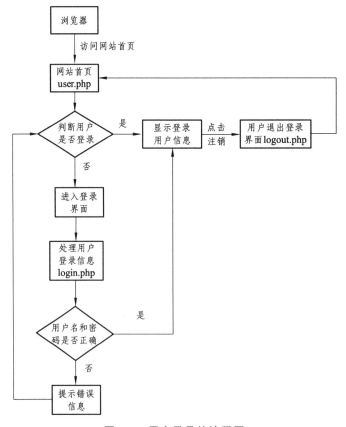

图 9-5 用户登录的流程图

图 9-5 描述了用户登录的整个流程。当用户访问某个网站的首界面时，首先会判断用户是否登录，如果已经登录则在首界面中显示用户登录信息，否则进入登录页面，完成用户登录功能，然后显示用户登录信息。

在用户登录情况下，如果点击用户登录界面中的"注销"时，就会注销当前用户的信息，返回首界面。

用户登录案例需求分析完毕后，接下来，针对上述需求，分步骤实现用户登录的功能。

编写用户登录的 HTML 表单文件 login.html：

```
<form method="post" action="login.php">
    用户名：<input type="text" name="user">
    密　码：<input type="password" name="pwd">
    <input type="submit" value="登录">
</form>
```

编写 login.php 页面：

```php
<?php
session_start();
if ($_POST) {
    // 接收用户登录的信息
    $user = isset($_POST['user']) ? trim($_POST['user']) : '';
    $pwd = isset($_POST['pwd']) ? trim($_POST['pwd']) : '';
    // 保存正确的用户名和密码信息
    $data = ['user' => 'Tom', 'pwd' => 123456];
    // 判断用户信息是否正确
    if (($user == $data['user']) && ($pwd == $data['pwd'])) {
        // 保存登录信息到 Session，并跳转到首页
        $_SESSION['user'] = $data['user'];
        header('Location: index.php');
        exit;
    } else {
        echo '用户名或密码输入不正确，登录失败。';
    }
}
require './login.html';
```

编写用户首页 index.php 页面：

```php
<?php
session_start();
if (isset($_SESSION['user'])) {
    echo '当前登录用户：' . $_SESSION['user'] . '。';    // 用户已登录
    echo '<a href="logout.php">退出<a>';
} else {
```

```
    header('Location: login.html'); // 用户未登录，跳转到登录页面
    exit;
}
```
编写 logout.php 页面：
```php
<?php
session_start();
$_SESSION['user'] = [];                 // 删除所有数据
session_destroy();                      // 结束当前会话
header("Location:login.html");          // 用户未登录，跳转到登录页面
```
在浏览器的地址栏中输入地址，访问 index.php 页面，编写 xss.php 开启 HttpOnly，完成防御 XSS 攻击的配置：
```php
<?php
// 开启 HttpOnly，完成防御 XSS 攻击的配置
//ini_set('session.cookie_httponly', 1);
session_start();
$xss = '" onclick="alert(document.cookie)';
echo '<input type="text" value="' . $xss . '">';
```

本章小结

本章深入探讨了 PHP 中的会话控制技术，特别是 Cookie 和 Session 的使用。首先了解了 Cookie 技术，它允许在用户的浏览器上存储小量数据，以便在多个请求之间保持状态信息。然后，研究了 Session 管理，它是一种服务器端的解决方案，用于跟踪用户的状态。通过理解和应用这两种技术，用户能够创建出更为复杂、更具交互性的 Web 应用程序。另外，通过综合案例进一步应用了这些知识，案例中实现了用户登录和操作权限的判断。这个案例展示了如何使用 Session 进行高级应用，包括如何存储和获取会话数据，如何处理会话的生命周期，以及如何确保会话数据的安全性。总的来说，通过本章的学习，读者能够掌握如何使用 PHP 进行会话控制，从而提供更为个性化和安全的用户体验。

项目练习

一、填空题

1. 通过 Javascript 代码来盗取网站用户 cookie 的方式，称为_____。
2. 函数 setcookie('data','php',time()+1800)表示 Cookie 在_____秒后过期。

二、判断题

1. 会话技术可以实现跟踪和记录用户在网站中的活动。   （   ）
2. $_COOKIE 可以完成添加、读取或修改 Cookie 中的数据。   （   ）
3. 在 PHP 中，只能通过函数 session_starto 启动 Session。   （   ）
4. session_destroyo 函数可以同时删除 Session 数据和文件。   （   ）
5. Cookie 的有效范围在默认情况下是整站有效。   （   ）

三、选择题

1. 第一次创建 Cookie 时，服务器会在响应消息中增加（   ）头字段，并将信息发送给浏览器。

    A. SetCookie   B. Cookie

    C. Set-Cookie   D. 以上答案都不对

2. 下面配置项中，可以实现自动开启 session 的是（   ）。

    A. session_auto   B. session_start

    C. session_auto_start   D. session.auto_start

四、编程题

请设计一个简单的会话管理器类，用于管理用户的会话信息。该类需要实现以下功能：

1. start_session() 方法：开始一个新的会话，并生成一个唯一的会话 ID。

2. set_session_data($key, $value)方法：设置会话数据，将指定的键值对存储到当前会话中。

3. get_session_data($key) 方法：获取指定键对应的会话数据。

4. destroy_session() 方法：销毁当前会话，清除所有会话数据。

要求：

- 使用 PHP 编程语言实现。

- 会话数据可以存储在内存中，无需使用数据库或其他持久化存储。

- 考虑会话的安全性，确保会话 ID 的唯一性和随机性。

- 考虑会话的有效期，可以设置会话的过期时间。

- 可以使用 PHP 内置的会话函数（如 session_start()）作为辅助，但不可以直接使用 $_SESSION 超全局变量。

项目十　UEditor 富文本编辑器

【学习目标】

（1）掌握富文本编辑器概念；

（2）掌握 UEditor 的使用方法。

【思政导入】

在日益数字化的社会环境下，用户常常需在网络平台上刊登或编辑各类复杂的文本内容，如博客文章、新闻报道、产品描述等。为了实现这一需求，用户需依赖一种特别的工具，即富文本编辑器。此工具使用户能够以可视化的方式编辑和格式化文本，包括添加图片、链接、表格、字体样式等。在本项目中，用户将学习如何应用 UEditor，这是一款备受欢迎的富文本编辑器。

在日常生活中，用户也需要具备类似于富文本编辑器的能力。一般地，若需要以清晰、准确的方式表达自己的思想和观点，需要用适当的格式呈现信息，就需要通过图片、音频、视频等多种方式强化信息的传达力。这就是生活中的"富文本编辑器"。

在编程领域，使用 UEditor 富文本编辑器不仅能帮助用户更高效地进行文本编辑，同时也有助于用户理解和应用许多关键的编程概念，如 HTML、CSS、JavaScript 等。在日常生活中，"富文本编辑器"的能力不仅能帮助用户更好地传达和应对各类社会问题，同时也能帮助用户更好地理解和应对各类社会问题。

因此，无论是在编程领域，还是在日常生活中，"富文本编辑器"都是一种极其重要的能力。

【能解决的问题】

（1）掌握如何应用 UEditor；

（2）通过 UEditor 实现对图文内容排版。

模块一　富文本编辑器 UEditor 基本使用

UEditor 是由百度 Web 前端研发部开发的所见即所得的开源富文本编辑器，具有轻量、可定制、用户体验好等特点。基于 MIT 开源协议，所有源代码在协议允许范围内可自由修改和使用。百度 UEditor 的推出，可以帮助不少网站开发者解决在开发富文本编辑器所遇到的难题，能节约开发者因开发富文本编辑器所需要的大量时间，有效降低了企业开发成本。

富文本编辑器 Ueditor
基本使用

任务一　实现页面中引入富文本编辑器

首先到 UEditor 官网下载 UEditor 资源包。UEditor 提供了四种后台语言，分别为 PHP、ASP、ASP.NET、JSP 版本类型的 DEMO，找到 PHP 版本文件并下载解压，如图 9-1 所示。

图 10-1　UEditor 结构图

任务二　UEditor 部署

在需要使用富文本编辑器的页面引入 UEditor 和所需的 JS 文件，然后使用 getEditor 实例化。

```
<body>
    <!-- 加载编辑器的容器 -->
    <script id="container" name="content" type="text/plain">
        这里写你的初始化内容
    </script>
    <!-- 配置文件 -->
    <script type="text/javascript" src="ueditor.config.js"></script>
    <!-- 编辑器源码文件 -->
    <script type="text/javascript" src="ueditor.all.js"></script>
    <!-- 实例化编辑器 -->
    <script type="text/javascript">
        var ue = UE.getEditor('container');
    </script>
</body>
```

任务三　配置 Ueditor

Ueditor 功能定制

UEditor 配置项分为两部分：前端配置项和后端配置项。

前后端的配置：统一写在后端（PHP 版本的 config 在 php/config. json），编辑器实例化时，异步读取后端配置信息，覆盖到前端配置里。即后端获取的配置项 > 实例化传入的配置项 > ueditor.config.js 文件的配置项。

前端配置项：官方提供了两种配置方法：静态配置、动态配置。

静态配置：即配置 UEditor 目录下的 ueditor.config.js，具体配置项参考 http://fex-team. github.io/ueditor/#start-config。

动态配置：即在实例化 UEditor 时，动态传入配置参数。

```
var ue = UE.getEditor('container', {
    //这里写你的自定义配置项
    toolbars: [
        ['fullscreen', 'source', 'undo', 'redo', 'bold']
    ],
    autoHeightEnabled: true,
    autoFloatEnabled: true
});
```

任务四　后端配置

在后端配置开始前需要了解 UEditor 的请求逻辑，UEditor 的所有操作都是通过 Get 方式请求 ServerUrl 传递 Action 变量的值来进行下一步操作的，即：获取配置、上传图片、获取图片等其他的操作。

UEditor 默认是通过读取目录下的 ueditor.config.js 中的 ServerUrl 参数，然后通过 Get 方法传递 action=config 来获取后端配置项的。默认请求是：serverUrl?action=config。ServerUrl 在前端页面动态配置和通过 ueditor.config.js 静态配置都是可以的。

下面测试网站下的路径 ueditor/php/controller.php?action=config 是否正常返回了 json 格式（其他格式也可以，具体请看官方文档）的后端配置内容。如果请求出错，会出现 400、500 等错误，此时编辑器上传相关的功能将不能正常使用。

```
{
"imageUrl": "http://localhost/ueditor/php/controller.php?action=uploadimage",
"imagePath": "/ueditor/php/",
"imageFieldName": "upfile",
"imageMaxSize": 2048,
"imageAllowFiles": [".png", ".jpg", ".jpeg", ".gif", ".bmp"]
"其他配置项...": "其他配置值..."

    }
```

模块二　项目集成实现数据保存

本项目将以图片上传和"内容"保存到 SQL 数据库进行讲解。

任务一　项目配置

首先到官网下载 UEditor 文件包，下载后解压到站点目录。本项目选择将 UEditor 文件包放到站点根目录下，并插入如下 HTML 代码：

```
<!-- 加载编辑器的容器 -->
<!-- 以下脚本中增加文本为初始化内容 -->
<script id="container" name="sb_remarks" type="text/plain" style="width:600px;height:200px;">
<p>
<strong><span style="font-size: 14px;">备注：</span></strong>
</p><p>  <br/></p>
</script>
<!-- 配置文件 -->
<script type="text/javascript" src="./ueditor/ueditor.config.js"></script>
<!-- 编辑器源码文件 -->
<script type="text/javascript" src="./ueditor/ueditor.all.js"></script>
<!-- 实例化编辑器 -->
<script type="text/javascript">
var ue = UE.getEditor('container');
</script>
```

任务二　修改 php.ini 配置文件

配置好服务器之后，根据需要修改 PHP 的配置文件 php.ini，以修改上传文件大小限制：找到 post_max_size，改成用户自己希望的 post 表单数据的最大允许值（包括上传大小）；找到 upload_max_filesize，改成用户自己希望的上传文件的最大允许值。

任务三　检查文件上传目录是否有权限读写

上传目录通过配置 imagePathFormat 格式参数指定，配置位置在 php/config.json 中。
Windows 操作系统一般情况下都会有权限读写。在 Linux 和 MAC 系统下，需要运行 PHP 用户，看看有没有权限读写上传目录。

在 IIS 服务器挂接 PHP 的情况下，要注意上传目录不在程序目录下时，需要设置"启用父路径"为 true，才能正常访问父目录。

任务四 运行前测试

配置好服务器之后，可以测试一下 PHP 代码是否正确执行。用浏览器打开 ueditor/controller.php 对应的路径，看看是否有如下的返回值。

```
{
    state: "请求地址出错"
}
```

再访问 ueditor/php/controller.php?action=config 是否正常返回了 JSON 格式的后端配置内容，格式大致如下：

```
{
    "imageUrl": "http://localhost/ueditor/php/controller.php?action=uploadimage",
    "imagePath": "/ueditor/php/",
    "imageFieldName": "upfile",
    "imageMaxSize": 2048,
    "imageAllowFiles": [".png", ".jpg", ".jpeg", ".gif", ".bmp"]
    "其他配置项...": "其他配置值..."
}
```

如果以上这两个请求出错，出现 400、500 等错误，则编辑器上传相关的功能将不能正常使用。

任务五 页面创建

创建 index.html 页面，并在 from 表单中插入编辑器：

```
<!doctype html>
<html>
 <head>
 <meta charset="UTF-8">
 <title>UE 富文本编辑</title>
 </head>
 <body>
<form method="post" action="s.php" name="search" />
<input name="search" type="text" value="" size="15" />
<input type="submit" value="Search" />
```

```
    </form>
    <br/>
    <hr/>
    UE 富文本编辑
    <div>
     <form action="add.php" method="post">
<!-- 加载编辑器的容器 -->
<!-- 以下脚本中增加文本为初始化内容 -->
     <script id="container" name="sb_remarks" type="text/plain" style="width:800px;
height:600px;">
     </script>
     <!-- 配置文件 -->
     <script type="text/javascript" src="./ueditor/ueditor.config.js"></script>
     <!-- 编辑器源码文件 -->
     <script type="text/javascript" src="./ueditor/ueditor.all.js"></script>
     <!-- 实例化编辑器 -->
     <script type="text/javascript">
        var ue = UE.getEditor('container');
     </script>
    <br/>
    <br/>
    <input type="submit" value="添加" />
    </form>
    </div> </body>
    </html>
```

创建数据接收文件 add.php：

```php
<?php
$con = mysql_connect("localhost","root","root");
if (!$con) {
  die('Could not connect: ' . mysql_error()); }
mysql_query("set names 'utf8'",$con);
mysql_select_db("bzec", $con);
$sb_remarks=$_POST['sb_remarks'];
$sql="INSERT INTO fwb (sb_remarks)
VALUES
("$sb_remarks')";
```

```
     if (!mysql_query($sql,$con)) {
  die('Error: ' . mysql_error());
  }
  echo "OK，添加成功!";
  mysql_close($con)
  ?>
```

由于用 UEditor 编辑完的富文本内容最终是以 HTML 代码格式存入数据库的，在网页中
显示编辑的文档时会遇到"乱码"问题。为解决乱码问题，可以通过 htmlspecialchars_decode()
函数（htmlspecialchars() 函数的反函数）把预定义的 HTML 实体转换为字符。

会被解码的 HTML 实体是：

& 解码成 &（和号）;

" 解码成 "（双引号）;

' 解码成 '（单引号）;

< 解码成 <（小于）;

> 解码成 >（大于）。

本章小结

本章探讨了 UEditor 富文本编辑器的使用和集成。首先介绍了 UEditor 的基本使用，这是
一个功能强大的富文本编辑器，它提供了丰富的文本编辑功能，包括文字格式化、插入图片、
创建链接等，使得用户能够轻松地创建和编辑富文本内容。然后讲解了如何将 UEditor 集成到
项目中，并实现数据的保存功能。里面详细介绍了如何配置 UEditor，以及如何使用 UEditor
的 API 来获取和保存用户输入的数据。通过本章学习，读者不仅掌握了 UEditor 的基本使用，
也了解了如何在实际项目中应用 UEditor，为用户提供更为丰富和便捷的文本编辑体验。

项目练习

一、编程题

1.运用富文本编辑器实现文章管理系统的后台新闻添加功能:

具体要求如下:

设计一个新闻后台管理页面，包含有文章标题、作者、文章内容（这里运用富文本编辑
器来实现）、提交按钮等最基本的结构和功能。

项目十一 PHP 操作 MySQL 数据库

【学习目标】

（1）了解 MySQL 数据库的特点；

（2）掌握常用 SQL 语句；

（3）掌握 PHP 通过 MySQLi 扩展操作 MySQL 数据库的一般方法。

【思政导入】

一个项目的开发离不开团队的共同合作和努力，如学生信息管理系统关系到前端页面设计、后端程序开发和数据库设计等环节，整个项目可能需要几个人共同完成，因此团队的互相协作、配合是非常重要的。同时还需要一个负责的项目经理进行整个项目的规划、跟踪和协调。项目实践能提升学生开发项目的综合素质能力，培养出有责任心和团队合作意识的综合型人才。

【能解决的问题】

1. 能使用 Navicat 可视化管理工具实现对 MySQL 数据库的管理。

2. 能使用 PHP 的 MySQLi 扩展实现 MySQL 数据库的访问与操作。

目前，互联网上的绝大多数网站，网页上显示的信息（数据）都是保存在数据库中的，是通过服务器端编程语言（如 PHP 语言）对数据库进行读写操作实现的。具体来讲，提供给用户浏览的页面是读取数据库中的信息，而填写表单操作（如注册、登录、发布文章、收藏、点赞等交互式功能）是将数据写入数据库中。由此可见，服务器端程序开发已经离不开数据库了，因此学习和掌握 PHP 操作 MySQL 数据库的相关知识不可或缺。

PHP 与 MySQL 数据库常常被业界称为"黄金搭档"，当然，PHP 也可以操作目前主流的数据库，如 Oracle、SQL Server、SQLite 以及 ODBC 所支持的数据库。只要加载相应的扩展就可以操作对应的数据库了。

本模块主要是围绕创建学生基本信息管理系统项目来完成如何运用 PHP 完成对 MySQL 数据库的操作，从而完成学生信息的查询、添加、删除、修改等功能。

模块一 MySQL 数据库操作

本模块我们将学习一个功能强大的开放源代码的数据库系统——MySQL。MySQL 系统相对其他的大型数据库系统来说，虽然它比较短小精悍，但是功能同样强大，而且运行速度极快，同时开源的社区版本可供用户免费下载和使用，因此在需要中小型数据库管理系统时，很多时候会选择使用 MySQL 数据库。

任务一　MySQL 数据库简介

MySQL 数据库是众多关系型数据库产品中的一种。与其他数据库系统比较而言，MySQL 数据库可以说是目前运行速度最快的 SQL 数据库，是一个真正的多用户、多线程 SQL 数据库系统。除了具有许多其他数据库所不具备的功能和选择之外，MySQL 数据库的社区版本是完全免费的产品，可供用户自由下载、安装和使用，不必支付费用。

MySQL 特征如下：

（1）提供多种 API 接口。MySQL 符合 GNU 规则，为用户提供了 C、C++、C#、JAVA、PHP、Python 等 API 接口。

（2）真正的多线程。MySQL 是一个多线程的数据库产品，这意味着在可能的情况下用户可以很容易地使用多个 CPU。另外，MySQL 使用多线程方式运行查询，可以做到使每一个用户都至少拥有一个线程，这对于多 CPU 系统来说，查询的速度和能承受的负荷都比相应的其他数据库系统高。

（3）可以跨平台使用。MySQL 可以在目前主流的平台中使用，包括 Windows、Windows Server、Linux、MacOS 以及早期的操作系统。

（4）数据类型丰富且更实用。MySQL 提供了数值类型、字符串类型、日期时间类型三个常用大类。每个大类又细分为多种具体的数据类型。如日期时间类型中又包含 datetime、date、year、time、timestamp 等类型。

（5）安全性好。MySQL 有着非常灵活和安全的权限系统，密码自动加密以确保安全，而且 MySQL 要求用户的密码也必须加密。它的权限系统是很有特点的。

（6）提供 ODBC 接口。MySQL 为 Windows 提供 ODBC 接口，可通过 SQL Server 与之相联，而且还有第三方提供商提供多样的 ODBC 驱动程序。MySQL 可处理含有超过 5 千万条记录的大型数据库，而且表的大小取决于操作系统文件的大小限制。

（7）MySQL 采用的是 C/S 模式。数据库服务器是一个存放数据库的程序。它用于监听来自网络传过来的请求，并根据这些请求访问数据库的数据和实现数据库的相关操作。

任务二　MySQL 服务

在正式介绍 MySQL 服务之前，有必要回顾一下环境搭建部分的内容。本书中使用的是 phpStudy 集成环境。MySQL 就集成在其中，也就是说安装 phpStudy 的同时，MySQL 就一并安装好了。并且 phpStudy2018 版还提供了两个可视化的管理工具，即 phpMyAdmin（网页版）和 MySQL-Front（Windows 视窗版），如图 11-1 所示。

当然，我们也可以通过 MySQL 官方网站下载、安装和使用。在浏览器中访问 MySQL 网站，进入 download 导航，下载对应的版本并安装，如图 11-2 所示。

图 11-1 phpStudy 提供的 MySQL 可视化管理工具入口

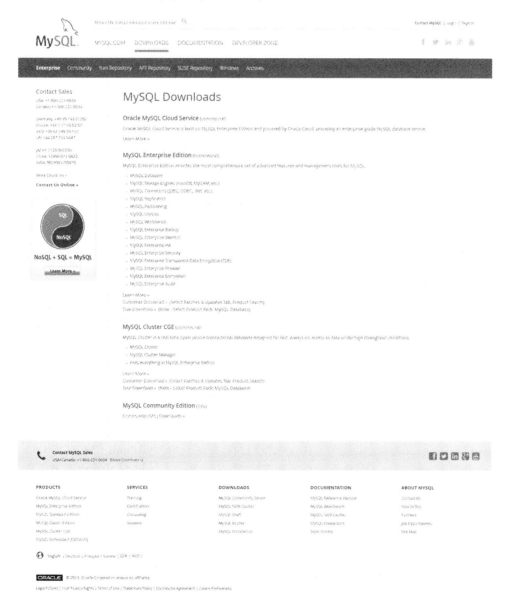

图 11-2 MySQL 下载页面

图 11-2 中"Oracle MySQL Cloud Service"为 Oracle MySQL 云服务下载;"MySQL Enterprise Edition"为 MySQL 企业版下载;"MySQL Cluster CGE"为 MySQL 集群下载;"MySQL Community Edition"为 MySQL 社区版下载。其中社区版本是完全免费的。

接下来谈谈 MySQL 服务相关的操作。无论使用什么工具管理 MySQL 数据库或使用 PHP 访问 MySQL 服务器,都必须启动 MySQL 服务。phpStudy 给用户提供了一键启停服务的按钮,如图 11-1 所示。点击"启动"按钮就可以启动 Apache 和 MySQL 两个服务。若 Apache 和 MySQL 文字后面显示的是绿色圆点,表示成功启动;若显示的红色方框表示服务未启动或启动失败。启动失败常见的问题有两种:一是有另一个 MySQL 服务已经启动。因为在一台计算机上可以安装多个 MySQL 程序,但是同一时刻只能启动其中的一个 MySQL 程序的服务。二是 MySQL 程序问题,这种情况往往需要重新安装 MySQL。

phpStudy 还可以单独启动、重启或停用 Apache 或 MySQL 其中的一个服务,具体操作就是在相应的按钮上右键单击,如仅停止 MySQL 服务,如图 11-3 所示。

图 11-3　仅停止 MySQL 服务

模块二　MySQL 数据库的基本操作

目前 MySQL 数据库的管理与操作,主要有两种方式:一是使用命令方式,这需要掌握大量的 SQL 语句,一般是专业的 MySQL 数据库工程师和多年从事 MySQL 数据库开发的人员使用;二是使用第三方的可视化管理工具,比如前面提到的 phpMyAdmin、MySQL-Front 等,适合初学者学习和使用。下面将介绍全球知名的 Navicat Premium 图形可视化管理工具。

任务一　Navicat Premium 简介

Navicat Premium 是一套数据库开发工具,让用户从单一应用程序中同时连接 MySQL、MariaDB、MongoDB、SQL Server、Oracle、PostgreSQL 和 SQLite 数据库。它与 Amazon RDS、Amazon Aurora、Amazon Redshift、Microsoft Azure、Oracle Cloud、MongoDB Atlas、阿里云、腾讯云和华为云等云数据库兼容。用户使用它,可以快速轻松地创建、管理和维护数据库。

Navicat 适用于三种平台：Microsoft Windows、Mac OS X 及 Linux。它可以让用户连接到任何本机或远程服务器，并提供一些实用的数据库工具如数据模型、数据传输、数据同步、结构同步、导入、导出、备份、还原、报表创建工具及计划以协助管理数据。

Navicat 成员还有一款"Navicat for MySQL"，仅能操作 MySQL 数据库。

最新版本 Navicat Premium 的功能列表，请访问官网了解并下载试用。

任务二　MySQL 服务器的连接与数据库创建和管理

在进行本任务之前，首先要确保 MySQL 服务成功启动，可打开 phpStudy 窗口查看。

1. 连接 MySQL 服务器

（1）启动 Navice Premium 应用程序。点击工具栏中的"连接"按钮，再点击弹出的菜单中的"MySQL"项，如图 11-4 所示。

11-4　连接 MySQL 服务器

（2）"新建连接"对话框的设置，如图 11-5 所示。

图 11-5　"新建连接"对话框

MySQL 及 Navicat 常用操作

"连接名"：中、英文均可，用于识别多个连接，显示在左侧边栏中，如图11-6所示。

图 11-6　连接列表中的连接名

"主机或IP地址"：此项默认值为"localhost"，表示本地连接（也可以填入IP地址127.0.0.1）。在这里也可输入远程 MySQL 服务器 IP 地址，以实现远程 MySQL 数据库的管理。

"端口"：MySQL 默认的端口号为"3306"。若修改过端口号，则需要输入修改后的端口号。

"用户名"与"密码"：就是连接 MySQL 服务器的用户名与密码。注意 phpStudy，root 用户的默认密码为"root"。

所有配置项配置结束，可点击"连接测试"，若弹出"连接成功"，点击"确定"按钮并自动关闭对话框。若弹出错误信息，则需要根据错误信息完成相应处理后重新创建连接。

2. 打开连接

成功创建连接后，并未自动打开连接。用户可在左侧边栏中的连接名上双击或右键单击并执行"打开连接"项打开连接。用户可通过连接名左侧的图标识别连接是否打开："▨"表示连接未打开；"▨"表示连接已打开。展开连接即可看到 MySQL 服务器中所有的 MySQL 数据库了。如图11-7所示，MySQL 服务器包含有"infomation_schema"（系统）数据库、"mysql"（系统）数据库、"performance_schema"（系统）数据库、"test"（用于测试）数据库。

提示：请勿操作上述三个系统数据库。

图 11-7　打开连接左侧边栏截图

已打开的连接可在连接名上右键单击"关闭连接"项关闭。另外，右键快捷菜单还提供有其他选项完成相应的功能，大家可自行了解。

3. 数据库管理

数据库管理主要包含创建数据库、删除数据库、打开与关闭数据库等操作。其中打开、关闭数据库的操作与打开、关闭连接相同，在此不赘述。删除数据库操作非常简单，在数据库名右键快捷菜单执行"删除数据库"项即可。下面重点介绍新建数据库。

首先打开一个数据库连接。在已打开的数据库连接名中右键单击，在弹出的快捷菜单中选择"新建数据库……"项。然后打开"新建数据库"对话框，如图 11-8 所示。

图 11-8   "新建数据库"对话框

"数据库名"：输入需要新建数据库的名称。命名规范为全小写英文字母，不要使用符号或汉字命名（如 studentdb）。

"字符集"：MySQL 官方默认的字符集是"latin1"，无法保存中文。若使用的是 phpStudy 集成的 MySQL 时可以省略，采用 phpStudy 配置。但是，强烈建议将"字符集"项设置为"utf8 -- UTF-8 Unicode"。若字符集未设置为"UTF""GBK""GB2312"，则中文数据将出现乱码。

"排序规则"：与"字符集"类似，phpStudy 环境中可默认，但是强烈建议设置为"utf8_general_ci"，如下图 11-9 所示。若在"排序规则"下拉列表中没有"utf8_general_ci"项，请检查"字符集"设置。

图 11-9   studentdb 数据库创建配置项

以上三项全部正确配置后，点击"确定"按钮，保存设置并自动关闭对话框。这样就创建了一个空数据库，双击左侧边栏中的数据库名，就可以打开新建的数据库了。也可以管理该数据库中的各种对象，如表、视图、函数、存储过程等。

模块三　MySQL 数据表设计创建

大家都知道，项目中所有的数据都是保存在数据库中的，其实准确地说是保存在数据库中的数据表（Table）中的。所以项目数据库中数据表的规划与设计非常重要。当存储好数据后要想方便快速对数据或是说有关联的数据进行访问就得创建视图。

MySQL 表与视图的管理

任务一　创建数据表（Table）

在 Navicat 中对于数据表对象的操作非常简单。首先打开连接与数据库，并点击该数据库中的"表"对象或点击工具栏上的"新建表"。

通过分析学生基本信息管理系统，至少需要三个表：专业信息表、学生班级信息表、学生基本信息表，它们之间通过外链关联。具体设计如图 11-10 所示。

图 11-10　新建表入口界面截图

如图 11-10 所示，选择其中一种方式，创建并打开一个"无标题"的新建表标签，如图 11-11 所示。

在如图 11-11 所示的截图界面中，输入相关信息就可以实现对数据表的创建了。

1. 学生专业信息表 t_pro 的创建

在"栏位"标签页中完成数据表中列的定义与设置（也就是常说的字段或表头各列的定义）。在"索引"标签页中完成当前表所有索引的定义。

一个已经定义好的数据表参考表如图 11-12 所示。

图 11-11　新建表标签界面截图

图 11-12　"专业信息"表各"栏位"

用户要特别注意表中的规范命名问题。表名与栏位名的命名规范，采用英文小写加下划线方式。设置完成后点击保存，表命名为 t_pro，即完成了学生专业信息表的创建工作。

2. 学生班级信息表（t_classes）创建

上面学习了创建表的方法，现在完成对学生班级信息表的创建，表结构如图 11-13 所示。

3. 学生信息表（t_students）创建

接下来完成对学生信息表的创建，主要有学号、班级号、学生姓名、身份证号、添加时间、修改时间、删除时间等字段。表结构如图 11-14 所示。

图 11-13　学生班级信息表

图 11-14　学生基本信息表

任务二　创建视图（View）

为了更方便地展示学生的专业、班级和学生基本信息给前端客户查看，需要将上面设计的三个表通过视图的方式进行创建，实现更全面地查看学生的所有信息。视图创建方法如下：

步骤 1：点击数据库连接工具的视图菜单进入视图创建页面，如图 11-15 所示。

图 11-15　视图创建菜单

步骤 2：点击右键或是点击新建视图完成视图的创建。进入视图创建工具区，可以运用可视化方法进行创建，也可以直接编写 Sql 语句进行视图的创建。在可视化下面进行视图创建如图 11-16 所示，在 Sql 语句下进行视图创建如图 11-17 所示。

图 11-16　可视化视图创建

图 11-17　sql 语句创建视图

步骤 3：完成视图关联的创建后点击保存，输入视图名称（如 v_stu_class_pro）即完成专业班级学生信息视图的创建。

模块四　MySQL 数据库的备份与还原

计算机网络技术飞速发展的今天，信息安全问题无形之中被提上重要的日程，数据备份和还原是解决信息安全的最好方式之一。如果没有及时对数据进行保存，若数据库一旦发生故障，造成的后果将不堪想象。在 Navicat 数据库的管理中，Navicat 所具有还原和备份的功能将大大方便用户使用。

MySQL 数据库常用管理

任务一　数据库备份

首先打开需要连接和需要备份的数据库，然后点击工具栏中的"备份"按钮，如图 11-18 所示。

图 11-18　备份数据库入口

进入"备份"界面后，点击"新建备份"按钮，输入备份文件名称并进行保存，如图 11-19 所示。

图 11-19　"新建备份"对话框"对象选择"界面截图

如果是对数据库完全备份，那么进入"新建备份"对话框之后，直接点击"开始"按钮即可。如果只对部分对象备份，那么在"对象选择"标签中勾选需要备份内容之后，再点击"开始"按钮就可以了。

备份完成后，在导航栏中就可以看到关于备份数据的信息了。在备份时间上点击右键，选中"常规"命令，即可查看备份文件的存储位置、文件大小和创建时间，如图 11-20 所示。

图 11-20　数据库备份文件位置的获取

任务二　数据恢复

在 Navicat 界面的菜单栏中选择"备份"功能按钮。

在导航栏中点击"还原备份"按钮，在弹出的窗口中点击"开始"按钮。温馨提示：如果出现警告提示的窗口，点击"确定"按钮即可。

在数据库管理中，备份与还原相辅相成，作为一名程序员，要养成随时备份的良好习惯，这样才能保证数据安全。

模块五 PHP 操作 MySQL——MySQLi 扩展的综合案例

PHP 是一门 Web 编程语言，而 MySQL 是一款网络数据库系统。这两者是目前 Web 开发中最常用的组合之一。PHP 是如何操作 MySQL 数据库的呢？从根本上来说，PHP 是通过预先写好的扩展程序（类或函数）与 MySQL 数据库进行通信，向数据库发送指令、接收返回数据等都是通过函数来完成的。一个普通 PHP 程序与 MySQL 进行通信的基本原理示意图如图 11-21 所示。

图 11-21   PHP 程序与 MySQL 数据库通信原理图

图 11-21 展示了 PHP 程序连接到 MySQL 数据库服务器的原理，可以看出，PHP 通过调用自身专门用来处理 MySQL 数据库连接的相关扩展程序，来实现与 MySQL 通信。而且，PHP 并不直接操作数据库中的数据，而是把要执行的操作以 SQL 语句的形式发送给 MySQL 服务器，由 MySQL 服务器执行这些指令，并将结果返回给 PHP 程序。

PHP 扩展程序有很多，针对 MySQL 相关的扩展程序就有 MySQL 扩展、MySQLi 扩展以及 PDO 扩展。目前在部分项目中已经不再使用 MySQL 扩展了，PHP 官方也不再提供升级服务。MySQLi 扩展是 MySQL 扩展的升级版本，它提供了面向对象的编程方式，同时也支持面向过程的开发方式。本书主要介绍 MySQLi 扩展的使用。

关于 PHP 数据库相关扩展（MySQL 及其他 PHP 所支持的数据库），请访问 PHP 官方网站（中文页面）学习。

任务一   MySQLi 扩展常用类、属性与方法

本任务主要介绍 MySQLi 扩展在日常项目开发中常用的类、属性与方法。学习和掌握了这些类、属性与方法的使用，就可以完成一些中、小型项目的开发。

MySQLi 扩展最常用的三个类，分别是：

● MySQLi 类：PHP 和 Mysql 数据库之间的一个连接。通过此类可实现对 MySQL 数据库连接，执行 SQL 语句。

● Mysql_result 类：代表从一个数据库查询中获取的结果集。执行 SQL 语句(如：Select、Show 语句)，可以通过此类实现对结果集中的数据进行相关的操作。

● MySQL_STMT 类：代表一个预编译 SQL 语句。预处理语句用于执行多条相同的 SQL 语句，并且执行效率更高。可以实现 SQL 语句的参数化或占位符方式，从而提高安全性，

能有效防止 SQL 注入攻击。

表 11-1　MySQLi 类常用的属性与方法

面向对象接口	面向过程接口	描述
属性		
$mysqli::affected_rows	mysqli_affected_rows()	获取上次 Mysql 操作受影响的行数
$mysqli::connect_errno	mysqli_connect_errno()	返回最后一次连接数据库的错误代码
$mysqli::connect_error	mysqli_connect_error()	返回最后一次连接数据库的错误描述，类型为字符串
$mysqli::errno	mysqli_errno()	返回最近一次函数调用所产生的错误代码
$mysqli::error	mysqli_error()	返回最近一次错误代码的描述，类型是字符串
$mysqli::field_count	mysqli_field_count()	返回最近一次查询中，包含的列的数量
$mysqli::insert_id	mysqli_insert_id()	返回上次查询中所使用的自动生成的 ID
方法		
mysqli::autocommit()	mysqli_autocommit()	打开或关闭数据库的自动提交（auto-committing）功能
mysqli::close()	mysqli_close()	关闭先前打开的数据库连接
mysqli::commit()	mysqli_commit()	提交当前的数据库事务
mysqli::query()	mysqli_query()	在数据库内执行查询
mysqli::rollback()	mysqli_rollback()	回滚当前事务
mysqli::select_db()	mysqli_select_db()	为数据库查询设置默认数据库
mysqli::set_charset()	mysqli_set_charset()	设置默认的客户端字符集

表 11-2　Mysqli_result 类常用的属性与方法

面向对象接口	面向过程接口	描述
属性		
$mysqli_result::field_count	mysqli_num_fields()	获取结果中字段数量
$mysqli_result::num_rows	mysqli_num_rows()	获取结果中行的数量
方法		
mysqli_result::fetch_all()	mysqli_fetch_all()	抓取所有的结果行并且以关联数据、数值索引数组，或者两者皆有的方式返回结果集
mysqli_result::fetch_array()	mysqli_fetch_array()	以一个关联数组、数值索引数组，或者两者皆有的方式抓取一行结果
mysqli_result::fetch_assoc()	mysqli_fetch_assoc()	以一个关联数组方式抓取一行结果
mysqli_result::fetch_field()	mysqli_fetch_field()	返回结果集中的下一个字段

面向对象接口	面向过程接口	描述
方法		
mysqli_result::fetch_fields()	mysqli_fetch_fields()	返回一个代表结果集字段的对象数组
mysqli_result::fetch_object()	mysqli_fetch_object()	以一个对象的方式返回一个结果集中的当前行
mysqli_result::fetch_row()	mysqli_fetch_row()	以一个枚举数组方式返回一行结果
mysqli_result::field_seek()	mysqli_field_seek()	设置结果指针到特定的字段开始位置
mysqli_result::free(), mysqli_result::close, mysqli_result::free_result	mysqli_free_result()	释放与一个结果集相关的内存

表 11-3　MySQLi_STMT 类常用的属性与方法

面向对象接口	面向过程接口	描述
属性		
$mysqli_stmt::affected_rows	mysqli_stmt_affected_rows()	返回受上次执行语句影响的总行数：修改、删除或插入
$mysqli_stmt::field_count	mysqli_stmt_field_count()	返回语句内的字段数量
$mysqli_stmt::insert_id	mysqli_stmt_insert_id()	获取上次 INSERT 操作生成的 ID
$mysqli_stmt::num_rows	mysqli_stmt_num_rows()	返回语句结果集中的行数
$mysqli_stmt::param_count	mysqli_stmt_param_count()	返回语句中参数的数量
方法		
mysqli_stmt::bind_param()	mysqli_stmt_bind_param()	绑定变量参数到 prepared 语句
mysqli_stmt::bind_result()	mysqli_stmt_bind_result()	绑定变量参数到 prepared 语句，用于结果存储
mysqli_stmt::close()	mysqli_stmt_close()	关闭 prepared 语句
mysqli_stmt::execute()	mysqli_stmt_execute()	执行 prepared 查询
mysqli_stmt::fetch()	mysqli_stmt_fetch()	获取 prepared 语句中的结果，到指定变量中
mysqli_stmt::free_result()	mysqli_stmt_free_result()	释放给定语句处理存储的结果集所占内存
mysqli_stmt::get_result()	mysqli_stmt_get_result()	获取 prepared 语句中的结果，仅可用于 mysqlnd

面向对象接口	面向过程接口	描述
方法		
mysqli_stmt::get_warnings()	mysqli_stmt_get_warnings()	暂无文档
mysqli_stmt::more_results()	mysqli_stmt_more_results()	检查多语句查询中是否还有更多结果
mysqli_stmt::next_result()	mysqli_stmt_next_result()	读取多语句查询中下一条结果
mysqli_stmt::num_rows()	mysqli_stmt_num_rows()	参见 $mysqli_stmt::num_rows 中的属性
mysqli_stmt::prepare()	mysqli_stmt_prepare()	准备执行 SQL 语句
mysqli_stmt::reset()	mysqli_stmt_reset()	重置 prepare 语句
mysqli_stmt::store_result()	mysqli_stmt_store_result()	从 prepare 语句中传输储存结果集

任务二　MySQLi 完成数据库连接及数据表操作

通过 MySQLi 扩展操作 MySQL 数据库的常用步骤如下：

（1）创建 MySQLi 对象。连接 MySQL 数据库并打开要操作的数据库。

（2）操作数据库。发送并执行 SQL 语句。

（3）处理结果。处理执行结果。

（4）关闭连接。释放资源。

接下来用一个简单的实例来看看具体的代码实现。

假设：MySQL 数据库服务器的 IP 地址是"127.0.0.1"；root 账号的密码是"root_password"；数据库名为"myblogdb"；其中一个数据表名为"t_articles"，其表结构描述如下：

`article_id` int(10) unsigned NOT NULL AUTO_INCREMENT,

`article_type_id` int(10) unsigned NOT NULL DEFAULT '0' COMMENT '所属博文分类的 Id',

`title` varchar(100) NOT NULL COMMENT '博文标题',

`intro` text COMMENT '简介',

`cover_img_url` varchar(200) DEFAULT NULL COMMENT '博文封面图像 URL',

`content` text NOT NULL COMMENT '博文内容',

`hits` int(10) unsigned DEFAULT '0' COMMENT '阅读量',

`create_time` timestamp NULL DEFAULT CURRENT_TIMESTAMP COMMENT '发布时间',

`update_time` timestamp NULL DEFAULT NULL COMMENT '修改时间',

`delete_time` timestamp NULL DEFAULT NULL COMMENT '软删除时间

（1）执行无结果集的 SQL 语句。如：insert、update、delete 等 SQL 语句。

功能描述：向 t_articles 表中插入一条记录。

程序如下：

```php
<?php
// 1. 创建 MySQLi 对象。连接 MySQL 数据库并打开要操作的数据库。
$mysqli = new mysqli('127.0.0.1', 'root', 'root_password', 'myblogdb');
// 2. 操作数据库。发送并执行 SQL 语句。
$sql = "insert into t_articles (article_type_id, title, intro, cover_img_url, content) values (3, '标题', '简介', '封面图像.jpg', '内容');";
$result = $mysqli->query($sql);
// 3. 处理结果。处理执行结果。
$newid = $mysqli->insert_id;       // 新插入数据的自增 id 的值
$rownumber = $mysqli->affected_rows;    // 受影响的行数(插入数据的行数)
// 4. 关闭连接。释放资源。
$mysqli->close();
```

将以上程序中的$sql 变量的值改为 update 语句或 delete 语句就可以实现数据的修改与删除了。但要注意的是，insert_id 属性只有在执行 insert 语句且表中含有自增主键的字段才能返回。

（2）执行有结果集的 SQL 语句。如：select、show 等 SQL 语句。

功能描述：读取 t_articles 表中最新的 5 条博文数据。

程序如下：

```php
<?php
// 1. 创建 MySQLi 对象。连接 MySQL 数据库并打开要操作的数据库。
$mysqli = new mysqli('127.0.0.1', 'root', 'root_password', 'myblogdb');
// 2. 操作数据库。发送并执行 SQL 语句。
$sql = "SELECT * FROM t_article WHERE delete_time IS NULL ORDER BY create_time DESC LIMIT 5;";
$result = $mysqli->query($sql);
// 3. 处理结果(有结果集,$result 是 mysqli_result 对象)。
// 3-1 获取结果的记录数
$records = $result->num_rows;
// 3-2 通过 mysqli_result 对象的相关 fetch_xxx 方法读取数据。
$datas1 = $result->fetch_all();     // 读取整个结果集数据并生成二维数组
echo json_encode($datas1);//通过 json_encode()函数将数组解析为 JSON 字符串并
// $datas2 = $result->fetch_assoc();    读取一行数据并生成一维关联数组
// $datas3 = $result->fetch_array(MYSQLI_ASSOC | MYSQLI_NUM | MYSQLI_BOTH);
读取一行数据并生成一维参数指定的数组类型
// $data4 = $result->fetch_object(); 读取一行数据并生成对象。
```

```
// 4. 释放结果集
$result->free();
// 5. 关闭连接。释放资源。
$mysqli->close();
```

以上程序简单演示了 PHP 程序如何通过 MySQLi 扩展读取 MySQL 数据库中的数据。大多数情况下得到数组类型的数据之后,通过 json_encode()函数将数组解析为 JSON 字符串并通过 echo 输出到页面中显示。客户端通过发送 HTTP 请求就可以得到 JSON 数据,再实现页面元素数据的绑定渲染,这样用户就可以看到数据了。

任务三　学生基本信息查询

一、案例描述

用户可以"专业""班级"与"学生姓名"自主设置组合条件以查询相关学生基本信息。

PHP 程序实现 MySQL
数据库查询操作

二、实现方法

为了方便用户高效查询所需学生数据,案例提供了 datalist 表单元素,此元素用户可以输入,也可以选择。如果用户不清楚专业的全称或班级的全称就可以输入专业或班级的关键字完成模糊查询,也可以使用准确的信息进行精确查询。

本案例使用了 jQuery 库的 AJAX 方法,异步发送 HTTP 请求获取数据。

三、实现流程

图 11-22　实现流程图

本案例实现方法采用了目前较主流的开发方式,代码分离模式。从上图可以看出,本案例只有一个页面,有四个文件,每个文件分别独立,方便后期维护与分工协作。

四、项目实现步骤

(1)学生管理系统页面效果图。在站点下创建名为 student.html 的网页,效果图如图 11-23、11-24 所示。

图 11-23　页面加载完毕截图

学号	姓名	性别	出生日期	年龄	操作
1002	张三2	男	1999-01-02	20	
1003	张三3	女	1999-02-02	20	
1004	张三4	男	1999-03-02	20	
1005	张三5	女	1999-04-02	20	
1006	张三6	男	1999-05-02	19	

图 11-24　查询结果页面截图

（2）student.html 页面文件源程序。

```
<!DOCTYPE html>
<html lang="zh-CN">
  <head>
    <meta charset="utf-8">
    <meta http-equiv="X-UA-Compatible" content="IE=edge">
    <meta name="viewport" content="width=device-width, initial-scale=1">
    <!-- 上述 3 个 meta 标签*必须*放在最前面,任何其他内容都*必须*跟随其后! -->
    <title>学生基本信息</title>
    <link href="bs/css/bootstrap.min.css" rel="stylesheet">
    <!--[if lt IE 9]>
```

```
        <script src="https://cdn.jsdelivr.net/npm/html5shiv@3.7.3/dist/html5shiv.min.js"></script>
        <script src="https://cdn.jsdelivr.net/npm/respond.js@1.4.2/dest/respond.min.js"></script>
    <![endif]-->
        <!-- //自己写的样式表，一定要放在我们引入别人的样式表之后 -->
    <link rel="stylesheet" href="css/style.css">

    <style type="text/css">

    </style>
  </head>
  <body>
        <!-- 导航条 -->
    <nav class="navbar navbar-default navbar-default1">
    <div class="container-fluid">
        <!-- Brand and toggle get grouped for better mobile display -->
        <div class="navbar-header">
            <button type="button" class="navbar-toggle collapsed" data-toggle="collapse"
data-target="#bs-example-navbar-collapse-1" aria-expanded="false">
                <span class="sr-only">Toggle navigation</span>
                <span class="icon-bar"></span>
                <span class="icon-bar"></span>
                <span class="icon-bar"></span>
            </button>
            <a class="navbar-brand nav_logo" href="#"><img src="images/logo.png" alt=""
height="100%"></a>
        </div>

        <!-- Collect the nav links, forms, and other content for toggling -->
        <div class="collapse navbar-collapse" id="bs-example-navbar-collapse-1">
            <ul class="nav navbar-nav">
                <li><a href="#">学院首页  <span class="sr-only">(current)</span></a></li>
                <li><a href="#">学院简介</a></li>
                <li class="dropdown">
                    <a href="#" class="dropdown-toggle" data-toggle="dropdown" role="button"
aria-haspopup="true" aria-expanded="false">二级学院  <span class="caret"></span></a>
                    <ul class="dropdown-menu">
                        <li><a href="#">人工智能学院</a></li>
                        <li><a href="#">经济管理学院</a></li>
                        <li><a href="#">Something else here</a></li>
```

```
                </ul>
            </li>
            <li   class="item_active"><a href="student.html">学生基本信息</a></li>
            <li><a href="article.html">博文信息添加</a></li>
        </ul>


    </div><!-- /.navbar-collapse -->
  </div><!-- /.container-fluid -->
</nav>


<!-- 主体内容区域 -->
<div class="container">
    <h2   class="page-header"><span   class="glyphicon   glyphicon-user"   style="color:
red;"><span id="classname"></span></span>学生基本信息表</h2>
        <!-- 查询框 -->
        <div class="alert alert-info">
        <button   type="button"   class="close"   data-dismiss="alert"   aria-hidden="true">
&times;</button>
            <div class="container-fluid">
            <div class="col-sm-2">
                <strong>查询条件设置：</strong>
            </div>
            <div class="col-sm-3">
                <input type="text" name="proname" id="proname" list="prolist" class="form-
control" placeholder="请输入专业名称">
                <datalist id="prolist">
                        <!-- <option value="计算机应用技术">计算机应用技术</option> -->
                </datalist>
            </div>
            <div class="col-sm-3">
                <input   type="text"   name="txtclassname"   id="txtclassname"   list="classlist"
class="form-control" placeholder="请输入班级名称">
                <datalist id="classlist">

                </datalist>
            </div>
            <div class="col-sm-2">
                <input   type="text"   name="stuname"   id="stuname"   class="form-control"
```

```
placeholder="学生姓名">
                </div>
                <div class="col-sm-2">
                    <button    type="button"    class="btn   btn-success   btn-search"><span
class="glyphicon glyphicon-search"></span> 查询</button>
                </div>
            </div>
        </div>
    <!-- 表格 -->
        <table class="table table-bordered table-hover">
            <thead>
                <tr>
                        <!-- <th>班级名称</th> -->
                <th>学号</th>
                <th>姓名</th>
                <th>性别</th>
                <th>出生日期</th>
                <th>年龄</th>
                 <th>身份证号</th>
                 <th>操作</th>
                 </tr>

            </thead>
            <tbody>
              <!-- <tr>
                    <td>1</td>
                    <td>张三</td>
                    <td>男</td>
                    <td>1988-01-01</td>
                    <td>513023198801011212</td>
              </tr>
              <tr>
                    <td>1</td>
                    <td>张三</td>
                    <td>男</td>
                    <td>1988-01-01</td>
                    <td>513023198801011212</td>
              </tr>
              <tr>
```

253

```
                <td>1</td>
                <td>张三</td>
                <td>男</td>
                <td>1988-01-01</td>
                <td>513023198801011212</td>
            </tr> -->
        </tbody>
    </table>
</div>

<!-- 版权信息网页底部 -->
<div id="footer">重庆科创职业学院　版权所有 | 站点地图 <br>
地址:重庆市永川区昌州大道西段 28 号 <br>
咨询电话:023-49508222 49508777 渝 ICP 备 09007502 号　渝公网安备 50011802010074 号</div>

        <!-- jQuery (Bootstrap 的所有 JavaScript 插件都依赖 jQuery，所以必须放在前边) -->
        <script src="bs/js/jquery.min.js"></script>
        <!-- 加载 Bootstrap 的所有 JavaScript 插件。你也可以根据需要只加载单个插件。 -->
        <script src="bs/js/bootstrap.min.js"></script>
        <!-- 依赖于 jquery 写的 js 代码，一定要放在 jquery.js 引入之后 -->
        <script type="text/javascript" src="js/common.js"></script>
        <script type="text/javascript" src="js/student.js"></script>

    </body>
</html>
```

（3）student.css 样式表文件源程序。

```
.nav_logo{
    padding: 5px;
}
#footer{
    width: 100%
    height:60px;
    background-color: #33dd44;
    text-align: center;
    padding: 20px;
```

```
            margin-top: 50px;
         }
        .navbar-default1 {
            background-color: #33dd44;
         }
        .navbar-default .navbar-nav>li>a
         {
            color: red;
         }
        .navbar-default .navbar-nav>li>a:hover
         {
            color: blue;
         }
        .item_active {
            background-color: #334455 !important;
         }
```

（4）api/student.php 文件源程序，用于将学生基本信息从数据库查询出来并转换成 json 数据。

```php
<?php

// 1、连接 mysql 数据库服务器，连接你需要的数据库，初始化 mysqli 对象，连接数据库
$mysqli = new mysqli('localhost', 'root', 'root', 'studentdb');
// 2、设置字符集
$mysqli->set_charset('utf8');
//3、执行 sql 语句，返回含有结果集的语句构建 SQL 语句
$proname = $_GET['pro'];
$classname = $_GET['cla'];
$stuname = $_GET['stu'];
$con = '';
if ($proname != '') {
    $con .= " AND ProName='{$proname}'";
}
if ($classname != '') {
    $con .= " AND Classname='{$classname}'";
}
if ($stuname != '') {
    $con .= " AND StuName LIKE '%{$stuname}%'";
}
// 学生信息的数据
```

```
// 满足条件的学生班级信息
$sqlcout = "select count(distinct(classname)) as clacout from v_stu_class_pro where
DeleteTime is null and studentid>0{$con}";
$arr = $mysqli->query($sqlcout);
$clacount = $arr->fetch_all()[0][0]; //班级数量


$sql = "select StudentID,classname,stuno as no,stuname as name,idcard as sfz from
v_stu_class_pro where DeleteTime is null and studentid>0{$con}";
// 4、执行 SQL 语句从结果集中获取我们的数据
$result = $mysqli->query($sql); //学生数据
// 5、把获取的数据转换成组织成相应数组
$datas = $result->fetch_all(MYSQLI_ASSOC);
// var_dump($datas[0]['Classname']);
//var_dump($clacount);
// var_dump($datas);
// 6、释放结果集
$result->free();
// 7、关闭连接
$mysqli->close();
// var_dump($datas);
$students = [
    'cname' => count($datas) && $clacount == 1 ? $datas[0]['Classname'] : '',
    'clacount' => $clacount,
    'student' => $datas,
            ];
    echo json_encode($students);
```

（5）api/classes.php 文件源程序，提供班级信息从数据库查询出转换后绑定给查询页面。

```php
<?php
$option = strtolower($_REQUEST['op']);
$mysqli = new mysqli('localhost', 'root', 'root', 'stu');
switch($option) {
    // 根据专业名称返回班级
    case "getclassbypro":
        $proname = $_GET['pro'];
        $sql = "SELECT * FROM v_class_pro WHERE proName='{$proname}';";
        // 执行 SQL 语句
        $res = $mysqli->query($sql);
        $arr = $res->fetch_all(MYSQLI_ASSOC);
```

```
            echo json_encode($arr);
            break;
    }
    $mysqli->close();
```

（6）api/ profession.php 文件源程序,将专业信息数据查询出后转为 json 数据并绑定给查询页面的专业信息列表。

```
<?php
$option = strtolower($_REQUEST['op']);
$mysqli = new mysqli('localhost', 'root', 'root', 'stu');
switch($option) {
    // 获取所有专业名称
    case "getallname":
        $sql = "SELECT pro_id, pro_name FROM t_pro WHERE delete_time is null;";
        // 执行 SQL 语句
        $res = $mysqli->query($sql);
        $arr = $res->fetch_all(MYSQLI_ASSOC);
        echo json_encode($arr);
        break;
}
$mysqli->close();
```

（7）js/student.js 文件源程序，实现获取 json 数据并绑定到静态页面显示。

```
// jQuery Ready 事件处理程序
; $(function () {
    // 1. 请求所有专业名称，并添加到查询框中的专业 datalist 中
    $.getJSON("api/profession.php", { op: 'getallname' },
        function (data, textStatus, jqXHR) {
            let tags = '';
            for (const item of data) {
                tags += `<option>${item.pro_name}</option>`;
            }
            $('#prolist').append(tags);
        }
    );
    // 2. 当专业框中的值发生改变并离开焦点时获取专业框中的值，并 AJAX 该专业
的所有班级。
    $('#proname').change(function (e) {
        $.getJSON("api/classes.php", { op: 'getclassbypro', pro: $('#proname').val() },
            function (data, textStatus, jqXHR) {
```

```
                console.log(data);
                let tags = '';
                for (const item of data) {
                        tags += `<option>${item.classname}</option>`;
                }
                $('#classlist').empty().append(tags);
            }
        );
    });
    // 3. 绑定"查询"按钮，获取查询框中三个元素的值，发送 AJAX 请求数据，并
处理数据显示。
        $('.btn-search').click(function (e) {
            // 获取三个单元元素的值。
            let proname = $('#proname').val().trim();
            let classname = $('#txtclassname').val().trim();
            let stuname = $('#stuname').val().trim();
            $.getJSON("api/students.php", {
                op: 'getstudents',
                proname: proname,
                classname: classname,
                stuname: stuname
            },
                function (data, textStatus, jqXHR) {
                    console.log(data);
                    $('#classname').text(data.classname);
                    // 判断并添加"班级名称"列
                    if (data.count > 1) {
                        $('thead>tr').prepend('<th>班级名称</th>');
                    } else {
                        if ($('thead>tr>th:first').text() == '班级名称') {
                            $('thead>tr>th:first').remove();
                        }
                    }
                    let tags = '';
                    for (const item of data.studentsInfo) {
                        let birthday = item.id.substr(6, 4) + '-' + item.id.substr(10, 2) + '-'
+ item.id.substr(12, 2);
                        let age = getAgeByBithday(birthday);
```

```javascript
                    let gender = item.id.substr(16, 1) % 2 ? '男' : '女';
                    // 判断并添加班级列
                    let cell = data.count > 1 ? `<td>${item.classname}</td>` : '';
                    tags += `<tr>${cell}<td>${item.no}</td><td>${item.name}</td>
<td>${gender}</td><td>${birthday}</td><td>${age}</td>
                        <td><button class="btn btn-info btn-sm" data-id="${item.studentId}">
<span class="glyphicon glyphicon-edit"></span></button> <button class="btn btn-warning
btn-sm btn-del" data-id="${item.StudentID}"><span class="glyphicon glyphicon-remove">
</span></button></td>
                    </tr>`;
                }
                $('#datas').empty().append(tags);
            }
        );
    });
    // 绑定"删除"按钮的 click 事件
    $('tbody').on('click', '.btn-del', function(e){
        if(!confirm('是否真的要删除？')) {
            return;
        }
        // 获取被单击按钮的 data-id 属性的值
        // JS DOM 对象转 jQuery 对象$(DOM)
        // this 的指向，被调用的对象
        // 1. 通过变量携带 this
        // 2. ES6 箭头函数: 这改变 this 的指向
        let id = $(this).attr('data-id');
        // let btnobj = $(this);

        // 发送 AJAX 请求，并将 id 值一并传递。
        $.getJSON("api/students.php", {op: 'delbyid', id},
            (data, textStatus, jqXHR) => {
                alert(data.msg);
                // 删除表行
                // jQuery 树遍历的相关方法
                $(this).parent().parent().remove();
            }
        );
    })
```

```javascript
/* $.getJSON('api/students.php', {op: 'abc'}, function(json, textStatus) {
    //json = JSON.parse(json);           // JSON 字符串解析为 JS 对象
    console.log(json);
    // 替换班级名称
    $('#classname').text(json.className);
    let tags = '';                // let ES6，声明一个局部变量。
    for(item of json.studentsInfo) {
        // tags += '<tr><td>' + item.no + '</td><td></td><td></td><td></td></tr>';
        // 截取生日
        let birthday = item.id.substr(6, 4) + '-' + item.id.substr(10, 2) + '-' + item.id.substr(12, 2);

        // let gender = item.gender ? '男' : '女';
        // JS 中数据类型：number
        // * JS Date 对象的初始化
        // 1. new Date()：以当前的系统日期时间初始化 Date 对象
        // 2. new Date(datetimestring)：指定的 datetimestring 初始化 Date 对象
        // 3. new date(year, month, day, hour, minute, second)
        // * 两个 Date 对象相减，得到相差的毫秒数。
        let age = getAgeByBithday(birthday);
        let gender = item.id.substr(16,1) % 2 ? '男' : '女';
        tags += `<tr><td>${item.no}</td><td>${item.name}</td><td>${gender}</td> <td>${birthday}</td><td>${age}</td>
            <td><button class="btn btn-info btn-sm" data-id="${item.StudentID}"><span class="glyphicon glyphicon-edit"></span></button> <button class="btn btn-warning btn-sm" data-id="${item.StudentID}"><span class="glyphicon glyphicon-remove"></span></button></td>
        </tr>`;                // ES6 字符串模板,解析变量的格式：${变量名}
    }
    $('#datas').append(tags);
}); */
});
function getAgeByBithday(birthday) {
    // 初始化当前时间的 Date 对象
    let Now = new Date();
    // 初始化参数 birthday Date 对象
    let Birthday = new Date(birthday);
    let tmp = Now - Birthday;
```

```
        let age = Math.floor(tmp / 1000 / (24 * 3600) / 365);
        return age;
    }
```

（8）common.js，此页面完成根据学生的身份证号通过函数的方式得出学生的出生日期、性别、年龄的功能。具体代码如下：

```
// 根据身份证号码求出这个人的出生日期，带参数（1 身份证号， 2 显示的格式）
function getbridathy(id,formart='c')
{
    let year=id.substr(6,4);    //年
    let month=id.substr(10,2);   //月
    let day=id.substr(12,2);    //日
    let returnstring=";
    switch(formart)
    {
        case "c":
          returnstring=year+"年"+month+"月"+day;
          break;
        case "-":
          returnstring=year+formart+month+formart+day;
          break;
         case "/":
          returnstring=year+"/"+month+"/"+day;
          break;
    }
    return returnstring;
}
// 通过（身份证号码倒数第二位如果是奇数就是男，否则是女）。返回性别，并指定
返回的格式（1 身份证号，2 显示的格式['c', 'bool', 'int']）。
function getgendr(id,formart='c')
{
   let tag=id.substr(16,1);
   let tag1=tag%2?1:0;
   let returngender=";
   switch(formart)
   {
     case 'c':
     returngender=tag1?'男':'女';
     break;
```

```
            case '-':
                returngender=tag1? true: false;
                break;
            case '/':
              returngender=tag1? 1: 0;
                break;
        }
        return returngender;
    }
    // 通过身份证号码返回年龄,
    function getAgeByBithday(id) {
        // 初始化当前时间的 Date 对象
        let Now = new Date();
        birthday= getbridathy(id,"-");//调用上面定义的根据身份证号得出出生日期的函数
        // 初始化参数 birthday Date 对象
        let Birthday = new Date(birthday);
        // let Birthday = new Date(birthday);
        let tmp = Now - Birthday;
        let age = Math.floor(tmp / 1000 / (24 * 3600) / 365);
        return age;
    }
```

完成以上步骤，最终实现了学生基本信息根据条件进行查询的功能。

任务四　学生基本信息的删除

（1）在学生信息列表后面增加一个删除按钮。在 student.js 中添加删除按钮，点击删除按钮可以删除此条学生信息。页面设计按钮界面的代码如下：

```
        <button class="btn btn-warning btn-sm btn-del" data-id="${item.StudentID}"><span
class="glyphicon glyphicon-remove"></span></button>
```

（2）点击后通过 Student.js 中绑定删除按钮的事件完成删除程序的调用，代码如下：

```
    //删除数据
    $('tbody').on('click','.btn-del',function(e)
    {
        if(!confirm('你确定要删除吗？'))
        {
                return;
        }
        // 获取被单击的 data-id 属性的值
```

```
            // JS 的 DOM 对象转为 jquery 的对象$(DOM)
            // this 的指向，被调用的对象
            // 1.通过变量赋值 this，当前操作的对象
            // 2.ES6 箭头函数：改变 this 的指向
            let id=$(this).attr('data-id');
     //     alert(id);
            $.getJSON('./api/delte.php', {stuid:id}, function(json, textStatus) {
                    alert(json.msg);
                    $(this).parent().parent().remove();
            });
     });
```

（3）新增删除程序页面 api/delte.php,具体代码如下：

```php
<?php
// 1、连接 mysql 数据库服务器，连接你需要的数据库，初始化 mysqli 对象，连接数据库
$mysqli=new mysqli('localhost','root', 'root', 'studentdb');
// 2、设置字符集
$mysqli->set_charset('utf8');
//3、执行 sql 语句，返回含有结果集的语句 构建 SQL 语句
// $proname="计算机应用技术";
$stuid=$_GET['stuid'];
// echo $proname;
// $sql = "delete from t_students where studentid='${stuid}'";
$now=time();
$sql = "update t_students set DeleteTime={$now} where studentid='${stuid}'";
echo $sql;
//   4、执行 SQL 语句从结果集中获取我们的数据
$result = $mysqli->query($sql);

//5、把获取的数据转换成组织成相应数组
$rows=$mysqli->affected_rows;//返回受影响的行数
$msg='';
if($rows<1)
{
        $msg='删除失败！';
}
else
{
        $msg='删除成功！';
```

```
    }
    // var_dump($datas);
    // 6、释放结果集
    // $result->free();
    // 7、关闭连接
    $mysqli->close();
    $data=['msg'=> $msg];
    //    把数组数据转换成 json 数据
      echo json_encode($data);
```

任务五　学生基本信息的添加

一、案例描述

后台管理员可以通过添加页面完成学生信息，包括班级、学号、姓名、身份证号等学生基本信息的添加功能。

PHP 程序实现对 MySQL 数据库的写操作

二、实现方法

为了方便高效安全地添加学生信息，案例提供了下拉列表框表单元素，此元素让用户只能选择班级进行添加，实现数据的关联性和一致性。

本案例使用了 jQuery 库的 AJAX 方法，异步发送 HTTP 请求获取数据。

三、实现流程

图 11-25　实现流程图

本案例实现方法采用了目前较主流的开发方式，即代码分离模式。从上图可以看出，本案例只有一个学生信息添加页面，共有四个文件，每个文件分别独立，方便后期维护与分工协作。

四、学生信息添加项目实现步骤

（1）学生信息添加页面效果图。在站点下创建名为 Stu_add.html 的网页，效果图如图 11-26 所示。

图 11-26　学生信息添加页面效果图

（2）添加页面源代码如下，注意在添加页面最后加了绑定提交按钮的 jquery 事件并把页面数据提交到 student_add.php 页面进行数据的存储操作。

```
<!DOCTYPE html>
<html lang="zh-CN">
<head>
    <meta charset="utf-8">
    <meta http-equiv="X-UA-Compatible" content="IE=edge">
    <meta name="viewport" content="width=device-width, initial-scale=1">
    <!-- 上述 3 个 meta 标签*必须*放在最前面,任何其他内容都*必须*跟随其后! -->
    <title>学生基本信息</title>
    <link href="bs/css/bootstrap.min.css" rel="stylesheet">
    <!--[if lt IE 9]>
        <script  src="https://cdn.jsdelivr.net/npm/html5shiv@3.7.3/dist/html5shiv.min.js">
</script>
        <script  src="https://cdn.jsdelivr.net/npm/respond.js@1.4.2/dest/respond.min.js">
</script>
    <![endif]-->
    <!-- //自己写的样式表，一定要放在我们引入别人的样式表之后 -->
    <link rel="stylesheet" href="css/style.css">

    <style type="text/css">

    </style>
</head>
```

```html
<body>
    <!-- 导航条 -->
    <nav class="navbar navbar-default navbar-default1">
        <div class="container-fluid">
            <!-- Brand and toggle get grouped for better mobile display -->
            <div class="navbar-header">
                <button type="button" class="navbar-toggle collapsed" data-toggle="collapse" data-target="#bs-example-navbar-collapse 1" aria-expanded="false">
                    <span class="sr-only">Toggle navigation</span>
                    <span class="icon-bar"></span>
                    <span class="icon-bar"></span>
                    <span class="icon-bar"></span>
                </button>
                <a class="navbar-brand nav_logo" href="#"><img src="images/logo.png" alt="" height="100%"></a>
            </div>

            <!-- Collect the nav links, forms, and other content for toggling -->
            <div class="collapse navbar-collapse" id="bs-example-navbar-collapse-1">
                <ul class="nav navbar-nav">
                    <li><a href="#">学院首页   <span class="sr-only">(current)</span></a></li>
                    <li><a href="#">学院简介</a></li>
                    <li class="dropdown">
                        <a href="#" class="dropdown-toggle" data-toggle="dropdown" role="button" aria-haspopup="true" aria-expanded="false">二级学院 <span class="caret"></span></a>
                        <ul class="dropdown-menu">
                            <li><a href="#">人工智能学院</a></li>
                            <li><a href="#">经济管理学院</a></li>
                            <li><a href="#">Something else here</a></li>

                        </ul>
                    </li>
                    <li class="item_active"><a href="student.html">学生基本信息</a></li>

                    <li><a href="article.html">博文信息添加</a></li>
                </ul>
```

266

```html
        </div>
        <!-- /.navbar-collapse -->
    </div>
    <!-- /.container-fluid -->
</nav>


<!-- 主体内容区域 -->
<div class="container">
    <h2 class="page-header">添加学生基本信息</h2>

    <form class="form-horizontal">
        <div class="form-group">
            <label for="txtxh" class="col-sm-2 control-label">学号：</label>
            <div class="col-sm-10">
                <input type="text" class="form-control" id="txtxh" placeholder="请输入学号" maxlength="10" required onblur="checkno()">
                <span id="rtxtxh">只可输入 10 位数字组成的学号</span>
            </div>
        </div>
        <div class="form-group">
            <label for="txtname" class="col-sm-2 control-label">姓名：</label>
            <div class="col-sm-10">
                <input type="text" class="form-control" id="txtname" placeholder="请输入姓名" required onblur="checkname()">
                <span id="rtxtname">只可输入合法的姓名</span>
            </div>
        </div>
        <div class="form-group">
            <label for="txtsfz" class="col-sm-2 control-label">身份证号：</label>
            <div class="col-sm-10">
                <input type="text" class="form-control" id="txtsfz" placeholder="请输入身份证号" required onblur="checksfz()">
                <span id="rtxtsfz">只可输入合法位的身份证号</span>
            </div>
        </div>
        <div class="form-group">
            <label class="col-sm-2 control-label">班级：</label>
```

```html
                            <div class="col-sm-10">
                                <select class="form-control" id="selclass">
                                    <option>1</option>
                                <!-- <option>2</option>
                                    <option>3</option>
                                    <option>4</option>
                                    <option>5</option> -->
                                </select>
                            </div>
                        </div>
                        <div class="form-group">
                            <div class="col-sm-offset-2 col-sm-10">
                                <button type="submit" class="btn btn-info btn-save">提 交
</button>
                                <button type="reset" class="btn btn-info btn-save">取 消
</button>
                            </div>
                        </div>
                </form>
            </div>
            <!-- 版权信息网页底部 -->
            <div id="footer">XXXXX 学院  版权所有 | 站点地图 <br> 地址:XXXXXX
XXXX <br> 咨询电话：XXXXX 渝 ICP 备 XXXXX 号  渝公网安备 XXXXX 号</div>


            <!-- jQuery (Bootstrap 的所有 JavaScript 插件都依赖 jQuery，所以必须放在前
边) -->
            <script src="bs/js/jquery.min.js"></script>
            <!-- 加载 Bootstrap 的所有 JavaScript 插件。你也可以根据需要只加载单个插
件。 -->
            <script src="bs/js/bootstrap.min.js"></script>
            <!-- 依赖于 jquery 写的 js 代码，一定要放在 jquery.js 引入之后 -->
            <!-- <script type="text/javascript" src="js/student.js"></script> -->
            <script type="text/javascript" src="js/common.js"></script>
            <script type="text/javascript" src="js/Stu_add.js"></script>
            <!-- 绑定提交按钮事件 -->
            <script>
                $(document).ready(function() {
                    // 绑定 form 的 submit
```

```javascript
$('form').submit(function(e) {
    // 阻止表单的默认提交方式
    e.preventDefault();
    // 获取表单中元素的值
    let data = {
        op: "newsave",
        txtxh: $('#txtxh').val(),
        txtname: $('#txtname').val(),
        txtsfz: $('#txtsfz').val(),
        selclass: $('#selclass').val(),
    };
    // 发送到后台，保存数据
    $.post("api/student_add.php", data, function(json, textStatus, jqXHR) {
        // json 默认的类型为 string
        //    let json=JSON.parse(json);
        alert(json.msg);
        $(window).attr('location', "./student.html");
    }, 'json');
});
});
</script>
</body>
</html>
```

在上面学生基本信息添加页面还需要对填写信息进行合法性验证。

（3）在添加页面中有一个表单选项为学生班级信息。这里的班级信息是学生基本信息添加中需要选择哪个学生属于哪个班级，所以这里的班级信息需要从数据库动态读出并方便后面通过 jquery 方式绑定到前面添加页面中。新建读取数据库中班级信息文件为 api/bd_class.php 页面，再完成从数据库读取班级信息，并转换为 json 数据，具体代码如下：

```php
<?php
// 1、连接 mysql 数据库服务器，连接你需要的数据库，初始化 mysqli 对象，连接数据库
$mysqli = new mysqli('localhost', 'root', 'root', 'studentdb');
// 2、设置字符集
$mysqli->set_charset('utf8');
//3、执行 sql 语句，返回含有结果集的语句 构建 SQL 语句
$sql = 'select classid,classname from t_classes';
//  4、执行 SQL 语句从结果集中获取我们的数据
$result = $mysqli->query($sql);
```

```
// 5、把获取的数据转换成组织成相应数组
$datas = $result->fetch_all(MYSQLI_ASSOC);
// var_dump($datas);
// 6、释放结果集
$result->free();
// 7、关闭连接
$mysqli->close();

$class = [
    'class' => $datas,
        ];
        //    把数组数据转换成 json 数据
  echo json_encode($class);
```

（4）当获得学生班级信息后，再通过 js 完成后端数据绑定到前端页面。新建 js/Stu_add.js 文件完成动态从数据库里读出数据库班级表中的班级信息，并绑定到学生信息添加页面的表单的班级下拉列表中。让学生班级信息只可选择不能随便输入。具体代码如下：

```
// 学生班级信息列表绑定
;
$(function() {
    //    绑定班级信息到下拉列表中
    $.getJSON('./api/bd_class.php', function(json, textStatus) {
        console.log(json.class);
        let obj = '';
        for (item of json.class) {
            obj += `<option value="${item.classid}">${item.classname}</option>`
        }
        // 用 append 追加的数据会把前面内容保留起在后面添加，用 html 添加的数
据会把前面的数据给覆盖掉
        //$('tbody').append(obj);
        $('#selclass').html(obj);
    });
    //    添加学生基本信息到数据库中
});
```

（5）新建 api/student_add.php 完成将前端 student_add.html 页面填写的数据存入到数据库中，添加成功后返回添加成功信息并跳转到学生基本信息管理页面。具体代码如下：

```
<?php
//1、连接 mysql 数据库服务器，连接你需要的数据库，初始化 mysqli 对象，连接数据库
$mysqli=new mysqli('localhost','root', 'root', 'studentdb');
```

```
// 2、设置字符集
$mysqli->set_charset('utf8');
//3、执行 sql 语句，返回含有结果集的语句 构建 SQL 语句
// 获得从客户端提交过来的表单数据
$txtxh=$_POST["txtxh"];
$txtname=$_POST["txtname"];
$txtsfz=$_POST["txtsfz"];
$selclass=$_POST["selclass"];
// $now=time();
$sql = "insert into t_students (ClassID,StuNo,StuName,IDCard) values ('{$selclass}',
'{$txtxh}','{$txtname}','{$txtsfz}')";
//  4、执行 SQL 语句从结果集中获取我们的数据
$result = $mysqli->query($sql);
//5、把获取的数据转换成组织成相应数组
$rows=$mysqli->affected_rows;//返回受影响的行数
$msg='';
if($rows<1)
{
        $msg='添加失败！';
}
else
{
        $msg='添加成功！';
}
// var_dump($datas);
//6、释放结果集
// $result->free();
//7、关闭连接
$mysqli->close();
$data=['msg'=> $msg];
        //   把数组数据转换成 json 数据
  echo json_encode($data);
```

五、使用 Ajax 检查添加学生信息时学号是否已经存在

在添加过程中如果输入的学号已经存在，就会存在相同学号数据的重复添加，对前端操作不太人性化。为此，需要借助 Ajax 技术在进行学生信息添加时就验证此学生的学号是否已经存在，如果存在就提示用户重新输入一个新学号。这就需要对上面 common.js 中学号合法性验证进行修改完善，具体实现过程如下：

271

Ajax 是异步 JavaScript 和 XML，是一种创建交互式网页应用的网页开发技术，核心是 javaScript 中的 XMLHttpRequest 对象。

（1）XMLHttpRequest 对象。

XMLHttpRequest 对象用于在后台与服务器交换数据，这意味着可以在不重新加载整个网页的情况下，对网页中某个部分的内容进行更新。

XMLHttpRequest 对象在不同浏览器中的实现方式：

IE 浏览器把 XMLHttpRequest 实现为一个 ActiveX 对象（ActiveXObject）。

其他的浏览器则把它实现为一个本地的 javaScript 对象（XMLHttpRequest）。

因此在创建对象实例时，必须要考虑不同浏览器的兼容性问题。

（2）创建 XMLHttpRequest 对象实例。在 js/common.js 里面新增创建 xml 对象实例方法。代码如下：

```
// 创建 xml 对象实例
function createXML() {
    var xml = false;
    if (window.ActiveXObject) {
        try {      xml = new ActiveXObject("Msxml2.XMLHTTP");      } catch (e) {
            try {          xml = new ActiveXObject("Microsoft.XMLHTTP");          }
catch (e) {          xml = false;          }
        }
    }
    else if (window.XMLHttpRequest) {          xml = new XMLHttpRequest();          }
    return xml;
}
```

（3）XMLHttpRequest 对象的 open()方法。

格式：open（method, url, boolean）

参数说明：

method 参数取值可以是 post 或者 get，两者传递数据的方式不同；

url 参数指定请求服务器端要执行的文件；

boolean 参数指定此请求是否为异步方式，默认为 true，表示脚本执行 send()方法后不等待服务器的执行结果，而是继续执行脚本代码；若设置为 false，服务器请求是同步进行的，也就是脚本执行 send()方法后等待服务器执行结果的返回，若在等待过程中超时，则不再等待，继续执行后面的脚本代码。

（4）XMLHttpRequest 对象的 send()方法。

send()方法的参数可以是 null 或者是要传递的字符，取决于 open()方法中 method 参数取值是 get 还是 post。

method 参数取值为 GET 方法时，要提交检测的数据需要写到 open()方法的 url 参数中，此时 send()方法的参数设置为 null。method 参数取值为 POST 时，使用 POST 方法时，要提交的数据将作为 send()方法的参数传递给服务器，此时需要在 common.js 中的 checkno 方法中添加如下代码，设定 Content-Type 头信息，这样服务器才会知道如何处理上传的内容，设置头信息前必须先调用 open()方法。例如：

```
var url = "./api/check.php";
var postStr = "strxh=" + strxh;
var xml = createXML();
xml.open("POST", url, true);
xml.setRequestHeader("Content-Type",
 "application/x-www-form-urlencoded;charset=utf8");
xml.send(postStr);
```

（5）关于属性 readyState。

应用 XMLHttpRequest 对象把一个 HTTP 请求发送到服务器端时，将经历五种状态，每种状态都有一个取值，分别是 0、1、2、3、4，这些状态值要通过属性 readyState 获取，对 ajax readyState 的五种状态解释如下：

0 – （未初始化）还没有调用 send()方法；

1 – （载入）已调用 send()方法，正在发送请求；

2 – （载入完成）send()方法执行完成，已经接收到全部响应内容；

3 – （交互）正在解析响应内容；

4 – （完成）响应内容解析完成，可以在客户端调用了。

由此，可以根据 readyState 属性值是否是 4 来确定在浏览器端是否可以使用检测返回的结果。

（6）事件 readystatechange。

无论 readyState 值何时变化，XMLHttpRequest 对象都会触发一个 readystatechange 事件，当该事件被激活时，执行匿名回调函数：

xml.onreadystatechange=function(){…}

每次执行都要判断属性 readyState 是否为 4，属性 status 是否为 200，以确定浏览器端是否可以使用响应结果。

（7）修改 js/common.js 函数 checkno()。

应用 ajax 时，发送请求获取响应，需要创建函数 check()完成。在 zhuce.js 中定义函数 check()，该函数要完成如下功能：

获取浏览器端要上传的数据；

调用函数 createXML()得到 XMLHttpRequest 对象的实例；

通过实例应用方法 open()，这里 method 参数取值设置为 POST；

通过实例应用 setRequestHeader()方法，设置请求的头信息；

通过实例应用 send()方法，将请求发送给服务器；

在事件 readystatechange 的匿名处理函数中判断交易是否成功，若成功要通过实例的 responseText 属性获取服务器返回的响应信息，然后判断响应信息，若为空，说明请求检测的数据是可以使用的，否则要弹出消息框提示用户需要重新注册，将光标放入文本框并清空内容，函数 check()需要在用户输入邮件地址之后触发调用，即改变文本框 emailaddr 的内容之后调用，需要在 zhuce.html 文件的 emailaddr 文本框中使用代码 onchange="check()"完成。

此时调用函数，无法实现功能，必须在创建其中指定的服务器文件 check.php 之后，才能真正实现 ajax 功能。具体代码如下：

```
// 学号的验证
function checkno() {
    // alert("adfsdfsdf")
    var strxh = document.getElementById("txtxh").value;
    var strpxh = document.getElementById("rtxtxh").innerHTML;
    document.getElementById("rtxtxh").innerHTML = "";
    reg = /^\d{10}$/;
    // alert(strxh);
    if (reg.test(strxh) === false) {
        // "密码必须是 6-16 位"
        document.getElementById("rtxtxh").innerHTML = "<span style='color:red;'>*只
可输入 10 位数字组成的学号</span>";
        return false;
    }
    var url = "./api/check.php";
    var postStr = "strxh=" + strxh;
    var xml = createXML();
    xml.open("POST", url, true);
    xml.setRequestHeader("Content-Type",  "application/x-www-form-urlencoded;charset
=utf8");
    xml.send(postStr);
    xml.onreadystatechange = function() {
        if (xml.readyState == 4 && xml.status == 200) {
            var res = xml.responseText;
            if (res != "") {
                alert(res);
                emailTxt.focus();
                emailTxt.value = ';
            }
        }
    }
}
```

（8）创建服务器端文件 check.php，检查数据库中是否已经存在相同学号的学生信息。若存在，则输出文本"该学号已经存在，请重新输入"。文件 check.php 的功能实现步骤如下：

获取用户通过 XMLHttpRequest 对象 send()方法发送的请求，在 check()函数的 open()方法中指定的是 POST 方法，所以此处使用代码$emailaddr=$_POST['emailaddr'];（若 open()方法中指定的是 GET 方法，则使用代码$emailaddr=$_GET['emailaddr'];）

打开数据库 email，设计查询语句，查询 usermsg 表中 emailaddr 列值为用户注册的邮件地址$emailaddr 的记录；

274

执行查询语句，获取查询结果记录集中的记录个数；

判断记录个数是否是 0，若不是 0，说明$emailaddr 中保存的账号已经被注册过，输出文本 "该账号已经存在，请重新注册"，该文本将作为 XMLHttpRequest 对象属性 responseText 的取值返回到浏览器端。

完成后具体代码如下：

```php
<?php
    header("Content-Type: text/html;charset=utf8");
    $strxh=$_POST['strxh'];
    $conn=mysqli_connect('localhost','root','root');
    mysqli_select_db($conn,'studentdb');
    $sql="select * from t_students where StuNo='$strxh'";
    $res=mysqli_query($conn,$sql);
    $rownum=mysqli_num_rows($res);
    if($rownum ==1){
    echo "该学号已经存在，请重新输入学号添加";
    }
    mysqli_close($conn);?>
```

通过上面进一步完善学生信息添加功能后，此时系统操作更为人性化，也更符合现在前端开发流行技术的应用。完成后效果如图 11-27 所示。

图 11-27　学生信息添加最终效果图

任务六　学生基本信息的修改

一、案例描述

本任务主要实现对查询出来的学生信息进行修改操作，只可对学生的姓名、班级、身份

275

证号进行修改，不能修改学号。在前面几个任务的基础上来完成本案例相对容易。

二、实现方法

为了方便修改学生信息，可在查询界面的对应数据后面增加修改按钮，通过点击完成相应信息的修改操作。注意点击时需要传递关键信息过去。

三、实现流程

实现流程如图 11-28 所示。

图 11-28   实现流程图

本案例实现方法采用了目前较为主流的开发方式，即代码分离模式。从上图可以看出，本案例只有一个学生信息修改页面，共有三个文件，每个文件分别独立，方便后期维护与分工协作。

四、项目实施

（1）修改 student.js 里面的修改按钮事件绑定程序，如下：

```
修改按钮事件触发
    $('tbody').on('click', '.btn_edit', function(e) {
        if (!confirm('你确定要修改吗？')) {
            return;
        }
        // 获取被单击的 data-id 属性的值
        let id = $(this).attr('data-id');
        $(window).attr('location', "./api/stu_edit.php?stuid=" + id);
    });
```

（2）在学生信息管理页面新增一修改按钮，点击后进入学生基本信息修改页面，创建学生基本信息，修改页面为 stu_edit.php。页面布局与学生信息添加页面基本相似，只是让学号表单项只可见不允许修改。具体代码如下：

```html
<!DOCTYPE html>
<html lang="zh-CN">

<head>
    <meta charset="utf-8">
    <meta http-equiv="X-UA-Compatible" content="IE=edge">
    <meta name="viewport" content="width=device-width, initial-scale=1">
    <!-- 上述 3 个 meta 标签*必须*放在最前面,任何其他内容都*必须*跟随其后! -->
    <title>学生基本信息</title>
    <link href="../bs/css/bootstrap.min.css" rel="stylesheet">
    <!--[if lt IE 9]>
        <script src="https://cdn.jsdelivr.net/npm/html5shiv@3.7.3/dist/html5shiv.min.js"></script>
        <script src="https://cdn.jsdelivr.net/npm/respond.js@1.4.2/dest/respond.min.js"></script>
    <![endif]-->
    <!-- //自己写的样式表，一定要放在我们引入别人的样式表之后 -->
    <link rel="stylesheet" href="../css/style.css">

    <style type="text/css">

    </style>
</head>

<body>

    <?php
// 1、连接 mysql 数据库服务器，连接你需要的数据库, 初始化 mysqli 对象，连接数据库
$mysqli = new mysqli('localhost', 'root', 'root', 'studentdb');
// 2、设置字符集
$mysqli->set_charset('utf8');
//3、执行 sql 语句，返回含有结果集的语句 构建 SQL 语句
$stuid = $_GET['stuid'];
// echo $stuid;
// echo "至此";
// $stuid =1;
$con = '';
if ($stuid != '') {
    $con .= " AND StudentID='{$stuid}'";
}
```

277

```php
// 学生信息的数据
$sql = "select StudentID,classid,classname,stuno as no,stuname as name,idcard as sfz from
v_stu_class_pro where DeleteTime is null and studentid>0{$con}";
// 4、执行 SQL 语句从结果集中获取我们的数据
$result = $mysqli->query($sql); //学生数据
// 5、把获取的数据转换成组织成相应数组
$datas = $result->fetch_all(MYSQLI_ASSOC);
// var_dump($datas[0]['Classname']);
//var_dump($clacount);
// var_dump($datas);
// 6、释放结果集

$result->free();
// 7、关闭连接
$mysqli->close();
// var_dump($datas);
$students = [
    'student' => $datas
            ];
//    echo json_encode($students);
// var_dump($students);
// echo "<hr>";
// var_dump($students['student'][0]["Classname"]) ;
?>
    <!-- 导航条 -->
    <nav class="navbar navbar-default navbar-default1">
        <div class="container-fluid">
            <!-- Brand and toggle get grouped for better mobile display -->
            <div class="navbar-header">
                <button type="button" class="navbar-toggle collapsed" data-toggle=
"collapse" data-target="#bs-example-navbar-collapse-1" aria-expanded="false">
        <span class="sr-only">Toggle navigation</span>
        <span class="icon-bar"></span>
        <span class="icon-bar"></span>
        <span class="icon-bar"></span>
    </button>
                <a class="navbar-brand nav_logo" href="#"><img src="../images/logo.
png" alt="" height="100%"></a>
            </div>
```

```
<!-- Collect the nav links, forms, and other content for toggling -->
<div class="collapse navbar-collapse" id="bs-example-navbar-collapse-1">
    <ul class="nav navbar-nav">
        <li><a href="#">学院首页 <span class="sr-only">(current)</span></a></li>

        <li><a href="#">学院简介</a></li>
        <li class="dropdown">
            <a href="#" class="dropdown-toggle" data-toggle="dropdown" role="button" aria-haspopup="true" aria-expanded="false">二级学院 <span class="caret"></span></a>

            <ul class="dropdown-menu">
                <li><a href="#">人工智能学院</a></li>
                <li><a href="#">经济管理学院</a></li>
                <li><a href="#">Something else here</a></li>

            </ul>
        </li>
        <li class="item_active"><a href="../student.html">学生基本信息</a></li>

        <li><a href="../article.html">博文信息添加</a></li>
    </ul>

</div>
<!-- /.navbar-collapse -->
</div>
<!-- /.container-fluid -->
</nav>

<!-- 主体内容区域 -->
<div class="container">
    <h2 class="page-header">添加学生基本信息</h2>

    <form class="form-horizontal">
        <div class="form-group">
            <label for="txtxh" class="col-sm-2 control-label">学号：</label>
            <div class="col-sm-10">
                <input type="text" class="form-control" id="txtxh" placeholder="请输入学号" maxlength="10" required onblur="checkno()" readonly value="<?php echo $students['student'][0]["no"] ?>">
```

```
                    <span id="rtxtxh">只可输入 10 位数字组成的学号</span>
                </div>
            </div>
            <div class="form-group">
                <label for="txtname" class="col-sm-2 control-label">姓名：</label>
                <div class="col-sm-10">
                    <input type="text" class="form-control" id="txtname" placeholder=
"请输入姓名" rcquircd onblur="checkname()" value="<?php echo $students ['student'][0]
["name"] ?>">
                    <span id="rtxtname">只可输入合法的姓名</span>
                </div>
            </div>
            <div class="form-group">
                <label for="txtsfz" class="col-sm-2 control-label">身份证号：</label>
                <div class="col-sm-10">
                    <input type="text" class="form-control" id="txtsfz" placeholder=
"请输入身份证号" required onblur="checksfz()" value="<?php echo $students['student']
[0]["sfz"] ?>">
                    <span id="rtxtsfz">只可输入合法位的身份证号</span>
                </div>
            </div>
            <div class="form-group">
                <label class="col-sm-2 control-label">班级：</label>
                <div class="col-sm-10">
                    <input type="text" name="probj" id="probj" list="selclass"
class="form-control" placeholder="请选择所属班级" value="<?php echo $students['student']
[0]["Classname"] ?>">
                    <datalist id="selclass">
                <!-- <option value="计算机应用技术">计算机应用技术</option> -->
                    </datalist>
                    <font color=red>*注:选择其他班级前请先清空班级信息才可以
出来所有班级列表</font>
                </div>
            </div>
            <div class="form-group">
                <div class="col-sm-offset-2 col-sm-10">
                    <button type="submit" class="btn btn-info btn-save">提 交
</button>
```

```
                              <button  type="reset"  class="btn  btn-info  btn-save"> 取  消
</button>
                       </div>
                  </div>
              </form>
       </div>
       <!-- 版权信息网页底部 -->
       <div id="footer">XXXXX 学院   版权所有 | 站点地图 <br> 地址:XXXXXXXX
XX <br> 咨询电话：XXXXX 渝 ICP 备 XXXXX 号   渝公网安备 XXXXX 号</div>

       <!-- jQuery (Bootstrap 的所有 JavaScript 插件都依赖 jQuery，所以必须放在前
边) -->
       <script src="../bs/js/jquery.min.js"></script>
       <!-- 加载 Bootstrap 的所有 JavaScript 插件。你也可以根据需要只加载单个插
件。 -->
       <script src="../bs/js/bootstrap.min.js"></script>
       <!-- 依赖于 jquery 写的 js 代码，一定要放在 jquery.js 引入之后 -->
       <!-- <script type="text/javascript" src="js/student.js"></script> -->
       <script type="text/javascript" src="../js/common.js"></script>
       <!-- 绑定提交按钮事件 -->
       <script>
           $(document).ready(function() {
               // 绑定 form 的 submit
               $('form').submit(function(e) {

                   // 阻止表单的默认提交方式
                   e.preventDefault();
                   // 获取表单中元素的值
                   let data = {
                       op: "newsave",
                       txtxh: $('#txtxh').val(),
                       txtname: $('#txtname').val(),
                       txtsfz: $('#txtsfz').val(),
                       selclass: $('#selclass').val(),
                   };

                   // 发送到后台，保存数据
                   $.post("student_edit_save.php", data, function(json, textStatus, jqXHR) {
                       // json 默认的类型为 string
```

```
//     let json=JSON.parse(json);
                alert(json.msg);
                $(window).attr('location', "../student.html");
            }, 'json');
        });
    });
    // 学生班级信息列表绑定
;
$(function() {
    //      绑定班级信息到下拉列表中
    $.getJSON('bd_class.php', function(json, textStatus) {
        console.log(json.class);
        let obj = '';
        for (item of json.class) {
            obj += `<option value="${item.classid}">${item.classname}</option>`

        }
        // 用 append 追加的数据会把前面内容保留起在后面添加，用 html 添加的数
据会把前面的数据给覆盖掉
        //$('tbody').append(obj);
        $('#selclass').html(obj);
    });
    //   添加学生基本信息到数据库中

});
    </script>
</body>

</html>
```

（3）当完成上面修改页面的修改后，点击保存，把修改后的数据更新到数据库中，新建页面 api/student_edit_save.php，完成保存并提示相关信息后可以跳转到学生基本信息管理页面。具体代码如下：

```php
<?php
// 1、连接 mysql 数据库服务器，连接你需要的数据库, 初始化 mysqli 对象，连接数据库
$mysqli=new mysqli('localhost','root', 'root', 'studentdb');
// 2、设置字符集
$mysqli->set_charset('utf8');
//3、执行 sql 语句，返回含有结果集的语句 构建 SQL 语句
$txtxh=$_POST["txtxh"];
```

```php
$txtname=$_POST["txtname"];
$txtsfz=$_POST["txtsfz"];
$selclass=$_POST["selclass"];
$now=time();
$sql = "update t_students set StuName='${txtname}',IDCard='${txtsfz}',ClassID= '${selclass}'
where StuNo='${txtxh}'";
// echo $sql;
// 4、执行 SQL 语句从结果集中获取我们的数据
$result = $mysqli->query($sql);
// 5、把获取的数据转换成组织成相应数组
$rows=$mysqli->affected_rows;//返回受影响的行数
$msg=";
if($rows<1)
{
        $msg='修改失败！';
}
else
{
        $msg='修改成功！';
}
// 6、释放结果集
// $result->free();
// 7、关闭连接
$mysqli->close();
$data=['msg'=> $msg];
        //     把数组数据转换成 json 数据
    echo json_encode($data);
```

通过上面的几步操作后就可以完成数据信息的修改操作。

本章小结

本章首先介绍了 MySQL 数据库的基本概念、数据库的创建、数据库表的创建、数据的备份与恢复，最后详细介绍了 PHP 操作 MySQL 运用到的 MySQLi 函数，来实现从数据库中读取学生基本信息进行查询，以及删除基本信息、添加基本信息，修改基本信息，并运用了 Ajax 技术实现异步数据判断重复的处理综合案例。

通过本章的学习，读者应该可以独立完成一个 BS 应用系统项目的开发，可以实现学生管理系统、文章管理系统等项目的开发。这需要读者在 Web 开发的实践过程中不断练习、思考和总结。

项目练习

一、选择题（有一个或是多个答案）

1. MySQL 数据库与 SQL Server 相同，都属于关系型数据库。与 SQL Server 相比较有（　　　）优点。

    A. MySQL 性能更出色   B. MySQL 支持跨平台

    C. MySQL 开源   D. MySQL 不需要安装

2. MySQL 数据库选用的字符集是（　　　）属性。

    A. utf8   B. utf8 -- UTF-8 Unicode   C. Unicode   D. utf8_general_ci

3. MySQL 列数据类型分为四大类，常用的有三大类（　　　）

    A. 数值类型   B. 日期时间类型   C. 字符串类型   D. 整型

4. 下面不是 MySQL 数据类型是（　　　）属性。

    A. nchar   B. nvarchar   C. int   D. ntext

5. PHP 操作数据库一共提供了三种方式（　　　）

    A. 是 MySQL 扩展函数（早期版本，新项目一般都不使用它了，仅支持面向过程的开发方式）

    B. 是 MySQLi 扩展函数（增强版的 MySQL 扩展，支持面向过程也支持面向对象方式）

    C. PDO（PHP Data Object：PHP 数据对象，多种数据库统一开发接口，但需要开启数据库对应的驱动。面向对象的开发方式）

    D. sqlserver

6. 连接 MySQL 服务器的关键代码是（　　　）。

    A. $mysqli = new mysqli(hostname; username; password;dbname)

    B. $mysqli = new mysqli(hostname、username、password、dbname)

    C. $mysqli = new mysqli(hostname| username| password| dbname)

    D. $mysqli = new mysqli(hostname, username, password, dbname)

二、填空题

1. MySQL 默认端口是_____。

2. MySQL 默认的用户名是_____。

3. 通常我们在 PHP 中还需要指定客户端的字符集为_____。

4. MySQLi 执行一个 SQL 语句的方法是_____。

三、编程题

1. 运用本章知识，在前面的博客添加页面设计基础上完成博客信息的添加功能。

课程总结

项目十二　综合项目——新闻管理系统设计实现

【学习目标】

（1）掌握 MySQL 数据库设计理念；

（2）掌握内部管理系统（CMS 系统）的设计流程与实现方法。

【思政导入】

在数字世界中，信息如璀璨繁星，每一颗都在闪烁着光芒，等待大家去探寻、理解。然而，如何有效管理这些信息，如何在适当的时间、地点，以适当的方式呈现给合适的人，这无疑是一项重大挑战。在此项目中，要求设计并实现新闻管理系统，以实现高效、准确地管理和发布新闻信息。

在社会生活中，信息管理同样面临挑战。用户需要从海量信息中筛选出对自己有价值的部分，将其整合并以适当的方式呈现，并在合适的时间传递给合适的人。这便是生活中的"新闻管理系统"。

在编程领域，新闻管理系统的设计和实现需要掌握和运用各种编程技术，如 PHP、HTML、CSS、JavaScript 等，并理解和应用重要的设计原则和管理理念，如模块化设计、信息分类、用户权限管理等。在社会生活中，"新闻管理系统"的能力需要大家具备批判性思维、信息素养、沟通技巧等，也需要理解和应用重要的社会原则和道德规范，如公正、公平、诚实、尊重等。

因此，无论是在编程领域，还是在社会生活中，新闻管理系统都是一种极其重要的能力。在此项目中，让我们像航海家一样，驾驭信息的海洋，探索知识的无限可能。让我们在编程的世界里，创造出一个高效、准确的新闻管理系统，使信息之火照亮我们的前进道路。让我们在社会的世界里，成为负责任、有素养的信息管理者，让我们的言行为社会带来光明和进步。

【能解决的问题】

（1）掌握如何通过 PHP 对数据库内容的 CURD。

（2）掌握用户管理、分类管理、新闻管理、评论管理等模块的设计

模块一　系统设计

任务一　功能介绍

后台功能：管理员登录、发布新闻(标题，类型，内容)、注销登录。

前台功能：新闻列表、新闻详情、新闻分类。

任务二 数据库设计

（1）创建数据库 news。

```
CREATE DATABASE news;
```

（2）创建新闻分类表 new_categoryt。

```
CREATE TABLE `new_category` (
    `id` int(12) unsigned NOT NULL AUTO_INCREMENT,
    `name` varchar(100) DEFAULT NULL,
    PRIMARY KEY (`id`)
) ENGINE=MyISAM AUTO_INCREMENT=12 DEFAULT CHARSET=utf8;
```

（3）创建新闻表 new。

```
CREATE TABLE `new` (
    `id` int(11) unsigned NOT NULL AUTO_INCREMENT,
`category_id` int(11) unsigned NOT NULL AUTO_INCREMENT,
    `title` varchar(100) NOT NULL,
    `content` text NOT NULL,
  `tag` varchar(100) NOT NULL,
  `author` varchar(50) NOT NULL,
  `is_published` tinyint(4) NOT NULL,
  `pic` varchar(200) NOT NULL,
`created_at` datetime NOT NULL,
    PRIMARY KEY (`id`)
) ENGINE=MyISAM AUTO_INCREMENT=28 DEFAULT CHARSET=utf8;
```

（4）创建管理员表 user。

```
CREATE TABLE `user` (
    `id` smallint(11) unsigned NOT NULL AUTO_INCREMENT,
    `username` varchar(50) NOT NULL,
    `password` varchar(50) NOT NULL,
    PRIMARY KEY (`id`)
) ENGINE=MyISAM AUTO_INCREMENT=2 DEFAULT CHARSET=utf8;
```

任务三 目录结构

按如图 12-1 所示的站点目录中创建好项目文件夹。

图 12-1　站点目录结构图

模块二　系统实现

任务一　页面设计

1. 后台模块

新闻管理系统实际上就是对"内容"进行管理，因此在行业中根据内容管理系统的英文缩写也被称为 CMS。

对于 CMS，大多数情况都是从后台开始开发，后台效果如图 12-2 所示。前期已为各位读者准备好了 html 静态的页面部分（静态后台模板请到教材资源库中下载）。

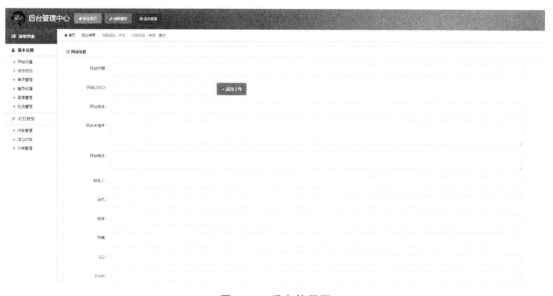

图 12-2　后台效果图

2. 登录页面的设计

后面登录页效果如图 12-3 所示。

图 12-3　后台登录页效果图

在 admin 文件夹中打开 login.html 页面，修改 CSS、JS 的文件路径后把 CSS、JS 和图片文件夹一并复制到 admin 目录中，再将 login.html 另存为 login.php。

创建好 login.php 文件后，首先要连接数据库，因为后面验证都是需要和数据做对比！

这里要声明一下，如果登录页面有验证码，那么每个页面一开始必须开启 session_start();，不然验证码验证不了。本项目中有验证码，所以需要开启 session_start();

在 login.php 页面的 body 之间插入代码：

```php
<?php
session_start();
// 连接 mysql 数据库
$link = mysqli_connect('localhost', 'root', 'root');
if (!$link) {
    echo "connect mysql error!";
        exit();
}
// 选中数据库 news 为数据库的名字
$db_selected = mysqli_select_db($link, 'news');
if (!$db_selected) {
        echo "<br>selected db error!";
        exit();
}
// 设置 mysql 字符集 为 utf8
$link->query("set names utf8");
```

接下来我们需要接收表单传递过来的数据，因此需要把用户输入在表单的用户名以及密码获取到，随后再跟数据库做对比，校验数据是否完全一致。

当我们已经获取到数据后，紧接着就需要验证数据的完整性。使用 SQL 语进行查询判断是否为合法用户，如果合法则允许登录，否则给出错误提示。具体代码如下：

```
// 设置 mysql 字符集为 utf8
$link->query("set names utf8");
if(!empty($_POST)){
 $username = $_POST['username'];//获取用户名
 $password = $_POST['password'];//获取密码
 $code = $_POST['code'];
 // 查询数据库中是否存在用户信息
 $sql = "select * from user where username = '{$username}' and password = '{$password}'";
 $result = mysqli_query($link,$sql);
 $user = mysqli_fetch_array($result,MYSQL_ASSOC);
if(($_SESSION['authcode']) !== ($code)){ //验证码作对比,验证码页面跟输入的验证码
对比
echo "<script>alert('验证码错误！重新填写')</script>";
 }elseif($user){
header("Location: index.php");
 }else{
echo "<script>alert('账户或者密码错误！重新填写')</script>";
 }
```

说明: 为方便初学者节约学习时间,本项目引入了第三方验证码类（需在教材资源库中下载 code.zip ）。上述代码中的$_SESSION['authcode'] 是 code 验证码类中的保存的验证码,验证后结果一致才能通过!

3. 后台新闻列表页的设计

找到 "list.html" 文件并将其后缀名修改为 "list.php" ,进行如下操作:

第一步: 连接数据库。

```
<?php
// 显示所有的错误
error_reporting(E_ALL & ~E_NOTICE   );
// 连接 mysql 数据库
$link = mysqli_connect('localhost','root', 'root');
if (!$link) {
    echo "connect mysql error!";
    exit();
}
// 选中数据库 news 为数据库的名字
$db_selected = mysqli_select_db($link, 'news');
if (!$db_selected) {
    echo "<br>selected db error!";
```

```
        exit();
    }
    // 设置 mysql 字符集 为 utf8
    $link->query("set names utf8");
    ?>
```

第二步：查询数据表里的所有内容并执行 SQL 语句。

```
    $sql = "select * from new where 1 "; // 查询语句
    $result = mysqli_query($link, $sql);
    $arr_news = mysqli_fetch_all($result, MYSQL_ASSOC);
```

第三步：现在已获取到数据表的数据，此时需要将数据循环输出，在模板里找到要输出数据的位置，然后取数据！

```
<table class="table table-hover text-center">
    <tr>
        <th width="100" style="text-align:left; padding-left:20px;">ID</th>
        <th>分类名</th>
        <th>标题</th>
      <th>内容</th>
        <th>关键字</th>
        <th>图片</th>
        <th>作者</th>
        <th width="10%">更新时间</th>
        <th width="310">操作</th>
    </tr>
    <?php
     if($arr_news){
         foreach ($arr_news as $val){
             echo "<tr>";
             echo " <td style='text-align:left; padding-left:20px;'>
                        <input type='checkbox' name='id[]' value=" />{$val['id']}</td>";
             echo "<td>{$new_category_value[$val['category_id']]}</td>";
             echo "<td>". mb_substr($val['title'], 0,15,"utf-8")."</td>";
             echo "<td>". mb_substr($val['content'], 0,20,"utf-8")."</td>";
             echo "<td>{$val['tag']}</td>";
             if($val['pic']){
                 echo "<td ><img src='{$val['pic']}' style='width: 50px; height: 50px'>
</td>";
             }else{
                 echo "<td>暂无图片</td>";
```

```
                    }
                    echo "<td>{$val['author']}</td>";
                    echo "<td>{$val['created_at']}</td>";
                    ?>
                    <td>
                <div class='button-group'>
                    <a class='button border-main' href='new_edit.php?id=<?php echo $val
['id'];?>'>
                        <span class='icon-edit'></span> 修改</a>
                        <a class='button border-red' href='javascript:;' onclick='return del(<?php
echo $val['id']?>)'>
 <span class='icon-trash-o'></span> 删除</a>
                        </div>
                        </td>
        <?
                        echo "</tr>";
                    }
            } ?>
```

这里使用的是 foreach 进行数据遍历，当然还有一些其他的方法，大家可以使用自己熟悉的方法来完成功能。

说明： 这里不仅要对新闻表进行查询，还要对分类表进行查询！

```
<?php
$sql    = "select * from new_category ";
$result = mysqli_query($link, $sql);
$new_category = mysqli_fetch_all($result, MYSQL_ASSOC);
$new_category_value = array();
foreach($new_category as $val ){
    $new_category_value[$val['id']] = $val['name'];
}
?>
```

4. 分页功能的设计

分页效果图如图 12-4 所示，具体实现方法如下：

首先，在 common 目录中创建 page.php，进行如下操作：

首页　　上一页　　下一页　　末页　/ 总页码 6页 当前页码 2页

图 12-4　分页效果图

第一步：连接数据库。

```
// 显示所有的错误
error_reporting(E_ALL & ~E_NOTICE );
// 连接 mysql 数据库
$link = mysqli_connect('localhost','root', 'root');
if (!$link) {echo "connect mysql error!"; exit();
}// 选中数据库 news 为数据库的名字
$db_selected = mysqli_select_db($link, 'news');
if (!$db_selected) { echo "<br>selected db error!"; exit();}
// 设置 mysql 字符集为 utf8
$link->query("set names utf8");
```

第二步：分页功能的实现。在哪个列表里就需要查询哪个数据表。这里是新闻的分页，那么就要查新闻表。

```
// 查询新闻表中的数据
$sql = "select * from new where 1 "; // 查询语句
$sql_count =   "select count(*) as amount from new where 1 "; // 统计总记录数
$sql .= "order by id asc";
```

接着获取总记录条数：

```
// 获取总记录条数
$result_amount = mysqli_query($link, $sql_count);
$arr_amount = mysqli_fetch_array(mysqli_query($link, $sql_count), MYSQL_ASSOC);
// 总记录条数
$amount = $arr_amount['amount'];
```

然后设置总页数，以及总页码：

```
// 每页的记录条数
$page_size = 4;
// 总页码
$max_page = ceil( $amount / $page_size );
```

接着根据分页公式计算上一页、下一页和尾页。

```
// 获取当前页码
$page = intval($_GET['page']); // 获取 page 值，并转成 int
if( $page <= 0 || $page > $max_page){   // 如果 page 值小于 0，或是大于最大页码
    $page = 1;
```

至此分页代码就写完了，然后在新闻列表页引入这个分页文件。

```
<?php
include_once "../common/page.php";
?>
```

最后在新闻列表页的下面找到分页的位置，输出分页：

```
<div class="pagelist">
<a href="new_list.php">首页</a>
<?php
if( $page > 1 ){
    ?>
    <a href="new_list.php?page=<?php echo $pre_page;?>">上一页</a>
    <?
}
if( $page < $max_page ){
    ?>
    <a href="new_list.php?page=<?php echo $next_page;?>">下一页</a>
    <?
}
?>
<a href="new_list.php?page=<?php echo $max_page;?>">末页</a>
/  总页码  <font color="red"><?php echo $max_page;?></font>页  当前页码  <font color="red"><?php echo $page;?></font>页
</div>
```

5. 添加新闻页的设计

截至目前，上面已经完成了新闻列表的分页功能，现在开始实现新闻的增、删、改功能。即删除、编辑以及添加功能，本次任务主要给大家介绍如何实现添加功能，效果如图 12-5 所示。

图 12-5　新闻添加效果图

293

找到"add.html"文件并将其后缀名修改为"add.php"，根据创建的数据表里的字段，选择需要的部分，添加新闻使用 form 表单提交，然后插入数据库。

```
<form method="post" class="form-x" action="" enctype="multipart/form-data">
    <div class="form-group">
        <div class="label">
            <label>分类：</label>
        </div>
        <select name="category_id" style="padding:5px 15px; border:1px solid #ddd;">
                <option value="">-请选择-</option>
                <?php
                foreach( $arr_news_category as $val){
                        echo "<option value='{$val['id']}'>{$val['name']}</option>";
                } ?>
            </select>
        </select>
    </div>
    <div class="form-group">
        <div class="label">
            <label>标题：</label>
        </div>
        <div class="field">
            <input type="text" class="input w50" value="" name="title" data-validate=
"required:请输入标题" />
            <div class="tips"></div>
        </div>
    </div>
    <div class="clear"></div>
    <div class="form-group">
        <div class="label">
            <label>关键字：</label>
        </div>
        <div class="field">
            <input type="text" class="input" name="tag" value="" />
        </div>
    </div>
    <div class="form-group">
        <div class="label">
            <label>内容：</label>
```

294

```
            </div>
                <div class="field">
            <textarea name="content" class="input" id="content" style="height:450px; width:
98%; border:1px solid #ddd;"></textarea>   </div> </div>
    <div class="form-group">
                <div class="label">
            <label>作者：</label>
                </div>
                <div class="field">
                    <input type="text" class="input w50" name="author" value=""    />
                    <div class="tips"></div>
                </div>
        </div>
        <div class="form-group">
            <div class="label">
                <label>图片：</label>
            </div>
            <div class="field">
                    <input type="file" id="url1" name      ="pic" class="input tips" style=
"width:25%; float:left;"   value=""    data-toggle="hover" data-place="right" data-image="" />
        <input type="button" class="button bg-blue margin-left" id="image1" value="+ 浏览
上传"  style="float:left;">
    <div class="tipss">图片尺寸：500*500</div>
                </div>
            </div>
            <div class="form-group">
    <div class="label">
                    <label>发布时间：</label>
                </div>
                <div class="field">
                    <script src="../js/laydate/laydate.js"></script>
                    <input type="text" class="laydate-icon input w50" name="created_at"
onclick="laydate({istime: true, format: 'YYYY-MM-DD hh:mm:ss'})" value=""
                    data-validate="required:日期不能为空" style="padding:10px!important;
                    height:auto!important;border:1px solid #ddd!important;" />
                    <div class="tips"></div>
                </div>
        </div>
```

```
    <div class="form-group">
            <div class="label">
                <label></label>
            </div>
            <div class="field">
                <button class="button bg-main icon-check-square-o" type="submit"> 提交
</button>
            </div>
        </div></form>
```

在 HTML 中，form 表单是用来收集用户输入的数据。当用户点击"提交"按钮时，表单数据会被发送到服务器进行处理。表单的数据传输方法由 method 属性指定，常用的有"get"和"post"两种。

method="post"：当表单采用 POST 方法提交时，表单数据会被包含在 HTTP 请求体中，发送给服务器。POST 方法适合传输大量或敏感数据，因为它不会在浏览器的地址栏显示数据，也没有长度限制。

action=""：这个属性定义了处理表单数据的服务器端程序（通常是一个 URL）。当用户提交表单后，浏览器会将表单数据发送到这个 URL 进行处理。

enctype="multipart/form-data"：这个属性定义了表单数据的编码类型。当表单需要上传文件时，必须将 enctype 设置为"multipart/form-data"。这样，表单数据会被分割成多个部分，每个文件和其他表单项都会被包含在自己的部分中，这样服务器就可以分别处理它们。

所以，当用户需要在表单中上传图片或其他文件时，就必须要设置 method="post"、action="服务器处理程序的 URL"和 enctype="multipart/form-data"。

在内容编辑部分建议使用"UEditor"编辑器，放入到项目中。

```
    <div class="form-group">
            <div class="label">
                <label>内容：</label>
            </div>
            <div class="field">
                <textarea name="content" class="input" id="content" style="height:450px;
width: 98%; border:1px solid #ddd;"></textarea>
            </div>
        </div>
```

调用编辑器的<script>代码如下：

```
<script type="text/javascript">
    //实例化编辑器
    //建议使用工厂方法 getEditor 创建和引用编辑器实例, 如果在某个闭包下引用该
编辑器, 直接调用 UE.getEditor('editor')就能拿到相关的实例
    UE.getEditor('content',{initialFrameWidth:1500,initialFrameHeight:400,});
</script>
```

当 form 表单设置好后, 开始编写 php 处理页面。

第一步: 连接数据库。

```php
<?php
// 连接 mysql 数据库
$link = mysqli_connect('localhost', 'root', 'root');
if (!$link) {   echo "connect mysql error!";
    exit();}
```

```php
// 选中数据库  news 为数据库的名字
$db_selected = mysqli_select_db($link, 'news');
if (!$db_selected) {
    echo "<br>selected db error!";
    exit();
}
// 设置 mysql 字符集  为  utf8
$link->query("set names utf8");
?>
```

因为这里要上传图片, 所以要对图片上传、保存做处理:

```php
<?php
if(count($_FILES['pic']) > 0){
    // 检查文件类型
    if(  !in_array($_FILES['pic']['type'], array('image/jpeg','image/png', 'image/gif')) ){
        echo "只运行上传 jpg 或 png 图片,  文件类型不合法, 不允许上传";
    }
    // 检查文件大小
    if ($_FILES['pic']['size'] > 5*1024*1024){
            echo "文件最大尺寸为 5M, 不允许上传.";
        }
    $file_ext= pathinfo($_FILES['pic']['name'], PATHINFO_EXTENSION); // 获取文件
后缀名
```

```php
        $tmp_file = $_FILES['pic']['tmp_name']; // 临时文件
        $dest_file = pathinfo($tmp_file, PATHINFO_FILENAME).".".$file_ext; // 保存的文
件名
        //move_uploaded_file($tmp_file, "d:/wamp/www/upload/".$dest_file);    // 使用绝对
地址保存图片
        move_uploaded_file($tmp_file, "../../upload/".$dest_file); // 使用绝对路径地址保存
图片
        $avatar_path ="../../upload/".$dest_file; // 注意, 保存的时候, 设置从服务器的根目
录开始
    }
    ?>
```

图片处理完后将 form 表单传输过来数据插入数据库：

```php
    <?php
    if ($_POST['created_at']){
            $current_time     = $_POST['created_at'];
        }else{
            $current_time = date("Y-m-d H:i:s");
        }
        $sql = "insert into new(category_id,title,content,tag,author,pic,created_at)
                        VALUES ('{$_POST['category_id']}',
                                '{$_POST['title']}',
                                '{$_POST['content']}',
                                '{$_POST['tag']}',
                                '{$_POST['author']}',
                                '{$avatar_path}',
                                '$current_time'
                                )";
        $result = mysqli_query($link,$sql);
        if($result){
            $url = "http://127.0.0.1/news/Admin/new/new_list.php";
            header("Location: $url");
            exit;
        }else{
            echo "添加新闻失败！";
            echo mysqli_error($link);
            exit; }}
    ?>
```

这里还有一个分类需要选择，需要查询分类表：

```
$sql   = "select * from new_category ";
$result = mysqli_query($link, $sql);
$arr_news_category = mysqli_fetch_all($result, MYSQL_ASSOC);
```

然后在分类这个 input 框一栏循环输出分类：

```
<div class="form-group">
        <div class="label">
                <label>分类：</label>
        </div>
<select name="category_id" style="padding:5px 15px; border:1px solid #ddd;">
    <option value="">-请选择-</option>
                <?php
                foreach( $arr_news_category as $val){
                        echo "<option value='{$val['id']}'>{$val['name']}</option>";}
                ?>
        </select>
</div>
```

6. 修改新闻页面设计

上一任务中已经完成添加新闻功能。接下来将完成修改新闻功能。在 input 框中获取数据的值，然后修改并保存到数据库中。首先创建一个 php 文件：new_edit.php 。

在新闻列表展示页面，找到修改新闻的按钮，然后给它一个连接，并通过 id 传输信息，再在 new_edit.php 页面中通过 id 来接收数据。

修改新闻效果图如图 12-6 所示。

图 12-6　修改新闻效果图

```php
<?php
// 连接 mysql 数据库
$link = mysqli_connect('localhost', 'root', 'root');
if (!$link) {
    echo "connect mysql error!";
    exit();
}
// 选中数据库 news 为数据库的名字
$db_selected = mysqli_select_db($link, 'news');
if (!$db_selected) {
    echo "<br>selected db error!";
    exit();
}
// 设置 mysql 字符集 为 utf8
$link->query("set names utf8");
```

然后设置图片，获取图片：

```php
<?php
if(count($_POST)>0){

if( count($_FILES['pic']) > 0 && $_FILES['pic']['name']      ) { // 保存头像图片
    $flag = true;
}
        // 检查文件类型
        if(    !in_array($_FILES['pic']['type'],  array('image/jpeg','image/png',  'image/
gif')) ){
            echo "只运行上传 jpg 或 png 图片， 文件类型不合法，不允许上传";
// 检查文件大小
        if ($_FILES['pic']['size'] > 5*1024*1024){
            echo "文件最大尺寸为 5M，不允许上传.";
        } }
    if ( $flag ){
        // 获取文件后缀名
        $file_ext= pathinfo($_FILES['pic']['name'], PATHINFO_EXTENSION);
        $tmp_file = $_FILES['pic']['tmp_name']; // 临时文件
        $dest_file = pathinfo($tmp_file, PATHINFO_FILENAME).".".$file_ext;
// 保存的文件名
    //move_uploaded_file($tmp_file, "d:/wamp/www/upload/".$dest_file);
 // 使用绝对地址保存图片
    move_uploaded_file($tmp_file, "../../upload/".$dest_file);
```

```
// 使用相对地址保存图片     $avatar_path ="../../upload/".$dest_file;
// 注意，保存的时候，设置从服务器的根目录开始
    }
    if( !$avatar_path ){
 $avatar_path = $arr_recommend['img'];
}
```

然后通过 id 获取信息，查询数据表，执行 SQL 语句：

```
// 根据 id 获取用户信息
$id = $_GET['id'];
if( !is_numeric($id) ) { echo "ERROR!";   exit;}
//获取查询信息
$sql ="select * from new where id = $id";
$result = mysqli_query($link,$sql);
$arr_news = mysqli_fetch_array($result, MYSQL_ASSOC);
```

然后使用 update set 将数据保存到数据库，代码如下：

```
$update_sql = "update new set category_id = '{$_POST['category_id']}',
                    title ='{$_POST['title']}',
        content ='{$_POST['content']}',
 tag ='{$_POST['tag']}',
  author ='{$_POST['author']}',
pic ='{$avatar_path}',
created_at ='{$_POST['created_at']}'
where id ='{$_POST['id']}' ";
    $result = mysqli_query($link,$update_sql);
    if($result){
        echo "添加成功！";
        $url = "http://127.0.0.1/news/Admin/new/new_list.php";
        header("Location: $url");
        exit;
    }else{
        echo "修改失败！";
```

接着就是给每个 input 框中的 value 值赋值：

```
<form method="post" class="form-x" action="" enctype="multipart/form-data">
    <input type="hidden" name="id" value="<?php echo $arr_news['id'];?>">
    <div class="form-group">
        <div class="label">
            <label>分类 ID：</label>
        </div>
```

```
<div class="field">
        <select name="category_id" required class="form-select">
                <option value="">-请选择-</option>
                <?php foreach( $arr_news_category as $val){
                        $str_selected = "";
                        if( $arr_news['category_id'] == $val['id']){
                                $str_selected = "selected";
                        }
                        echo"<option value='{$val['id']}'
$str_selected>{$val['name']}</option>";}?>
</select>
<div class="tips"></div> </div>
</div>
        <div class="form-group">
                <div class="label">
                        <label>标题：</label>
                </div>
                <div class="field">
                        <input type="text" class="input w50" value="<?php echo $arr_news
['title'];?>" name="title" data-validate="required:请输入标题" />
                        <div class="tips"></div> </div></div>
        <div class="clear"></div>
        <div class="form-group">
                <div class="label">
                        <label>关键字：</label></div>
                <div class="field">
                        <input type="text" class="input" name="tag" value="<?php echo $arr_
news['tag'];?>" />
                </div> </div>
        <div class="form-group">
                <div class="label">
                        <label>内容：</label>
                </div>
                <div class="field">
        <textarea name="content" class="input" id="content" style="height:450px; width: 98%;
border:1px solid #ddd;"><?php echo $arr_news['content'];?></textarea>
        </div></div>
        <div class="form-group">
```

```
        <div class="label">
            <label>作者：</label>
        </div>
        <div class="field">
            <input type="text" class="input w50" name="author" value="<?php echo
$arr_news['author'];?>"   />
            <div class="tips"></div>
        </div>    </div>
    <div class="form-group">
        <div class="label">
            <label>图片：</label> </div>
        <div class="field">
        <input type="file" id="url1" name="pic" class="input tips" style="width:25%;
float:left;" value="<?php echo $arr_news['pic'];?>"   data-toggle="hover" data-place="right"
data-image="" />
            <input type="button" class="button bg-blue margin-left" id="image1" value="+ 浏览
上传"   style="float:left;">
            <div class="tipss">图片尺寸：500*500</div> </div> </div>
    <div class="form-group">
        <div class="label">
            <label>发布时间：</label> </div>
    <div class="field">
        <script src="../js/laydate/laydate.js"></script>
        <input   type="text"   class="laydate-icon input w50"   name="created_at"   onclick=
"laydate({istime: true, format: 'YYYY-MM-DD hh:mm:ss'})" value="<?php echo $arr_news
['created_at']?>"   data-validate="required:日 期 不 能 为 空 " style="padding:10px! important;
height:auto!important;border:1px solid #ddd!important;" />
            <div class="tips"></div>   </div></div>
        <div class="form-group">
            <div class="label">
                <label></label>
            </div>
            <div class="field">
                <button class="button bg-main icon-check-square-o" type="submit"> 提交
</button>
            </div>
        </div>
    </form>
```

同样有个分类需要处理，首先查询分类表数据：

```php
//获取所有的新闻分类
$sql    = "select * from new_category ";
$result = mysqli_query($link, $sql);
$arr_news_category = mysqli_fetch_all($result, MYSQL_ASSOC);
```

在分类名的 input 框中遍历出分类信息：

```php
<div class="form-group">
    <div class="label">
        <label>分类 ID：</label>
    </div>
    <div class="field">
        <select name="category_id" required class="form-select">
            <option value="">-请选择-</option>
            <?php
            foreach( $arr_news_category as $val){
                $str_selected = "";
                if( $arr_news['category_id'] == $val['id']){
                    $str_selected = "selected";
                }
                echo "<option value='{$val['id']}' $str_selected>{$val['name']} </option>";
            }
            ?>
        </select>
```

任务二　删除新闻页面设计

前面任务已完成新闻的添加、修改。本次任务是完成删除新闻功能。首先创建一个
new_delete.php 文件，在新闻列表页找到删除的按钮，给该按钮添加一个连接，用于接收传输
来的数据，根据 id 来删除新闻，这里使用 javascript 脚本语言作为辅助。

```php
<a class='button border-red' href='javascript:;' onclick='return del(<?php echo $val['id']?>)'>
<span class='icon-trash-o'></span> 删除</a>
```

在新闻列表页最下面加上如下 JS 代码：

```javascript
//单个删除
function del(id){
    if(confirm("您确定要删除吗?")){
        document.location.href = "new_delete.php?id=" + id ;
    }
}
```

在 new_delete.php 页面通过 id 来介绍传过来的数据，并进行数据处理。

```php
<?php
// 连接 mysql 数据库
$link = mysqli_connect('localhost', 'root', 'root');
if (!$link) {
    echo "connect mysql error!";
    exit();
}
// 选中数据库 my_db 为数据库的名字
$db_selected = mysqli_select_db($link, 'news');
if (!$db_selected) {
    echo "<br>selected db error!";
    exit();
}
```

接着接受 ID 数据，然后根据 ID 查询数据，执行 SQL 语句。

```php
$id = $_GET['id'];
if( !is_numeric($id) ){
    echo "ERROR!";
    exit;
}
$sql = "delete from new where id = $id";
$result = mysqli_query($link, $sql);
```

最后就是删除数据：

```php
if($result){
    echo "删除成功！";
    // 直接跳转进入简历列表
    header("Location: new_list.php");
} else {
    echo "删除失败！";
}
```

本次任务实现新闻分类列表展示页，效果如图 12-7 所示。在后台模板中找到分类管理的页面，然后把多余的代码删除掉，当模板设置和改好后，开始编码。

图 12-7　分类管理页面图

第一步，首先连接数据库：

```php
<?php
error_reporting(E_ALL &  ~ E_NOTICE   );
// 连接 mysql 数据库
$link = mysqli_connect('localhost', 'root', 'root');
if (!$link) {echo "connect mysql error!";exit();
}
// 选中数据库 news 为数据库的名字
$db_selected = mysqli_select_db($link, 'news');
if (!$db_selected) {
    echo "<br>selected db error!";
    exit();}
```

然后查询数据库，执行 SQL 语句：

```php
$sql = "select * from new_category where 1 "; // 查询语句
$result = mysqli_query($link, $sql);
$arr_news_category = mysqli_fetch_all($result, MYSQL_ASSOC);
```

这里已经把数据库的内容全部取出来了，现在开始遍历取出来的数据，然后展示出来：

```html
<table class="table table-hover text-center">
    <tr>
        <th width="5%">ID</th>
        <th width="15%">分类名</th>
        <th width="10%">操作</th>
    </tr>
        <?php
        if (count($arr_news_category) > 0) {
            foreach ($arr_news_category as $val) {
        echo "<tr>";
                echo "<td>{$val['id']}</td>";
```

306

```
                          echo "<td>{$val['name']}</td>";
                          ?>
                          <td>
                               <div class='button-group'>
          <a class='button border-main' href='category_edit.php?id=<?php echo $val['id'];?>'>
            <span class='icon-edit'></span> 修改</a>
        <a class='button border-red' href='javascript:;' onlick='return del(<?php echo $val['id']?>)'>
                                <span class='icon-trash-o'></span> 删除</a>
                          </div>
                     </td>
   <?    echo " </tr>"; }
          } else { echo "<tr><td colspan='3' align='center'>暂无记录！</td></tr>";
          }   ?>
```

新闻分类功能也需要分页，这里的分页跟新闻分页功能一样，具体实现方法不再重复，读者可参考新闻的分页编写代码。

任务三　API 接口设计

API（Application Programming Interface，应用程序编程接口）是一组定义了软件组件之间交互的规则和协议。它允许不同的软件系统之间进行通信和交互，以实现数据传输、功能调用和服务访问等操作。

API 可以被视为不同软件组件之间的桥梁，它定义了如何请求和响应数据、如何调用功能以及如何访问服务。通过使用 API，开发人员可以将不同的软件组件集成在一起，实现数据共享、功能扩展和系统互操作性。

API 通常以接口的形式提供，开发人员可以通过调用接口中定义的方法、发送请求和接收响应来与其他软件组件进行交互。API 可以采用不同的协议和数据格式，如 HTTP、REST、SOAP、JSON 等，以适应不同的应用场景和需求。

使用 API 的好处包括：提供了一种标准化的方式来组织和管理软件组件之间的交互；促进了软件的模块化和重用，提高了开发效率；支持不同平台和系统之间的集成和互操作性；提供了对外开放的接口，使得其他开发人员可以构建基于 API 的应用或服务。

常见的 API 类型包括：

Web API：用于通过 Web 进行数据传输和服务访问的 API，如 RESTful API。

第三方 API：由第三方提供的 API，用于访问其服务或功能，如社交媒体 API、支付 API 等。

通过使用 API，开发人员可以实现系统集成、数据共享和功能扩展，提高开发效率和系统互操作性。

在当前项目中需要通过 API 页面将数据库中的内容进行输出，具体设计如下：

创建 news_api.php 文件，用于处理与新闻相关的数据请求。它可以根据请求的类型和参数返回相应的数据。代码如下：

```php
<?php
// 连接数据库
$host = 'localhost';
$username = 'root';
$password = "root";
$dbname = 'news';
$connection = mysqli_connect($host, $username, $password, $dbname);
if (!$connection) {
    die("数据库连接失败： " . mysqli_connect_error());
}
// 处理请求
if ($_SERVER['REQUEST_METHOD'] === 'GET') {
    // 获取新闻列表
    if (isset($_GET['id'])) {
        // 根据新闻 ID 获取新闻详情
        $id = $_GET['id'];
        $sql = "SELECT * FROM new WHERE id = $id";
        $result = mysqli_query($connection, $sql);
        $news = mysqli_fetch_assoc($result);
        echo json_encode($news);
    } else {
        // 获取所有新闻列表
        $sql = "SELECT * FROM new";
        $result = mysqli_query($connection, $sql);
        $newsList = [];

        while ($row = mysqli_fetch_assoc($result)) {
            $newsList[] = $row;
        }
    //使用 json_encode();函数输出新闻
        echo json_encode($newsList);
    }
}
// 关闭数据库连接
mysqli_close($connection);
?>
```

json_encode()函数介绍如下：

json_encode() 函数是 PHP 中的一个内置函数,用于将 PHP 数据转换为 JSON 格式的字符串。

函数原型:

string json_encode(mixed $value, int $options = 0, int $depth = 512): string|false

参数说明:

$value:要转换为 JSON 格式的 PHP 值,可以是数组、对象或其他支持的数据类型。

$options(可选):控制 JSON 编码的选项,默认为 0。可以使用常量 JSON_PRETTY_PRINT、JSON_UNESCAPED_SLASHES、JSON_UNESCAPED_UNICODE 等进行设置。

$depth(可选):设置递归深度的限制,默认为 512。

返回值:如果转换成功,则返回 JSON 格式的字符串。如果转换失败,则返回 false。

示例用法:

```
$data = array(
    'name' => 'John Doe',
    'age' => 30,
    'email' => 'john@example.com'
);
$json = json_encode($data);
echo $json;
```

输出结果:

```
{"name":"John Doe","age":30,"email":"john@example.com"}
```

json_encode() 函数将 PHP 数组转换为 JSON 格式的字符串,键名将成为 JSON 对象的属性名,对应的值将成为属性的值。如果数组中包含嵌套的数组或对象,它们也会被递归地转换为 JSON 格式。

通过 json_encode() 函数,用户可以将 PHP 数据转换为 JSON 格式,以便在 Web 应用程序中进行数据交换或与其他系统进行数据通信。

任务四　前台页面设计

项目至此已完成大部分的工作,接下来介绍 Bootstrap+Ajax+Json 来实现新闻系统的首页、新闻列表页、新闻详情页三个页面。

1. 首页模块

使用 HTML 和 CSS 设计首页的布局和样式。

使用 Ajax 从后台获取新闻数据,并使用 JSON 格式进行传输。

使用 JavaScript 动态生成新闻列表,并将其显示在页面上。

为锻炼读者的网页设计动手能力,满足不同的个性化需求,前台页面设计部分仅提供参考代码,以期广大读者打开思路设计出更加漂亮的网站首页。

创建首页文件:index.php。代码如下:

```
<!DOCTYPE html>
<html>
```

```
<head>
    <title>首页</title>
    <link rel="stylesheet" href="https://cdn.jsdelivr.net/npm/bootstrap@5.1.0/dist/css/bootstrap.min.css">
    <style>
      body {
        background-color: #f1f1f1;
      }

      .container {
        margin-top: 20px;
      }

      .card {
        background-color: #fff;
        margin-bottom: 20px;
      }
    </style>
</head>
<body>
    <div class="container">
      <h1 class="text-center">首页</h1>
      <div id="newsList"></div>
    </div>

    <script src="https://ajax.googleapis.com/ajax/libs/jquery/3.6.0/jquery.min.js"></script>
    <script>
      $(document).ready(function() {
        $.ajax({
          url: 'news_api.php',
          type: 'GET',
          dataType: 'json',
          success: function(data) {
            var newsList = $('#newsList');
            $.each(data, function(index, news) {
              var newsItem = $('<div class="card">').append(
                $('<div class="card-body">').append(
                  $('<h5 class="card-title">').text(news.title),
```

```
                    $('<p class="card-text">').text(news.content),
                    $('<a href="news_detail.php?id=' + news.id + '">').text('查看详情')
                )
            );
            newsList.append(newsItem);
        });
    }
    });
    });
    </script>
  </body>
</html>
```

2. 新闻栏目页模块

使用 HTML 和 CSS 设计新闻栏目页的布局和样式。

使用 Ajax 从后台获取新闻数据，并使用 JSON 格式进行传输。

使用 JavaScript 动态生成栏目列表，并将其显示在页面上。

为锻炼读者的网页设计动手能力，满足不同的个性化需求，新闻栏目页面设计部分仅提供参考代码，以期广大读者打开思路设计出更多更漂亮的网站。

创建新闻栏目页文件：channels.php。代码如下：

```
<!DOCTYPE html>
<html>
<head>
  <title>新闻栏目</title>
  <link rel="stylesheet"
href="https://cdn.jsdelivr.net/npm/bootstrap@5.1.0/dist/css/bootstrap.min.css">
</head>
<body>
  <div class="container">
    <h1>新闻列表</h1>
    <div id="newsList"></div>
  </div>
  <script src="https://cdn.jsdelivr.net/npm/jquery@3.6.0/dist/jquery.min.js"></script>
  <script>
    $(document).ready(function() {
      $.ajax({
        url: 'news_api.php',
        type: 'GET',
        dataType: 'json',
```

```
    success: function(data) {
        var newsList = $('#newsList');
        $.each(data, function(index, news) {
            var newsItem = $('<div class="card">').append(
                $('<div class="card-body">').append(
                    $('<h5 class="card-title">').text(news.title),
                    $('<p class="card-text">').text(news.content),
                    $('<a href="news_detail.php?id=' + news.id + '">').text('查看详情')
                )
            );
            newsList.append(newsItem);
        });
    }
    });
    });
</script>
</body>
</html>
```

3. 新闻内容页模块

使用 HTML 和 CSS 设计新闻内容页的布局和样式。

使用 Ajax 从后台获取新闻数据,并使用 JSON 格式进行传输。

使用 JavaScript 动态生成新闻内容,并将其显示在页面上。

为锻炼读者的网页设计动手能力,满足不同的个性化需求,新闻内容页面设计部分仅提供参考代码,以期广大读者打开思路设计出更多更漂亮的网站。

创建新闻内容页文件:contents.php。代码如下:

```
<!DOCTYPE html>
<html>
<head>
    <title>新闻详情</title>
    <link rel="stylesheet" href="https://cdn.jsdelivr.net/npm/bootstrap@5.1.0/dist/css/bootstrap.min.css">
    <style>
        body {
            background-color: #f1f1f1;
        }
        .container {
            margin-top: 20px;
        }
```

```
    .card {
        background-color: #fff;
        margin-bottom: 20px;
    }
    </style>
</head>
<body>
    <div class="container">
        <h1 class="text-center">新闻详情</h1>
        <div id="newsDetail"></div>
    </div>
    <script src="https://ajax.googleapis.com/ajax/libs/jquery/3.6.0/jquery.min.js"></script>
    <script>
        $(document).ready(function() {
            var newsId = getUrlParameter('id');
            $.ajax({
                url: 'news_api.php?id=' + newsId,
                type: 'GET',
                dataType: 'json',
                success: function(news) {
                    var newsDetail = $('#newsDetail');
                    var newsItem = $('<div class="card">').append(
                        $('<div class="card-body">').append(
                            $('<h5 class="card-title">').text(news.title),
                            $('<p class="card-text">').text('分类: ' + news.category),
                            $('<p class="card-text">').text('作者: ' + news.author),
                            $('<p class="card-text">').text(news.content)
                        )
                    );
                    newsDetail.append(newsItem);
                }
            });
        });
        function getUrlParameter(name) {
            var urlParams = new URLSearchParams(window.location.search);
            return urlParams.get(name);
        }
```

```
        </script>
    </body>
    </html>
```

在上述代码中使用到了一个 JavaScript 函数：getUrlParameter ，它用于从 URL 参数中获取指定名称的值。

解释一下函数的作用和实现逻辑：

window.location.search 返回当前页面 URL 中的查询字符串部分，例如：?id=123&name=John。

URLSearchParams 是一个内置对象，它提供了对查询字符串的解析和操作功能。

var urlParams = new URLSearchParams(window.location.search); 创建了一个 URLSearchParams 实例，将查询字符串传递给它进行解析。

urlParams.get(name) 使用 get 方法从解析后的查询字符串中获取指定名称的值。name 是作为参数传递给 getUrlParameter 函数的参数。

函数返回获取到的参数值。

例如，如果当前页面的 URL 是 http://example.com/news_detail.php?id=123，调用 getUrlParameter('id') 将返回 '123'。

这个函数可以方便地从 URL 中获取特定的参数值，以便在 JavaScript 中使用。在示例代码中，它被用于获取新闻详情页的 ID 参数值。

在新闻管理系统设计实现项目中，用户已经掌握了如何使用 PHP 进行开发。PHP 是一种广泛使用的开源脚本语言，尤其适用于 Web 开发并可嵌入 HTML。它的语法吸收了 C 语言、Java 和 Perl 的特点，主要目标是允许 Web 开发人员快速编写动态页面。

然而，仅仅掌握 PHP 是不够的，因为现在的 Web 开发已经变得越来越复杂。为了管理这种复杂性，用户需要使用一些设计模式和架构，其中最流行的就是 MVC（模型-视图-控制器）。

MVC 是一种设计模式，它将应用程序分解为三个主要组成部分：模型（Model）、视图（View）和控制器（Controller）。这种分解方法可以让用户更容易地理解、开发和测试复杂的应用程序。

模型（Model）是应用程序的数据访问层，负责获取和存储数据。在新闻管理系统中，模型将负责与数据库交互，获取和存储新闻。

视图（View）是应用程序的用户界面。在新闻管理系统中，视图将负责显示新闻列表，以及单个新闻的详细信息。

控制器（Controller）是应用程序的业务逻辑层，负责处理用户的请求。在新闻管理系统中，控制器将负责处理用户的新闻查看和管理请求。

现在，主流的 PHP MVC 框架有很多，例如 Laravel、ThinkPHP、Symfony、CodeIgniter、Yii 等。这些框架大大简化了开发过程，使得开发人员可以更专注于业务逻辑的实现，而不是底层的实现细节。

总的来说，PHP 开发新闻系统不仅需要掌握 PHP 语言本身，还需要理解和掌握 MVC 架构以及相关的开发框架。希望这个项目能为用户的 PHP 学习之旅提供一些帮助，在未来的开发工作中发挥出更大的作用。

本章小结

本章深入探讨了如何使用 PHP 和相关技术来实现一个新闻管理系统。首先，从项目需求和设计出发，逐步介绍了如何实现各个功能模块。从数据库设计和创建开始，详细介绍了如何在 PHP 中实现数据的增删改查操作。

接着，深入探讨了 JavaScript、JSON 和 API 等前端技术在项目中的应用，这些技术使得能够更好地处理用户交互，提供更为流畅的用户体验。

此外，还讨论了如何实现用户登录和权限管理，以确保新闻数据的安全。通过使用 session 和 cookie 来管理用户状态，以及利用密码哈希和验证来保护用户密码安全。

最后，介绍了如何部署和测试新闻管理系统，以确保系统的稳定性和可用性。通过本章的学习，读者不仅掌握了 PHP 和前端技术的基本知识，也了解了如何将这些知识应用于实际的项目开发中。这个项目的实践经验无疑将对读者的未来学习和开发产生积极影响。

参考文献

[1] 黑马程序员. PHP 基础案例教程[M]. 北京：中国铁道出版社，2017.

[2] 孔祥盛. PHP 编程基础与实例教程[M]. 3 版. 北京：人民邮电出版社，2022.

[3] 王爱华，刘锡冬. PHP 网站开发项目式教程[M]. 2 版. 北京：人民邮电出版社，2021.

[4] PHP 开发参考手册. https://www.php.cn.

[5] W3school 网上学习平台. https://www.w3school.com.cn/.

[6] jQuery 库中的 AJAX 方法应用. https://www.jquery123.com/.